中国社会科学院

"登峰战略"欧美近现代史优势学科资助项目

商务印书馆（上海）有限公司 出品
The Commercial Press (Shanghai) Co.Ltd

环境史的理论与实践

世界环境史研究演讲录

徐再荣 张 瑾 主编

商务印书馆
The Commercial Press
创于1897

图书在版编目（CIP）数据

环境史的理论与实践：世界环境史研究演讲录 /
徐再荣，张瑾主编. — 北京：商务印书馆，2021
ISBN 978-7-100-20105-6

Ⅰ.①环… Ⅱ.①徐… ②张… Ⅲ.①环境—历史—
世界 Ⅳ.①X-091

中国版本图书馆CIP数据核字（2021）第133134号

环境史的理论与实践

世界环境史研究演讲录

徐再荣　张　瑾　主编

商 务 印 书 馆 出 版
（北京王府井大街 36 号　邮政编码 100710）
商 务 印 书 馆 发 行
江苏凤凰数码印务有限公司印刷
ISBN 978-7-100-20105-6

2021 年 9 月第 1 版　　　　开本 710×1000　1/16
2021 年 9 月第 1 次印刷　　印张 21¾　插页 1

定价：98.00 元

◆ 目　录

理论部分

从全球视野看环境史研究的起源与发展

演讲人：包茂红（北京大学历史学系教授）

时间：2018 年 9 月 4 日

我今天讲座的题目是"从全球视野看环境史研究的起源与发展"。之所以想讲这个题目，主要出于两个考虑：第一是我不想再简单地重复谈论环境史的起源与发展，因为我相信在座的各位都是对环境史有兴趣、有基本知识的学者，我想重点谈论的是我自己的一些思考。第二，我想从全球视野来看环境史。因为我们现在了解的环境史大多是国别的环境史，主要是美国的环境史。如果从全球视野来看，就会发现一片新天地，这正是我们中国学者做世界环境史研究需要关注和借鉴的东西。

今天主要讲三方面内容：第一是环境史的定义及其学术功能，这是一个仁者见仁、智者见智的问题，我所讲的也可能会有争议，期待讨论；第二是从全球视野看环境史研究的起源，在这里我主要解构三个"约定俗成的常识"（received wisdom 或 conventional knowledge）；第三是概述环境史研究的发展，主要是 21 世纪的新发展。

一

什么是环境史？现在大家基本上都接受的环境史定义是：研

究人及社会与自然的其他部分的历史关系。在这里，我要强调两点：第一点就是环境史中的人，既是一个社会的人，同时还是一个自然的人。我们研究历史，通常都认为历史的主体是人，而人是一个社会的人，人的自然特性往往会被忽略。我在给学生上课时经常会讲，传统历史学中的人是脱离了低级趣味的人、高尚的人，但实际上我们大家都是每天需要吃喝拉撒睡，都会有生老病死的俗人，这体现的正是人的部分自然属性。所以，环境史里面讲的人，既是一个社会的人，同时也是一个自然的人，或者说是作为环境一部分的人。对这样一个人，在认识上有一种倾向，认为他是一个跟其他生物一样的人，这是深度生态学（deep ecology）的观点。这自然是不行的。因为人毕竟跟动物有所区别，人是有社会性的。所以在环境史中，我们强调人也是一个自然的人，但是不能走到另一个极端，把人等同于一般的动物、植物，人是具有社会性的自然人。

第二点是环境史中包含着整体论和有机论的思想。我想借助两个图式来解释这个理念。我们在思考人与自然的关系的时候，通常采用的是自文艺复兴和科学革命以来把人与自然两分的观念，即人是人，自然是自然，人通过科学研究来征服、改造、利用自然；自然是一个被动的、客观的、被利用的对象，但是在极端情况下，它也会做出反应。人们通常把这种反应看作一个偶然事件而予以忽略，它们在历史书写中经常不被记载。这是传统历史学中人与自然的关系。在环境史中，自然是一个整体，可以分成三个部分：第一个部分就是人；第二个部分是与人作用的自然的其他部分；第三个部分是没有与人作用过的自然，当然这一块现在是非常小的，在地球上没有与人作用过的自然是极小的一部分。在自然或者环境这样一个大范围中进行的，人与自然的其他部分在历史上的相互作用，就是环境史要研究的内容。这个图式体现的是整体论和有机论的思想。整体论是什么？简单来说，这里所说的整体论主要指人是自然的一部分，或者人是环境的一部分。在谈人的时候不能脱离环境整体来谈，在谈论通常意义上的自然的时候也不能脱离自然这样一个整体来谈，实际上我们谈论的通常意义上的自然，只是自然整体中的与人作用的其他部分。简单来说，有机论主要是指人和自然的其他部分不能截然分开，而是相互联系的。在这个相互作用的过程中，作为一个整体的自然或环境的质量不是由其中各个因素的平均状态决定的，而是由离最好状态最远的那个因素决定。这就是我们通常说的"水桶原理"。水桶是用很多板箍起来的，水桶能盛多少水，不是取决于最长的板，也不是平均高度，而是最短的那一块板。有机论中还包含普遍联系的思想，或者可以称之为"蝴蝶效应"。假定一只蝴蝶在北京煽动它的翅膀，那么经过传导就可能在北美引起一场飓风。环境中各个因素之间具有如此复杂和有机的联系。

环境的容量、自净能力、容纳污染的能力都是有限的。从这个角度来说，人与自然的其他部分相互作用也是有限度的，超过这个限度，环境作为一个整体就会出问题。如果这个问题不是很突出，人也已经意识到并采取适当措施，那么，环境问题就会得到遏制，人在这个环境中还能继续生存下去。例如，现在空气污染和雾霾很严重，但我们下大力气治理环境污染，于是就有了蓝天白云。这给我们以希望，增强了与环境和谐共处的信心。如果人与环境的其他部分的相互作用造成的问题超过了环境的自净能力和容纳能力，而且人没意识到问题的存在，也没有采取必要的拯救措施，那么，环境就会崩溃。由于目前地球仍是人类在宇宙中唯一能够生存的星球，在谈到地球环境问题的独特性和危险性时，我们通常喻之为"宇宙飞船"，即整个地球就像孤悬在宇宙中的一只飞船。如果它本身的环境问题已经严重到不能生存的时候，那么人类也将无处可逃，只能同归于尽。正是这一点在很大程度上向我们警示了研究环境史的迫切性，促使我们去全面深入反思人与自然的其他部分相互作用的历史。

那么，环境史研究什么？简单地说，它研究四个方面的内容。第一是人为活动引起的环境变迁，不是由自然力作用引起的环境变迁。这一点与从自然科学角度研究环境变迁是不同的。换句话说，环境史研究环境变迁是有限度的，不是所有的环境变迁都研究。例如，在中国历史上有一个周期性发生的现象，就是黄河的河水暴涨或者干涸。如果从自然科学的角度来研究，更多会关注地球和太阳之间的夹角的变化及其造成的降雨量的变化，最终导致黄河水的暴涨或者干涸。如果从环境史的角度进行研究，更多会关注人类活动，尤其是农业活动向黄河中上游推进造成的水土流失，它的累积效应会导致黄河水的暴涨或者安澜。显然，后者是环境史研究的内容，前者不是，但在进行具体的环境史研究的时候，会承认前者的作用，只是不研究而已。

第二是物质或者经济环境史。它研究生产、流通和消费与环境的关系，重点关注技术变迁导致的人与环境相互作用的关系的变化。例如，随着种植技术的变迁，农业经历了从简单的原始农业向灌溉农业、早期现代农业、工业化农业的转变。在每一个阶段，人与环境相互作用的内容和强度都发生变化。从美国环境史研究来看，这里需要协调生态农业史和城市环境史两个视角，其中的关键是如何认识环境。其实，无论是农业景观还是城市环境，很大程度上都是与人作用过的环境，纯而又纯、没有与人作用过的环境非常少，更何况这一部分也不是环境史要研究的内容。从这个意义上讲，在环境史研究中把自然分为第一自然和第二自然，把环境分成自然环境和人工环境的做法似乎没有太大的必要。

第三是政治环境史。这一部分是环境史研究兴起时研究得最多的一部分，因为环境史研究的兴起与环境主义运动的发展密切相关。环境主义不仅仅是一股社会思潮，同时还是一场社会和政治运动。社会思潮和运动的发展需要建立自己的历史底蕴，需要从历史中汲取经验和教训。因此，环境主义的发展成为环境史研究兴起的动力之一，也成为环境史学优先研究和着力最多的部分。可想而知，政治环境史更多地研究不同的权力主体及其博弈与环境相互作用的历史，权力如何作用于环境，环境作何反应，这个反应如何促使权力进行新的调整。例如，国会要通过环保法案，各方势力如何角力，通过的法案实施以后会导致环境发生什么新的变化，这些环境变化如何促使环境法案进行新的调整。

最后就是文化环境史。具体来说，就是人类怎么感知环境，这个感知反过来又怎么指导人类利用环境或者保护环境。在古代更多地表现为宗教中的环境观，在现代更多地表现为人类中心主义的环境观。

应该说，这四个方面各有侧重，但它们都有一个共同点，即强调变化中的环境和变化中的人类及社会之间的相互作用。

提问与讨论

问：谈到这个文化环境史，比如道教、佛教，它们的寺庙、寺院总是坐落在环境特别好的地方，这里面是不是也有这个环境的思想？

包茂红：对。这叫佛化自然，就是万物皆有佛性。在理解道教和佛教的环境思想、环境观时，我们通常采用一个方法，就是与基督教和伊斯兰教的环境观进行比较。通过比较会发现，基督教主张上帝创造万物，万物为人所用。换句话说，在上帝所创造的万物中，人高于其他万物，其他万物是上帝为人创造、为人所用的。伊斯兰教在这方面走得更远。佛教和道教的环境观与此不同。佛教的宇宙观，如果要用现代词语来概括的话，就是宇宙全息思想。如果要用一句话来阐释，就是"芥子容须弥，毛孔收刹海"。小如芥子和毛孔这样的实物中容纳着大如须弥山和大海这样的宇宙信息。因此，在佛教思想中，万事万物都有佛性，也都在整体中相互联系。在佛教寺庙选址时，往往选依山傍水、环境幽美的地方，这有利于僧人修行。另外，由于自然具有佛性，就不可以破坏，从而保持寺庙周围环境与僧人的和谐，进而让僧人能够在人与环境的交汇或者说交感的过程中，得到佛性的提升。这方面当然也是环境史研究的内容。

环境史研究具有什么学术功能？在传统的历史学研究中，一般认为历史是人有意识创造的结果。环境由于与人两分，最多只能成为人类历史上演的舞台或背景，同时，人类凭直觉创造的历史或无意识创造的历史被排除在历史和历史写作之外。环境史的主体是人及社会与自然的其他部分的相互作用。显然，环境史的主体与传统的历史主体已经大不相同，不但包括了人及社会，还包括自然的其他部分，以及它们之间的相互作用。这样的环境史会具有什么样的学术功能呢？简单来说，可以把环境史分为两种，一种是狭义的环境史，另一种是广义的环境史。

狭义的环境史就是在传统的历史写作中补上先前缺乏的人与环境关系的部分，现在大多数的环境史著作基本上属于这种类型。换句话说，就是在现有历史学框架内贴上一块环境史的补丁，杰里·本特利和赫伯特·齐格勒的《新全球史：文明的传承与交流》

基本上就是这么处理环境史的。广义的环境史就是从环境史的多元主体出发创造出一种与传统的历史不一样的历史，有人把这种历史称作"超级史"（Super History）。

美国环境史学会前主席、现任美国历史学会主席约翰·麦克尼尔（John R. McNeill）认为，历史学在 20 世纪发生了三次转向。第一次转向是在五六十年前，由法国人布罗代尔和他的同事们共同发动的。他们推动历史学的社会科学转向，即历史学的社会科学化。第二次是在三四十年前，由另一个法国人福柯启动。他推动了历史学的语言转向或文化转向。第三次可能是由环境史学家发动的，引发历史学的自然科学转向。具体来说，这次转向就是要利用自然科学的研究成果和研究方法，通过与历史学的方法和资料结合来结构新型的历史，即超级史。这次转向还在发生的过程中，再过若干年，这种超级史就会呈现出相对比较完整和稳定的形态。如果我们现在想象超级史，并从超级史的角度来反观现在的历史编纂，那么，现在的历史学毫无疑问是完全人类中心主义的历史，这种人类中心主义的历史实际上建立在对人的片面理解的基础上。

问：那"大历史"（Big History）是不是这个意思？

包茂红："大历史"只是一种尝试。它的主要特点是把人类历史的渊源向前追溯，直到 137 亿年前发生的大爆炸。换句话说，就是把人类历史置于更为宏大的规模中来思考，从而发现能量流动和复杂性增强是人类社会和自然演化共同享有的定律。显然，这种思考不但能够帮助我们破除人类的自大或傲慢心理，而且有助于冲破人为的学科分野，走向综合的跨学科研究和理解。谁推崇大历史呢？大家可能想象不到，不是历史学家，而是用科技改变了我们生活方式的比尔·盖茨。比尔·盖茨在科技产业方面取得的成就可以说举世无双，他还设立了基金会，主要在发展中国家开展减贫和防治流行病的公益活动。出人意料的是，他从基金会拿出一笔钱资助大历史学家用大历史观编写高中历史教材，进而通过让美国的中学生学习大历史来养成和保持对自然和地球的敬畏。从比尔·盖茨对待大历史的态度可以看出，一个改变世界的人物应该具备什么样的历史素质和全球意识。

二

本讲座的第二个内容是从全球视野来观察环境史研究的起源。关于环境史研究的起源，我不具体地讲，而是通过解构三个"约定俗成的常识"来展现环境史研究起源的全貌和复杂性。我们接受的有关环境史起源的知识对于大部分人来说已经习以为常，成为常识了，但是这些知识是有问题的、需要解构的。

第一个"常识"是：环境史学的兴起是 20 世纪 60 年代的反主流文化运动和历史学内部的创新冲动相互作用的结果。这个说法对美国环境史的起源来说是没有错的。20 世纪 60 年代在美国兴起的反主流文化运动中包含着环境主义运动，历史学内部的创新冲动主要是指美国史研究的碎片化现象，不同的分支或者次分支学科兴起了。这两者相互作用促成了美国环境史的兴起。问题在于从美国环境史研究的兴起中得出的结论被普遍化了，好像全世界的环境史研究都是这么起源的。这个普遍化背后隐藏的是美国的学术话语霸权。把美国环境史研究兴起的独特经验变成全世界的环境史研究兴起都遵循的一个共同模式，就是同质化和建立话语霸权的过程。这种话语霸权随着美国在政治、经济、文化和军事领域的霸权扩张而扩展到全世界。另外，美国学者在观察其他国家和地区的环境史研究起源时也采用同样的思维来思考，这实际上是利用美国在环境史研究中的优势地位"帮助"非美国国家的环境史研究建立"共同范式"的过程，是另一种同质化过程。所以，这种说法，本质上是美国学术话语霸权的一个结果。

具体到其他国家和地区的环境史学的起源，这个说法是不成立的。例如，非洲环境史研究是怎么兴起的？ 1995—1997 年我去德国学习研究非洲史，发现非洲史研究的主流已经变化了，变成了环境史。从非洲史学史的发展来看，它经历了从殖民主义史学向民族主义史学的转变。最极端的殖民史学认为非洲没有历史，即使有历史也是非洲的白人或殖民者的历史。随着民族主义思潮和民族解放运动的勃兴，民族主义史学兴起。与殖民史学不同，民族主义史学要把非洲人变成历史的创造者，这就需要找到非洲人的历史首创精神，即 agency 或 initiative。但是，在非洲的政治体制、经济体制和文化中很难找到非洲独有的、与众不同的、翔实可靠的特点，因为在五百多年的殖民侵略和统治中，非洲的经济、政治和文化都被按照宗主国的需要改造了，形成了"不非不西、亦非亦西"的混杂状态。与美洲的印第安人、澳洲的毛利人相比，非洲人经历了多种苦难，但他们没有被灭绝，而是在严酷的社会和自然环境中生生不息，人口不断壮大。显而易见，在这里蕴藏着非洲人的历史首创精神，换句话说，非洲人的历史首创精神在于他们很好地处理了人与环境的关系。非洲的民族主义史学自然转向了环境史研究。从非洲环境史研究的起源来看，它不是社会运动促动的结果，而是非洲史学自身发展的结果。

与非洲相反，苏联有环境主义运动，甚至苏联的崩溃也与环境主义运动有直接的关系。但是，苏联的环境主义运动并没有催生俄罗斯的环境史研究。只是到了 21 世纪以后，在国际环境史研究的影响下，俄罗斯学者才开始研究他们的环境史。法国有很好地把历史学和地理学结合起来的传统，但是法国的环境史研究发展得很缓慢。阿拉伯世界史学传统很强，也有研究人与自然关系的传统，但是他们的环境史研究直到现在都没有兴起。

总之，环境史研究在世界不同国家和地区的兴起，都是当地不同因素碰撞在一起相互作用的结果。用美国的模式来观照世界其他地方环境史研究的兴起是不合适的。

第二个"常识"是：环境史学从美国兴起后向世界各地传播，或世界其他地方环境史研究的兴起是美国环境史学传播的结果。这显然是一个传播主义的观点，背后隐藏的是"美国中心论"。所谓欧洲中心论或欧美中心论，是指把欧洲或美国的特殊经验普遍化，进而以此来观照世界其他地方并建构其历史。这个传播主义的环境史研究的起源说实际上就是用环境史研究中的"美国中心论"来建构世界其他地方的环境史的起源。

其实，实际情况并非如此。具体来说，即使都是工业化国家，不同国家环境史研究的主题也不一样。早期的美国环境史研究注重荒野，欧洲环境史研究兴起时更多地注重工业污染，日本环境史研究兴起时注重公害史。即使是同一个主题，在不同国家的环境史研究中也有不同的侧重点。例如，国家公园的建设和发展史。在美国，国家公园所在地被看成是无主和无人土地，建设国家公园就是为了保护纯粹的自然环境，把曾经在当地生存的人排斥在外。但是，在非洲，殖民时代的国家公园驱逐生活在这块土地上的当地人，激起了当地人的反抗。民族国家建立后，国家公园不再排斥当地人，转而进行参与性保护，在保护自然的同时提高当地人的生活水平，实现同属弱势的自然和穷人的双赢。

不同国家和地区的环境史研究进行着频繁的相互交流和影响。

美国的环境史研究对世界其他地方的影响很大，这是有目共睹的。但是，其他地方的环境史研究对美国的环境史研究也有影响，这一方面通常是被忽略的。例如，卡尔·杰考比（Karl Jacoby）对美国国家公园历史的研究就受到了非洲和印度国家公园史研究成果的启发。卡尔是我 2002—2003 年在布朗大学进修时的合作老师。他的著作《侵犯自然的罪行：美国自然保护史中的非法占地者、盗猎者、小偷和被遮蔽的历史》（*Crimes Against Nature: Squatters, Poachers, Thieves and the Hidden History of American Conservation*）把美国国家公园的历史研究推进到新阶段。但他的研究思路不是从美国环境史研究中得来的，而是由非洲和印度的环境史研究中注重人的因素激发的。他采用新思路，重新研究美国国家公园的历史，得出了新观点，发现美国国家公园并不是在无主的土地上构建的，而是在印第安人的土地上建立起来的。在构建的过程中，印第安人被以非法占地者、盗猎者、小偷的名义赶走。通过这项研究，卡尔揭示了美国环境保护背后被遮蔽的历史。这样的研究不仅在学术上有所创新，在现实中也具有重要价值。

因此，无论从研究主题的选择还是从实际交流的状况来看，世界不同国家和地区的环境史研究具有各自的特点，也进行着双向的交流。非洲和印度的环境史研究对美国的环境史研究也产生了实质性的影响，交流并不是美国单向输出的传播主义的模式。可以说，世界环境史研究带有强烈的地方性色彩，是不同国家和地区环境史研究分栖共生、竞相争艳的一个大花园。

第三个"常识"是：环境史研究早在美国环境史学兴起之前就已经存在了，只是那时是以历史地理学的形式呈现的。如果说前面两个"约定俗成的常识"是把美国环境史研究的经验普遍化，那么这一个就是对前两者的反思，但走过头了，走向了另一个极端。反对美国在环境史研究领域话语霸权的代表人物是英国学者理查德·格罗夫（Richard Grove），他提出了环境史研究的南方计划（South Agenda）。这个计划就是要改变美国的环境史杂志主要发表关于美国或北美的环境史研究成果，无视或忽略世界上其他地方的环境史研究的现状。他创办《环境与历史》（*Environment and History*）杂志，主要发表非美国环境史研究成果。他还在萨塞克斯大学设立世界环境史研究中心，提倡从全球南方视角研究世界环境史，尤其是非美国世界的环境史研究，进而突破环境史研究中"美国中心论"的束缚和局限。他主张，环境史研究最早不是起源于美国，而是起源于英帝国，在早期主要表现为历史地理学研究。在中国，也有学者持类似观点。

从逻辑上讲，理查德·格罗夫在颠覆环境史起源研究中的"美国中心论"时采用了非此即彼的思维，即不是在美国起源的，就是在英帝国起源的，而且在英帝国还比在美国早好多年。这种思维是简单化的。其实，历史地理学与环境史是有明显区别的。环境史研究人及社会与环境的其他部分相互作用的历史，历史地理学是通过横剖面的研究来复原或重建以前的地理环境。历史地理学中的人地关系研究，由于忌惮环境决定论而更多地强调人对环境的作用，环境史研究强调两者的双向互动作用，甚至在环境史研究兴起时为了引起世人对环境问题的关注和思考而更多地展示了环境破坏对人类造成的负面影响，形成了比较悲观的基调。另外，从现代历史地理学的发展来看，它属于地理学的范畴，而环境史更多地属于历史学的范畴，或者说是把落脚点放到历史学的一个多学科的或者跨学科的研究领域。总的来说，历史地理学与环境史研究有着明显的区别，当然两者之间也是有联系的，甚至在环境史研究兴起之前，历史地理学中的某些研究成果与后来的环境史研究成果是相通的。但是，历史地理学就是历史地理学，不是环境史，两者不能混为一谈。

在对世界环境史研究进行追根溯源时，应该看到它有多个渊源、多个知识基础。同时，也不能无限制地追根溯源，不能把它等同于历史地理学，因为环境史毕竟是一个具有很强时代特点的新兴学科。

三

下面谈谈环境史研究的发展，主要讲 21 世纪以来的发展，之前的研究状况不具体讲了，只讲概要。

第一，环境史研究的选题多样化。环境史研究兴起时主要关注荒野、户外运动、塞拉俱乐部（Sierra Club）等议题，现在已经深入到环境史的方方面面。当然，有的关注得早一点，有的关注得晚一点。环境史研究的专业性也在增强，其中的一个表现是选题越来越小。在历史学研究中，以小见大是通行做法，似乎只有研究小的、具体的个案才能做出高深的学问，相反做宏观的、理论性强的题目会被认为不实证，甚至是不扎实。环境史研究中也出现类似的倾向，选题多样化，而且越来越小。这么做的好处是对环境史的认识更加深刻，也能从中发现一些新的问题，坏处在于忽略宏观研究会导致只见树木不见森林等缺陷。

第二，在研究方法上基本上达成了共识。环境史研究不管是立足于历史学的研究领域，还是本身就是历史学的一个分支，都必须采用跨学科的研究方法。如果不采用跨学科的研究方法，环境史研究肯定难以进行下去，因为它涉及用纯粹传统的历史学方法无法解决的问题。环境史研究的是人及社会与自然的其他部分相互作用的关系史，是传统历史学不研究的问题或者需要重新研究的问题，因此，必须借鉴其他学科的概念、方法、新成果。进行跨学科研究当然不是要让自己变成其他学科方面的专家，事实上也做不到。但是，要借鉴其他学科，就必须对其他学科的基本概念、基本方法和最新研究成果有基本的了解和准确的把握，否则，就会被其他学科专家看成是外行，从而影响跨学科研究的可行性和成果的可信度。对不同学科的独特概念、方法等，要在相互理解的基础上形成整合的、跨学科的研究思路。而要做到这一点，最好是组成跨学科的研究团队。

第三，突破了一些理论难点。这一方面的成果不少，我仅举一个具有基础意义的例子，即如何认识环境？环境是一个客观存在，但进入历史编纂的环境就不再那么单纯，另外，现存环境中没有与人作用过的环境很少。因此，环境史研究中涉及的环境，无论是农业环境、城市环境，还是塞伦盖蒂国家公园中的荒野，都不是纯粹、原始的自然环境，而是经过人改造的环境。进而言之，环境史研究中的环境更多的是一个混杂的环境，一个文化建构，或社会建构。从这个意义上，生态学上的环境和人工环境就能够统一起来，农村和农业环境与城市和建筑环境就能够整合起来，在此基础上才能绘制出一幅完整的环境史的图画。

第四，环境史研究发展迅猛，但不平衡。从 2015 年提交给美国历史学会的关于历史研究在过去 40 年兴衰的调查结果来看，环境史研究者在美国大学历史学从业者中所占比例由 1975 年的 0.2% 上升到 2015 年的 2.7%。这个绝对数并不是很大，但上升幅度很大。聘用环境史学家的历史系在美国大学历史系中的占比由 4.3% 上升到了 43%。具体到不同大学的历史系，环境史学家的人数各不相同，许多大学历史系里面有不止一位环境史学的教授。一般而言，在美国的传统强校，例如常青藤名校，其历史系的环境史教授相对比较少。相反，在其他大学历史系里面，环境史教授的数量是直线上升的，这恐怕是我们难以想象的。

另外，传统意义上的一些很强的、理应继续受到重视的分支学科，例如外交史、社会史、经济史、思想史等，聘用的教授人数不升反降。或许，这个统计数字对我们思考未来历史学科在中国的发展趋势或发展方向有所启示。

还有一点，在美国的区域和国别史研究中，聘用的从事美国学和美国史研究的人数在这40年间几乎没有增加。相反，聘用的研究亚洲史、拉丁美洲史的人数大幅度增加。这或许反映了另外一个趋势：作为一个大国，作为一个世界霸权，如果不了解世界上其他地区的历史，尤其是一些在世界上发挥重要作用的地区和国家的历史，例如新兴国家和地区，那么，这样一个大国的知识和人才储备肯定是不够的，和自己的大国地位是不相称的。

前面概观了环境史研究在20世纪后半期的发展，下面简要介绍环境史研究在21世纪的新发展。第一，填补了一些空白，或者说开拓了一些新的研究领域。世纪之交，环境史学界主要从两个方面展开反思。一是以前的研究存在什么问题；二是未来需要研究的、可以开拓的领域在哪里。在后一方面，大家各抒己见，提出了很多可以开拓的新领域，例如苏东地区环境史、奥斯曼帝国和中东环境史、极地环境史、海洋环境史等。后面主要介绍海洋环境史，尤其是太平洋环境史研究的新进展。

第二，环境史研究国际化。任何一个国家的环境史研究，如果要深入下去，国际化大概是一个不可避免的路径和发展趋势。美国在这方面表现得最突出，因为这和美国历史研究的国际化潮流是合拍的。

第三，环境史研究主流化。主流化（mainstreaming the marginal）这个词是美国环境史学会 2003 年在布朗大学召开年会时提出来的。它主要包括三个内容，一是在环境史研究中，那些处在边缘的地区和国家要进入主流，例如亚非拉的环境史研究要进入主流。二是环境史研究要对传统历史学中的主导性议题有新的认识。例如，对法国大革命、美国革命、第二次世界大战等，环境史应该有自己的阐释。如果环境史不能对这些主导性的题目做出新的解释，那么环境史就一直会处在边缘位置。三是环境史研究能否提出一些新的主导性的范式（dominant paradigm），这些新范式是建构一个理想的超级史所不可缺少的。下面具体来讲这三方面的新进展。

海洋环境史大概兴起于 20 世纪 90 年代，在 2008 年获得"国际海洋探索委员会"的正式认可。兴起的契机是"海洋生物普查计划"在 1999 年设立并启动的一个子计划，即"海洋生物种群数量历史研究"。这个计划的学术带头人是丹麦历史学家朴尔·霍尔姆（Poul Holm），现在是北爱尔兰三一学院（Trinity College）的教授。

海洋环境史研究为什么在 20 世纪 90 年代兴起呢？最主要有两个原因，一是在 20 世纪 80 年代后期，整个世界的渔业生产处于停滞状态。不管技术怎么发展，市场需求有多么大，捕鱼的范围扩展到深海或者远洋等，海洋渔业的产量都稳定在 9000 万吨左右。这一从未出现过的现象迫使人们进行反思。原来以为海洋环境可以无限制地馈赠人类，现在出现了一个极限，换句话说，海洋环境能够给人类提供的有用的产品是有限的。面对这样一个严峻的现实，历史学家需要探究海洋环境到底发生了什么变化，并且是如何变化的。加之当时媒体连篇累牍地报道近海频繁发生的赤潮、海上石油污染事件等，引起了大众强烈关注和担忧。这些变化促使环境史学家就海洋环境是如何由一个可以无限馈赠人类的环境变成有限的环境做出科学解释。

二是不同学科开始关注海洋环境的变化，换句话说就是拓展自己的学科界限。环境史在 21 世纪初就开始关注海洋环境的问题，几位具有一定影响力的环境史学家都指出，原来主要研究陆地上的环境史是不够的，应该重视对占整个地球表面 70% 的海洋的环境史研究。另外，假如想研究好陆地上的环境史，也不能忽略海洋环境史的研究，因为两者是相互联系的，甚至在某些方面研究海洋环境变化是理解陆上环境变化的前提。海洋生态学也开始关注海洋环境的历史变化。19 世纪后期兴起的海洋生态学主要研究海洋中生物的分布、数量、种群以及海洋生物和周边环境的关系。在 20 世纪末，随着海洋污染越来越严重，以及海洋资源枯竭或荒漠化，保护海洋环境逐渐成为共识。可是，根据什么来保护或者修复海洋环境呢？这需要一个基准或基线。1995 年，海洋生态学家丹尼尔·宝利（Daniel Pauly）提出"基线综合征"（Baseline Syndrome）的概念。海洋基线综合征主要指，在保护海洋环境时，需要找到一个历史依据或者一个历史基线。这个历史基线在通常情况下就是现在所见最早记录的状况。但是，现在看到的最早记录真的就是最早的记录吗？不一定。因为，随着科技的发展，这个基线可能会一直往前推。所以，我们需要的基线就是根据自己的目的而设定的基线。于是，海洋生态学就在基线不断往前推进的过程中变成了历史海洋生态学。环境史和海洋生态学内部的变化与现实需要结合，催生了海洋环境史研究。从现有的海洋环境史学家的学术训练背景来看，大多是从传统的历史学家转型而来，在转型过程中实现与其他学科的融合，形成强强联合的优势。

海洋环境史研究兴起之后迅速发展，主要表现在以下几个方面。第一，研究的海域范围和内容迅速扩大。海域范围由原来主要集中在北大西洋，主要研究西北欧沿海地区的渔业变化，鳕鱼、鲱鱼的数量变化，扩展到了北海、巴伦支海、大西洋的西南非洲海岸、印度和太平洋交界的区域等；由近海深入到远海或深海。研究的内容也得到扩展，由研究海洋种群数量的变化扩展到研究与海洋种群数量变化相关的海民、海岸上的居民以及他们的社会组织、税收结构等。换句话说，海洋环境史研究突破了刚开始时局限于海洋种群数量变化的单一主题，扩展到了对海洋环境和海民社会的综合研究。研究范围扩大带来一个结果，就是把海陆联系起来，冲破了先前把海陆分割开来的认识模式。由此对海洋环境史研究就有了新的认识，它不仅研究海洋中的环境变化，还把海陆环境结合起来进行研究。第二，海洋环境史研究的资料来源多样化。除了传统的文献资料之外，口述资料、考古资料以及自然科学的研究成果都变成了海洋环境史的研究资料。换句话说，海洋环境史研究需要多重证据的结合才能进行。第三，采用跨学科的研究方法。这一方面就不多讲了。

下面着重介绍太平洋环境史研究的进展。太平洋环境史研究最先是由约翰·麦克尼尔启动的。他编了一本论文集《太平洋世界的环境史》（*Environmental History in the Pacific World*）。这本书收录了十多篇名文，包括伊懋可的《三千年不可持续增长》，也有他自己写的前言和论文。他的前言和论文高屋建瓴，给研究太平洋环境史指明了路径。他认为，太平洋环境史研究主要从两个方面展开。一是把太平洋连为一个整体的、各种各样的、物理的、自然的构造。具体来说，就是太平洋的气流、洋流、火山弧、地震带，以及相关的陆上河流。它们在太平洋生成了两种与后来太平洋经济开发紧密相关的资源：矿产资源和渔业资源。二是把太平洋连为一个整体的、人类作用下的各种各样的自然进程，主要指物种交流。这种物种交流与人类航海技术的变化相关，技术变化主要是从独木舟到帆船再到铁甲船的进化。随着运输手段的变化，物种之间的交流越来越频繁，交流的范围越来越大，进而改变了太平洋的环境。因此，即使这本书收录的论文不都是研究太平洋环境史的，但它给太平洋环境史研究指明了方向。

第二本重要著作是格里高利·库什曼（Gregory T. Cushman）的《鸟粪和太平洋世界的开启——全球生态史》（*Guano and the Opening of the Pacific World: A Global Ecological History*）。为什么要把这本书拿出来讲？是因为我们所接受的关于太平洋环境史的知识更多地来自阿尔弗雷德·克罗斯比（Alfred Crosby），他在《生态扩张主义》中告诉我们，欧洲人对新欧洲的征服和建设更多的是一个单向的交流，是来自欧洲的人种、疾病、杂草等改变了新欧洲的景观。新欧洲对欧洲有什么贡献？这本书没有反映，而《鸟粪和太平洋世界的开启》改变了这种认识。它告诉我们，在太平洋靠近秘鲁的岛屿上发现的鸟粪改变了整个世界历史，尤其是欧洲历史。在中世纪后期，欧洲的农业生产遇到了瓶颈，农业产量无法提高到与人口增长相适应的程度。通过改变农业生产体制，例如三圃制等，农业产量可以得到适当的提高，但是难以突破。这个瓶颈最终是如何突破的？从历史发展来看，突破主要靠化肥，施用化肥补充和改善了土壤肥力，使土地生产力和生产率都得以大幅度提高。化肥的前身是什么呢？就是鸟粪。洪堡到那儿去考察之后，把鸟粪带回来，让法国的化学家化验，化验的结果就是它可以肥田，于是它在整个欧洲推广开来。由此可知，太平洋环境不仅仅遭到来自欧洲的改造，同时它还给欧洲贡献了对促进农业革命至关重要的鸟粪。库什曼的研究实际上补充和完善了克罗斯比的观点，揭示了欧洲和新欧洲双向交流的历史。另外，这本书也对美国环境主义的思想渊源给出了新的解释。美国在农业发展中也使用了鸟粪。美国环境主义思想的先驱在鸟粪使用中看到了它的不可持续性，因为鸟粪是有限的，挖完了怎么办？大量施用进口的鸟粪导致农业的工业化和化石燃料化，这样的产业还是农业吗？这样的农业还是保持新陈代谢的有机农业吗？这些问题迫使环境主义思想家重新思考人与土地、人与环境的关系，提出新的见解。这正是美国环境主义思想的拉丁美洲渊源。

第三本书是《印度洋和太平洋的渔业开发史》（ *Historical Perspectives of Fisheries Exploitation in the Indo-Pacific* ）。这本书实际上是海洋生物种群数量历史研究的一个子项目的成果汇编。这个子项目就是把在北大西洋研究中形成的模式应用于印度洋和太平洋研究中，结果却出人意料。这个研究拓宽了海洋环境史研究的史料来源和方法论。在欧洲殖民之前，太平洋上的很多岛民没有自己的文字，没有留下文字史料。建构他们的海洋环境史需要采用口述史学的方法，收集他们的口头传说。换句话说，在进行这个子项目研究的过程中，海洋环境史研究的史料来源和方法论都得到了进一步的扩展和更新，在此基础上也形成了一些新结论。例如，太平洋环境史的触动因素，在很多情况下，或者说在很大程度上，不仅仅来自太平洋内部，更多地来自太平洋外部。在海上冷冻技术发明之后，推动太平洋渔业产量增加的主要动力来自世界市场，来自西北欧和美国市场。这就意味着太平洋环境史实际上是世界海洋环境史。另外，在殖民时代，欧洲人带来了新的海洋渔业生产技术，但它并没有立即取代当地人的渔业技术，而是与当地的渔业技术并存。只是在民族国家建立之后，才发生了技术替代，因为民族国家信奉的是发展的意识形态。在发展的意识形态中，西方的技术比本地的技术高明。这个观点与传统上认识的殖民主义有所不同。这本书从多个方面对深入认识海洋环境史有启发作用。

下面简单介绍日本的海洋环境史研究。日本的海洋环境史研究是非常独特的，它与欧美的很不一样。具有代表性的是这两部著作：小野林太郎的《海域世界的地域研究——海民与渔捞的民族考古学》和川胜平太的《文明的海洋史观》。什么是海域世界？在小野林太郎的书里，海域世界指的是从棉兰老岛到沙捞越的西里伯斯海域。在 14 世纪以前，西里伯斯海是和南太平洋连在一起的。地域研究就是区域研究。区域研究是从美国兴起的，主要进行现状研究，是面向未来的，历史学研究只是提供一个背景而已。但是，日本学者通过采用民族考古学的方法对地域研究进行了历史化处理。相对于传统的考古学来说，民族考古学把考古学推进到新阶段。传统考古学通过发掘寻找不同遗址和文化之间的传播途径，形成考古学上的传播主义。但是，日本学者通过把民族的实物遗存与当地环境结合，超越了传播主义的分析路径，进而突出了民族知识和社会组织的本地性。这种民族考古学的研究思路实际上把区域研究、考古学和环境史研究熔于一炉。

《文明的海洋史观》通过颠覆陆地史观来构建新的历史观。日本学者为什么会这么想？因为日本是一个岛国，需要从海洋的角度来理解日本历史和世界历史。另外，日本在"二战"后重新崛起，对此需要有新的解释，沿用现代化理论等本质上是模仿追随西方的模式，不能给日本崛起一个合理的解释。换句话说，日本重新崛起以及日本在国际上地位的变化需要用新的历史观赋予其合理性。

日本从 20 世纪 50 年代中期开始出现重新解释历史的热潮，体系性研究在文明论中表现突出。梅棹忠夫率先提出"文明的生态史观"。梅棹认为，在欧亚大陆存在着两个地区，即干旱和半干旱的核心区与湿润的外缘区。在核心区形成了中华帝国、莫卧儿帝国、奥斯曼帝国、俄罗斯帝国等专制帝国，但几乎耗尽了发展潜力。外缘区虽然落后，但储备着发展潜力。因此，在进入近代的时候，外缘区超越了核心区，日本的崛起不是模仿英国的结果，而是与英国平行并进的。川胜平太认为，"文明的生态史观"开启了重新认识日本和世界历史的先河，但是它局限于陆地，忽略了占地球面积 70% 的海洋以及近代文明是从海洋兴起的历史事实。他认为，在这两个区域之间还存在着海洋或海岛地区，日本和英国的崛起实际上是在这个区域通过物产组合进行进口替代从而脱离核心区的过程。具体而言，就是英国脱伊斯兰世界，日本脱中华帝国，两者的交汇点在东南亚海域。换句话说，东南亚海域以港市为核心的自由贸易体系孕育了资本主义，支撑了英国和日本的崛起。川胜的"文明的海洋史观"进一步论证了日本的崛起不是模仿英国的结果，而是自主平行发展的。日本学者的研究成果值得商榷，但这种在日本崛起后重新解释历史的创新冲动是值得我们借鉴的，中国的崛起急需新的历史认识和解释。

总的来说，海洋环境史研究弥补了环境史研究以陆地为主，忽视海洋的不足，描画出地球环境史的整体形象。占地球表面70% 的海洋确实不能忽略，更何况它与近代文明的兴起息息相关。仅仅从陆上思考全球史和近代文明的创生都是不够的，海洋环境史研究是必不可少的。

关于环境史研究的国际化，我主要从四个方面来进行简单介绍。第一，研究范围扩大。例如，威廉·贝纳特（William Beinart）从南部非洲环境史研究扩展到整个非洲再到英帝国环境史研究。在牛津英帝国史的参考读物中，第一次出现了环境史卷。在这个认识框架中，无论认识非洲环境史还是认识马来西亚环境史，都必须置于英帝国史的范围内。再如理查德·塔克（Richard Tucker）写的《贪得无厌：美国和热带世界的生态退化》（*Insatiable Appetite: The United States and the Ecological Degradation of the Tropical World*），把美国资本主义文化置于美帝国的范围内来认识。从这两位学者的研究可以看出，认识某个国家的环境史可以通过范围的扩大使之国际化。

第二，从国际或者全球视野来研究区域或者国别的环境史。在这里主要介绍两个研究机构，一个是日本综合地球环境学研究所（后称"地球研"），另一个是京都大学（后称"京大"）东南亚研究所。为什么要把这两个机构挑出来讲？主要是因为，冷战结束以后区域研究在美国已经衰落或正在转型，从某种意义上说引领区域研究新潮的是日本。京大东南亚研究所的研究经历了三个阶段，第一个阶段是联合研究（joint study），即联合京都大学的不同学科对东南亚进行研究。其中与美国的区域研究很不相同的是，日本的自然科学也参与到东南亚研究中来。第二个阶段是区域整体研究（integrated area study），即把东南亚作为一个整体来研究，探寻它的同一性（identity）。第三个阶段是区域全球研究（global area study），即从全球的视角来研究东南亚，或把东南亚置于全球化的视阈中观察它的独特性和普遍性及其与世界的联系。最新的研究成果是以东南亚研究为基础寻找或建构可持续的人类圈（sustainable humanosphere）。

地球研在把环境史全球地方化（glocalizing environment history）

方面做得更突出。这个研究机构是日本文部省支持的一个孵化器，把年轻学者以参与课题研究的方式汇聚到这里。大家在同一个屋顶下开放的空间工作，进行不同学科的交叉融合。为期五年的课题结项之后，年轻学者到各大学去就职，把在地球研形成的跨学科、国际化的视野带到各个大学去，传授给学生，培养出新一代具有跨学科和国际化意识及能力的新公民和研究者，进而形成一个良性循环。当然，地球研也做出了很多卓越的具体科研成果，例如秋道智弥领导的关于湄公河环境史的研究。

第三，采用比较方法进行专题研究。例如移民社会的环境史研究。研究加拿大、美国、澳大利亚、南非等移民殖民地的环境史，都可以把它放在英国离散人群的范围内进行比较研究。比较研究的结果会对先前局限在一国范围内的研究形成冲击。通过对美、澳、南非环境史的比较研究有助于重新认识美国早期的移民环境史，进而形成新的解释。再如关于环境主义运动史的研究。通过把美国的和印度的、非洲的环境主义进行比较，甚至把资本主义国家的环境主义和社会主义国家的进行比较，不但能够丰富对环境主义的认识，而且还可以总结出"穷人的环境主义"等新类型，从而深化对环境主义的理解。

第四，成立了国际环境史机构联盟。环境史研究不仅在研究内容上、研究方法上国际化，在组织机构上也已经国际化了。来自世界不同国家和地区的环境史组织成立了自己的世界性联盟，其主要任务就是每五年举办一次世界环境史大会。第一次于2009年在丹麦举行，第二次于2014年在葡萄牙的吉马良斯举行，第三次于2019年在巴西南部的弗洛里亚诺波利斯举行。从历次大会的主题来看，国际环境史机构联盟力推全球环境史研究，或整体环境史研究。需要说明的是，整体环境史研究并不排斥区域或国别甚至地方的环境史研究。

关于环境史研究主流化，可以从三个方面来观察。第一是全球南方环境史研究的主流化。要把亚非拉环境史纳入主流很难，因为欧美在近代以来历史发展中的独特地位是客观存在的。但这并不意味着环境史研究中的"欧美中心论"不可打破，英帝国环境史研究已经做出了很好的尝试。通过采用网络的新思路，就能打破传统的英帝国史研究中中心与边缘二元对立的狭隘思维，进而去中心化或让中心流动起来。例如，研究热带疾病防治的知识和林学知识，就会发现其中心不在伦敦，而在非洲或印度。林学知识，包括森林工业知识和森林保护知识，从印度通过英帝国的知识网络传到了澳大利亚、新西兰、南非、坦桑尼亚、美国，再从美国传到波多黎各和菲律宾。这个例子说明，通过采用网络的研究方法和思路，原来处于边缘的亚非拉环境史可以主流化。

第二是环境史研究对传统史学中的主导性课题进行了新阐释。这一方面涉及的课题很多，不可能讲得面面俱到，我用《法国大革命时期的森林》（ Forests in Revolutionary France ）、《公共土地、葡萄酒与法国大革命》（ Common Land, Wine and the French Revolution ）、《法国南部的革命与环境》（ Revolution and Environment in Southern France ）这三本书简单提示一下环境史研究对法国大革命研究的新贡献。大家知道，法国大革命可能是世界历史上研究最多、成果最丰富的重大事件之一。法国大革命的一个突出特点是暴力色彩浓烈，传统的历史解释是从农村贫困化引发激烈的阶级冲突这个角度来认识的，环境史研究从农村公地的私有化导致环境迅速遭到破坏，进而造成贫困农民对资源环境展开殊死争夺的角度来认识法国大革命的暴力性和持久性。显然，这是从环境史视角重新认识法国大革命，并直指法国大革命的主要特点。应该说，这样的尝试还只是开了个头，可以预见好戏还在后头。

第三是尝试提出结构超级史的新范式。这方面的内容且听下回分解。

现在是时候对这次讲座进行一个简单的小结。第一，环境史研究是一个"朝阳产业"。第二，环境史研究是一个基于历史学的多学科研究领域。第三，环境史研究会形塑出新的历史。第四，环境史研究尚在发展之中，在中国更是处在诞生阶段，大有希望，大有可为。

世界环境史研究的新进展

演讲人：包茂红（北京大学历史学系教授）

时间：2018 年 9 月 11 日

今天这一讲和上一讲①是连为一体的。在上一讲，我讲到环境史有两种，一种是狭义的，另外一种是广义的。今天我更多地讲广义的环境史及其编纂的发展。在这一讲里面，我主要讲三部分内容。第一部分讲利用环境史新思维编纂世界史的新尝试。大体上可以分三块，一块是西方的，一块是日本的，还有一块是我们中国的。第二部分介绍约翰·麦克尼尔的世界环境史研究。第三部分是我自己的一个研究项目的概览。需要说明的是，我自己这项研究并不一定代表新进展，但是愿意抛砖引玉，期待与各位交流。

一

关于世界环境史或全球环境史研究的新进展，说到西方的时候，通常谈三个流派：第一个是新世界史，第二个是绿化的世界体系史，第三个是大历史。

说到新世界史，可以举两个代表性学者的研究为例。一位是美国圣母大学的历史学教授菲利普·费尔南德兹－阿迈斯托，

---

① 即本书第一篇演讲。

另一位是美国乔治城大学历史学系和外交事务学院双聘教授约翰·麦克尼尔。关于约翰的研究，我会在后面重点讲，在这里就不多讲了。新世界史之所以新，就是因为它在原有的世界史编纂和体系基础上采用了环境史的思维。菲利普的《世界：一部历史》已经翻译成中文在国内出版了。在世纪之交，这本书已经取代了斯塔夫里阿诺斯的全球史著作，成为美国大学选用的世界史教材之一；现在美国大学的世界史教材又更新换代了，新的教材被广泛使用。尽管如此，这本书在世界史的学术谱系中还是有地位、有价值的。世界史的内容是什么？或世界史里要写什么？菲利普认为，世界史就是要写世界是怎么变成现在这个样子的。其中应该包括两部分内容，一部分是人类史，另一部分是环境史。人类史离不开环境史，人类史是在环境史的大框架里面产生和发展的。但是，人类史不是由环境所决定的。进而言之，环境虽然不决定人类史的发展，但它确实给人类史的发展划定了一个限度。因此，如果要书写一部世界怎么变成现在这个样子的历史，就必须从环境史出发，书写一部把环境史和人类史整合在一起的新世界史。这本书在当时内容新颖，但体量很大，作为大学教材实际上并不合适，但作为进一步阅读的参考读物还是可以的。新世界史就是在原有的世界史基础上，通过采用环境史的新思维书写出新的世界史。

第二个流派是绿化的世界体系史。大家都知道，世界体系史是沃勒斯坦受到马克思主义和年鉴学派的影响，建构出现代资本主义的世界体系的历史。这个世界体系史在发展过程中遇到了两个瓶颈，一是它对20世纪后期世界历史发展的预测具有很大不确定性，二是它对资源环境的认识比较陈旧。不过，幸运的是，有一批具有创新精神的学者开始尝试突破这些瓶颈，其中的两位代表性人物分别是：研究 500 年世界体系环境史的杰森·摩尔（Jason W. Moore）和研究 5000 年世界体系环境史的周新钟（Sing C. Chew）。杰森现在是宾汉姆顿大学布罗代尔研究中心和社会学系的教授，其最新著作（也是他的代表作）是《生命之网中的资本主义：生态与资本的积累》（Capitalism in the Web of Life: Ecology and the Accumulation of Capital）。在这本书出版之前，他把已发表的部分论文汇集成题为《地球的转型》的论文集在中国出版。杰森学术研究的特点是理论性强，视野宏阔，也善于创造自己的概念工具，因而不易理解。要读懂他的著作，需要对马克思、布罗代尔、沃勒斯坦、阿瑞吉等人的相关论述有相当了解和把握，否则，很难把握他的理论要点，很难体会到他的研究对世界环境史研究的启示。

杰森认为，如果还是像文艺复兴和科学革命以来的主流思想家那样把生态看成是一个相对于人的、外在的客体的话，那么世界体系史的研究就无法向前推进。这需要思维或认识发生改变。这个改变需要一个新的概念工具，具体来说就是要引入 "oikeios" 的概念。这是希腊哲学家、植物学家泰奥弗拉斯多创造的术语，用于描述植物和周围环境的关系。如果要考察一个植物的生长和历史，考察一个植物在整个环境中的位置，就一定不能够脱离环境这个整体。通过引入这样一个概念及其中蕴含的思维方式，对资本主义世界体系的认识就会发生根本性变化。换句话说，资本主义世界体系不再仅仅是沃勒斯坦所说的、由中心与边缘的经济关系构成的经济体系，而是一个世界生态体系。资本主义本身就是一个世界生态体（World Ecology）。

具体到世界史研究中，就要从 14 世纪的封建主义危机谈起。14 世纪，欧洲封建主义发生了危机，为了突破这个危机，欧洲人需要找到新的组织资源的方式。而这一次突破客观上为资本主义的诞生创造了前提条件。到了漫长的 17 世纪，这一转变基本完成。17 世纪转变的核心是商品边疆的扩展，这时已不再是资源边疆，因为资本已经渗透其中。换言之，商品边疆的扩展不但帮助化解了 14 世纪出现的封建主义危机，而且为资本主义的形成奠定了基础。这种突破或转变实际上是生态的突破，而不仅仅只是一个社会组织形式、经济组织形式的突破。在 17 世纪，这种生态突破主要表现在冶金业、林业和种植园业的发展中。

随着资本主义的发展，生产和再生产出现了新的危机。这个危机到了 18 世纪中后期形成了一个规模更加庞大的世界性生态危机，突破这个危机主要是通过工业革命来完成。工业革命在环境史意义上有两个重要维度：一个是横向的，进一步从世界各地组织粮食资源解决西北欧出现的粮食危机问题；另一个是纵向的，用开采和利用煤矿的方式克服西北欧出现的燃料危机。18 世纪中后期的危机解决之后，经过一段时间的发展，到 20 世纪 80 年代又出现了新的危机，突破危机的办法是采用新自由主义。新自由主义通过发展技术、调节分配的方式来调整商品边疆。用杰森的话来说，就是劫贫济富，让发达资本主义国家更加发达，让贫穷的国家更加贫穷。尽管不发达国家的外债可以被减少或者免除，但它还是处在一个更不发达的状态，甚至有沦为第四世界的危险，尤其是那些不发达的小岛屿国家，它们的命运将会更加悲惨，因为它们不但不发达，而且全球气候变暖导致的海平面上升将会给它们带来灭顶之灾。这就是杰森的整体分析框架。

5000 年的世界体系是贡德·弗兰克等学者发展出来的。他们把沃勒斯坦的资本积累概念泛化，变成积累，或物质积累，从而把 500 年的资本主义世界体系变成了 5000 年的世界体系。但贡德·弗兰克并没有推进这个 5000 年世界体系的绿色化，因为在他看来，虽然世界体系的历史发展无法脱离地球环境，但现在尚未发展出足够的概念资源来建构这样一个新的世界体系史。这个任务被他的好友，加州洪堡大学社会学系的周新钟教授完成了。周新钟非常认同弗兰克的治学路径，他就绿色世界体系史出版了三本书，号称"三部曲"，分别是《世界生态退化：积累、城市化和毁林，公元前 3000 年—公元 2000 年》(World Ecological Degradation: Accumulation, Urbanization and Deforestation, 3000 B. C. -2000 A. D.)、《反复出现的黑暗时代：生态压力、气候变化和系统转变》(The Recurring Dark Ages: Ecological Stress, Climate Changes, and System Transformation)、《生态未来：历史能教会我们什么》(Ecological Futures: What History Can Teach Us)。周新钟在这三本书中表达的主要思想是什么？在研究历史上的森林滥伐时，他发现与森林滥伐相关的有很多因素，包括古代的城市化、古代的气候变化、古代的人口增长和组织方式的变化等，这些因素共同构成了生态意义上的黑暗时代。这种黑暗时代还与社会和政治危机交错在一起，例如经济下滑、出口中断、社会分层固化、政治不稳定、政治体制和政治发展中断等。这些不同层面上的因素共同作用，形成完整意义上的黑暗时代。黑暗时代在历史上是周期性出现的，人类社会需要做出有效应对。应对的方式有两个：一是通过人类社会的再生产来应对，另一个是通过调整人与环境的关系走出危机。

其实，黑暗时代并不是我们所想象的或者从字面上理解的那么黑暗，它还是一个生态恢复、生态重新平衡的时期。从这个意义上看，黑暗时代蕴含着生机与活力。在做这项研究的时候，需要处理一个很棘手的问题，即历史时间和地质时间的关系问题。

对历史学家来说，人类社会的历史时间相对来说比较容易处理，但要与地质时间或生物物理时间对应起来，就很难处理。环境史研究在时间问题上遇到的难题，就是如何匹配生态时间和人类社会的历史时间。因此，黑暗时代在不同的意义上意味着不同的时段。在生态意义上，它意味着一个时间段；在社会意义上，它意味着另一个时间段。进而言之，在时间背后隐藏着什么？是历史观。如果从生态时间观察，就会出现一个又一个的循环，建立在此基础上的就是循环史观。在社会领域，循环史观已经被线性史观取代。历史学中的时间是一个线性的时间，是一个发展的时间，建立在此基础上的就是进步史观或发展史观。在环境史领域，两种时间的不匹配背后蕴藏的是历史观的冲突。如果这两种史观、两种时间不能被有效地协调起来，那么用环境史的思维来写作绿色世界体系史和新世界史就是一个很难实现的设想。

第三个流派是大历史。这里所讲的大历史不是为中国历史学界熟悉的、黄仁宇的大历史，而是由大卫·克里斯蒂安和弗雷德·斯皮尔等创立的大历史。大历史现在在国际上比较流行，因为它带来了一个观察人类史的新角度和新思维。大历史专家怎么思考人类史呢？就是把人类创造的历史的范围扩大，一直向前推到 137 亿年前宇宙大爆炸发生的那一刻。这里又涉及历史时间的问题，甚至是时间的起源问题。如果我们把时间看成一个线性的发展的话，那么它一定有一个起点，有一个发展的过程，最后有个终点，据此形成过去、现在和未来。但是，在认识宇宙起源时，不能用线性的时间观念来思考。霍金提出了思考这个看似无解的问题的新思路，他的新思维带动历史认识发生了新变化。

大历史的倡导者吸收了天体物理学家关于宇宙起源的新成果，把人类历史置于 137 亿年前大爆炸以来的环境中认识。为了便于认识这种思维变化带来的效应，大历史学家用同比缩小的方式给出了一个认识历史的新模型。假定宇宙是在 13 年前起源的，那么人类历史大概只有 53 分钟，农业社会的历史只有 5 分钟，工业社会的历史只有 6 秒钟。这样一个时间模型会给我们带来什么冲击？最直接的冲击就是：人类历史原来那么短暂。于是，在思考人类历史时，就不能再以人类为中心，不能像以前那样盲目骄傲和自大。大历史对历史编纂的最大贡献就是通过把时间相对化、扩展时间规模，破除了历史编纂中片面的人类中心主义思维。从这个意义上看，大历史的思维和环境史的思维是相通的。

前面讲的是西方用环境史的新思维来编纂世界史的三个主要流派，下面谈谈日本的相关情况。日本环境史研究中有一个很重要的内容，就是从文明论的角度来研究环境史。文明论在日本是从福泽谕吉开始的。福泽谕吉在《文明论概略》中谈到，当时日本处在一个三元结构中，分别是文明区、半开化区和野蛮区。文明区指西欧，半开化区指日本，野蛮区指琉球和暇夷（现在的北海道）。日本的任务是向上学习西欧变成文明国家，向下负有责任教化野蛮区，使之文明开化。第二次世界大战后，美国主导的盟军占领了日本，对日本进行了改造，思想界虽然依然坚持三元论，但具体内容与时俱进了。美国是文明区，日本是半开化区（日本虽然采用了美国强加给它的制度，但保留了天皇制），野蛮区是周边的共产主义世界。因此，日本依然负有双重使命。

日本第二次崛起后，这样的文明论显然不合时宜了。1968 年，日本的 GDP 超过西德，变成资本主义世界第二大经济体。把它定位在半开化的位置上肯定不合适了。于是，就需要从文明论的角度对日本文明进行重新定位，梅棹忠夫适时提出了"文明的生态史观"。这个理论的主要思想基础是京都大学的生态学研究成果。

京都大学登山协会的教授和学生在登山过程中发现，在不同海拔分布着不同的植被和生态体系，它们之间并不存在达尔文所说的生存竞争关系，不是弱肉强食和适者生存的关系。相反，它们在不同的纬度、不同的气候带相安无事，分栖共生。这种现象表明达尔文的生态学是有片面性的。

日本学者通过实地研究获得了一种认识环境的新思路，并将它运用于历史思考和编纂中，形成了"文明的生态史观"。具体来说，历史的发展是人与自然相互作用的结果。在这个相互作用的过程中，自然起决定性作用，因为人是自然的一部分。换句话说，历史发展的主体不仅仅是人，还有环境，环境成了历史发展的主体。环境的分布是有规律的，不是杂乱无章的。因此，自然发展的分布规律，尤其是在空间上的发展规律，决定了历史的发展。

但是，文明的生态史观主要是以陆地为基础的，它忽略了海洋环境。川胜平太在扬弃文明的生态史观的基础上，提出了"文明的海洋史观"。文明的海洋史观的核心观点是，近代是从海洋亚洲发展出来的。这个理论与传统的、流行的、理解近代世界的"欧洲中心论"是大不相同的。

文明论中还有一个流派，就是"文明的交流史观"。它认为，日本文明实际上是三个文明圈相互交流的结果，即东中国海文明交流圈、日本海文明交流圈和太平洋文明交流圈在不同时段相互作用，最终形成日本文明。文明的交流史观的代表学者是伊东俊太郎，他后来把注意力转向了环境文化的交流史，导致文明的交流史观的环境史化。在伊东看来，人类经历了人与环境关系变化的六次革命。最初是人类革命，指人从猿分化出来，奉行自然崇拜；第二是农业革命，农业革命发生后，人类不但信仰万物有灵，还崇拜大地母亲，因为土地与母亲具有隐喻的关系；第三是都市革命，伴随古代城市化的是自然崇拜逐渐变成人为宗教；第四是精神革命，人类逐渐超越神话，开始思考普遍性和世界的统一性；第五是科学革命，大家对此比较熟悉，没必要多讲了；第六是环境革命，在 20 世纪后半期，人类社会发展已经进入到一个环境革命的时代，在这个时代，需要产生建立在对东方环境思想继承基础上的、新的世界观。

文明论中与环境史直接相关的是安田喜宪提出的"文明的环境史观"。他的主要观点是：第一，前人的研究虽然涉及环境，但他们的环境是不变的、客观的，是历史上演的舞台。在安田的环境史观中，环境是变化的，世界或地球环境变化的触动器或引发器不是欧洲，而是亚洲，尤其是东亚。现在所知的世界气候地图是按欧洲人的标准来绘制的，欧洲人从格陵兰岛和阿尔卑斯冰核或冰芯收集气候信息，建立标准，并以此绘制世界气候地图。但是，在人类发展史上，尤其是古代，对世界扰动最大的不是欧洲，因为那时的欧洲人口很少，变化很小。相反，亚洲季风区不但人口很多，而且发展很快。因此，编纂世界气候地图不应以欧洲为触发器或引发器，而应从亚洲出发。这是一个根本性的变化。

第二，建构从亚洲出发的气候变化图需要采用年缟分析法。欧洲人用碳 14 方法测定格陵兰和阿尔卑斯冰核或冰芯中的气候信息。安田认为，记录世界气候变化最可靠的遗存不在山上，也不在岛上，而是在海上，尤其是在海边上。具体来说，海边上存在许多半封闭的湖泊，外面的海风吹不进来，形不成很强的水流和气流，不会翻转湖中的沉积物。这些被称为"年缟"的、层次分明的沉积物中富含气候信息。日本学者利用最先进的技术，分析年缟中可以具体到年和月的气候变化资料，进而根据获得的数据重建一个精确的世界气候变化图。然后把这个图和人类文明的发展图比照，找出其中的对应关系和共时性的变化。

第三，通过技术进步和研究重心的转移，安田提出了关于世界环境史的新环境史观。新世界气候图不是根据欧洲人的标准和认识建立的，其中蕴含的历史观也不再是欧洲的，而是来自亚洲的传统智慧，包括森林民族的循环史观、渔捞稻作民族的和平共存的史观，以及所有季风亚洲区人们共同遵循的尊重自然的史观。森林民族的循环史观实际上是指日本的绳文文明，另外，日本民族也自诩为典型的渔捞稻作民族。通过这样的方式，日本学者实际上完成了一个以日本为中心的新的世界史的编纂。这种通过采用新技术和转换思维的方式建构历史的尝试，是富有启发性的，但结论需要仔细斟酌鉴别。

第四，日本学者通过建构新的日本文明史观和世界文明史观，希望达到让日本人获得与资本主义世界第二大经济体的地位相称的文明自信的目标。换句话说，一个国家、一个民族在世界格局中地位的变化，需要相应的历史观来解释。或者说，历史观需要与时俱进。

除了这些学者推动文明论的环境史化之外，还有两个建制性的机构也在推进这项工作。一个是国际日本文化研究中心（简称日文研），另一个是综合地球环境学研究所（简称地球研）。1991—1993 年，日文研组织了一个大型研究项目"地球环境变化与文明盛衰：寻找新文明的范式"，这个项目得到了文部省的支持，最终成果是一套 15 卷本的《文明与环境》丛书。地球研也推出了类似的项目，出版了多部系列丛书。

这是日本的文明论的环境史化的大致概况。之所以要把日本单列出来讲，是因为它对中国是有启发性的，对思考中国未来的世界史和中国史研究走向是有意义的。一个国家、一个民族的文化自信不但需要强大的经济基础，也需要自己的历史观。日本的文明论不断更新演进，甚至出现了环境史化的趋势。中国在建构自己的世界历史观和中国历史观时恐怕也不能继续忽略环境史。

前面谈的都是外国的世界环境史研究，下面说说中国的世界史编纂。新中国成立前，有两位重要的世界史专家，即雷海宗和周谷城。雷海宗1941年倡导文化形态学，其重要观点体现在他的著作《文化形态史观》和《世界上古史讲义》里面。他认为，文化发展与环境是相关的。世界古代史上存在不同类型的文明，如大河文明、沿海的希腊文明和平原上的罗马文明等。之所以出现这些不同类型的文明，关键在于环境不同。显然，这种认识受到了黑格尔等人的思想的影响。但是，中国学者开始研究世界历史时重视环境因素却是值得肯定的。

周谷城在他的《世界通史》和专题论文中提出了"历史完形论"。"完形"简单说来就是整体，历史是一个整体，是一个完整的形态。在这个形态里面，人类发展是在环境中完成的。所以，在研究人类历史或世界史时，不能脱离人类生存的环境，不能脱离人类所处的地球，不能脱离地球所在的宇宙。周谷城当时已有这样的思想萌芽，这恐怕比大历史要早，可惜的是他没有继续进行深入研究。由此可见，那时的中国世界史专家在思考世界历史时是重视环境的作用的。

但是，这种趋势在新中国成立以后消失了。在1949年以后中国的世界史领域，周一良和吴于廑主编的《世界通史》无疑占有重要地位。周一良去世后，由齐世荣代替，出版了修订版的《世界通史》。在这两套《世界通史》中，基本没有环境的内容。为什么？因为新中国成立以后学习苏联科学院的《世界通史》编纂模式，无视环境的历史作用。其实，在苏联内部也存在不同认识。斯大林的环境无用论是一个极端，普列汉诺夫承认环境的作用。但斯大林的思想与政治结合变成了主导的意识形态，指导着苏联科学院的世界史编纂。苏联历史学界受到斯大林主义的影响，认为环境是无用的。苏联这套思想引进中国后，与中国当时的主导思想结合，世界史就变成了以阶级斗争为动力的生产方式演进的历史，环境被完全排除在历史编纂之外，甚至都不能作为历史发生的背景或舞台来写入。

可喜的是，这种情况最近发生了变化。在"马工程"中，规划有《世界近代史》和《世界现代史》两本书。在这两本书中都添加了关于环境污染和环境主义运动的内容。这是狭义的环境史。总的来说，中国的世界史编纂原来是比较重视环境作用的，但这种势头在新中国成立以后中断了，现在重新开始显现。应该说，这是一个接续传统的新开端。

从以上所讲可以看出，用环境史的思维来编纂世界史会带来如下几个变化：第一，可以克服世界史编纂中根深蒂固的人类中心主义倾向。历史的主体由人变成了相互作用的人与自然的其他部分。从横向来看主体扩展了；从纵向来看人类历史被嵌入到大历史中，嵌入到人类生存的地球历史，甚至宇宙历史中。在这些变化中，人类中心主义被解构了。

第二，环境史可以帮助校正进步史观的缺陷。进步史观带有明显的目的性，这种目的性会影响历史编纂，把不符合这种目的的内容全部排除在外。撰写历史实际上是有选择性的，其标准就是进步史观，就是按照从低级向高级发展来筛选史料和主题，从进步的观点出发认识历史。例如，两次世界大战本来是人类历史上的人为灾难，但从进步角度认识就变成了历史上的调整或曲折发展。采用环境史思维后，衡量历史的标准就不再是进步，而是环境适应性和可持续性。欧洲殖民者到热带去拓殖，带去了在欧洲行之有效的耕作技术和制度，但当地土地在有效利用三五年之后就会报废。殖民者带去的是进步吗？他们带去的密集耕作和种植技术，相对于当地的刀耕火种来说，在传统思维中无疑是进步的。但是，采用带去的农业技术和制度造成的结果是生态崩溃。这就需要重新思考衡量标准。考虑到技术使用的环境基础和环境后果，合适的衡量标准就不是进步，而是可持续性。如果这样的技术和制度适应当地环境，它就有可持续性，就是合理的。历史认识和标准的改变自然会建构出新的历史。

第三，环境史有助于突破以民族国家为基本单位来编纂世界史的瓶颈。一般情况下，无论是文明史还是世界史，都是世界主要国家或主要文明的历史的一个拼盘。全球史出现后，主要强调了横向联系，但是交往或联系的基础还是文明、民族或国家。换言之，没有这些基本单位的存在，交往或横向联系就无从谈起。环境史为世界史编纂注入了诸如生境等新的单位，这些单位超越了文化或政治意义上的文明、民族和国家的范畴，而且这些单位之间的联系是整体论中的有机联系。因此，采用环境史的新思维能够建构出把不同因素有机整合在一起的整体世界史。

最后，环境史可以帮助世界史把人类社会与环境变迁的规律统一起来。由于人与环境两分，人类社会按照自己的规律发展，其规律与自然规律基本上没有关系。大学的学科分野也很分明，自然科学与人文社科两者之间不搭界。环境史可以帮助改变这种状况，可以有效地把两者统一起来。它们的共同点就是复杂性的增长及其背后蕴含的热力学定律。

二

前面是从整体上谈世界环境史的研究状况，下面专门谈谈约翰·麦克尼尔的世界环境史研究。大名鼎鼎的汤因比访问美国时就住在约翰家，那个时候他七岁。在 2014 年美国环境史学会的主席演讲中，约翰把这一段历史讲出来了。他说，汤因比对于环境的认识最早影响了他，尽管他自己当时也没意识到。汤因比当时不经意间说的几句话，为美国环境史学会造就了一个主席。约翰对环境史的最初认识源于汤因比，对世界史的认识受到了他父亲的影响。正是由于具有这样得天独厚的学术渊源和熏陶，约翰对整个世界历史的认识与其他美国环境史学家有所不同。

直到现在，约翰出版了六部著作。其中五部是环境史著作，第一部《法国和西班牙的大西洋帝国：路易斯堡和哈瓦那，1700—1763 年》（ *The Atlantic Empires of France and Spain: Louisbourg and Havana, 1700-1763* ）例外，不是环境史著作。2003年，克罗斯比的经典著作《哥伦布大交换：1492 年以后的生物影响和文化冲击》（ *The Columbian Exchange: Biological and Cultural Conseguences of 1492* ）发行纪念出版 30 周年新版，约翰为它写了新版前言。在这篇短小精悍的前言中，他披露了自己在 1982 年某个雨天的午后阅读此书的情形和感受。他说："从那一刻开始，历史对我而言，就再也不一样了。"结合他在 2014 年的说法，可以说汤因比对他的潜在学术影响被阅读克罗斯比的书激发出来，从此他就完全投入世界环境史研究。他的第一部环境史著作是《地中海世界的山脉》（ *The Mountains of the Mediterranean World* ），影响最大的环境史著作是《阳光下的新事物：20 世纪世界环境史》

（*Something New Under the Sun: An Environmental History of the Twentieth-Century World*）。2006 年，我邀请他到北大讲学。他讲了三讲，第一讲是"大历史与世界史"，第二讲是"能源帝国：化石燃料与 1580 年以来的地缘政治"，第三讲是"全球环境史：1850 年到 2050 年"。从这三个题目就可以看出，这个历史学家与别的历史学家不一样。他不但视野宏大，而且把历史与未来联系在一起。2018 年 5 月，我邀请他再次访问北大，接受北京大学授予他的客座教授的荣誉，另外，他就自己的最新研究成果做了一场讲座，题目是"工业革命的全球环境史"。下面就他的两部著作《阳光下的新事物》、《大加速：1945 年以来的人类世的环境史》（*The Great Acceleration: An Environmental History of the Anthropocene since 1945*）和最新演讲谈谈我的看法。

《阳光下的新事物》在学术史上有如下几个贡献：

第一，贡献了一个独特的历史编纂框架。通常所见的历史编纂框架有三种，要么是不同国家的历史堆砌，要么是强调互动的全球史，还有像于尔根·奥斯特哈默那样把不同专题汇聚在一起，如其著《世界的演变：19 世纪史》（*Die Verwandlung der Welt: Eine Geschichte des 19. Jahrhunderts*）就是按专题分述 19 世纪的世界史。而约翰的这本书用五个圈层来建构 20 世纪的世界环境史，这五个圈层是岩石圈、水圈、土壤圈、生物圈、大气圈。这是一个前无古人、暂时后无来者的创新。尽管很多人现在还没有意识到它的价值，但它无疑是一个值得重视的创新。据我所知，京都大学东南亚研究所的学者在研究东南亚时，采用了三个圈层的结构，分别是地质圈（Geosphere）、生物圈（Biosphere）、人类圈（Humanosphere）。或许，用圈层结构世界史会发展成一个新趋势，按这个趋向可能建构出一种不叫世界史的世界史，也许称之为地球史更合适。

第二，融合了历史的断裂性和连续性。历史研究的一个常用做法是对其进行分期。通常在讨论 20 世纪历史的时候，要寻找一个起点和终点，要用代表性的历史事件把 20 世纪与其他世纪区分开来，这就形成了人为的历史断裂，历史的连续性被有意或无意忽略。虽然约翰的这本书副标题是"20 世纪世界环境史"，但在研究具体问题时采用了弹性的做法，根据问题的不同，采用长的或者短的 20 世纪的分期，从而把历史的断裂性和连续性结合起来。

第三，历史的必然性与偶然性并重。一般情况下，历史被认为是人有意识作用的结果，也就是强调历史发生的必然性，人的无意识行为不被纳入历史编纂。但是，在约翰的书中，阳光下的新事物——环境问题——在很多情况下是人无意识作用的结果。如果人意识到会发生环境问题，就不会进行这些侵害环境的活动。但是，环境问题确实发生了，显然，这都是人的无意识作用的结果。这种无意识进而引起连锁反应，就会产生更多的无意识作用，形成更多的偶然性。因此，认识和编纂历史都不能忽略偶然性，应该把必然性和偶然性统一起来。

第四，把文理两种思维结合起来。在传统的历史编纂中，很少用数据、曲线、图表等表达方式。计量史学是个例外，大体上也不被主流历史学承认接纳。从传统的学科分野来看，这是理科的思维。理科的思维无疑很严谨，但它有一个危险性，即如果采用的数据里面有一个出问题了，整体的结论就成疑，要么是不全面的，要么就是错误的。这与历史判断有所不同。人文学科的思维是从整体来判断趋势的，即使有些例外，但并不影响对整体趋势的判断。约翰在这本书中把这两种思维有效地结合在一起。

而理解《大加速》这本书，需要先了解"人类世"（Anthropocene）概念。在地质学中，理解地球环境通常采用宙、代、纪、世等时间单位。据此观察，现在处于全新世。2000 年，诺贝尔化学奖得主保罗·克鲁岑提出了"人类世"概念。他通过研究发现：大约在 1800 年以后，人类活动对地球环境变化的影响超过自然营力，突出的表现就是大气中二氧化碳含量迅速增加。因此，以自然营力为主要动力的全新世概念失效了，应该用以人类活动为主要动力的人类世取而代之。具体来说，在 1800 年以前，大气中的二氧化碳含量是 270—275ppm，到 1950 年时上升到 310ppm，1980 年时达到 380ppm。从 1950 年到 1980 年这 30 年的增加量占 1800 年以来总增量的一半多，于是，1950 年以来的人类世被称为"大加速"。社会经济变化和气候变化之间有共时对应关系，社会经济变化趋势有 12 个变量，包括人口增长、GDP 增长、外国直接投资、国际性旅游等。显然，1950 年以后，人类经济社会发展加速，同样地球气候变化也加速。但是，这项研究还比较笼统，不能分辨出哪些国家或哪一类国家在地球环境变化中的具体作用。科学家在新的研究中把国家分成三类，分别是经合组织国家（OECD）、金砖国家（BRICS）和其他国家。研究结果显示，不同类型的国家的不同变量发挥的作用会发生变化。这比先前的认识要复杂，但尚需进一步深入研究，发展中国家的学者也有必要积极参与，因为这涉及事实判定和责任问题。

人类世大体上可以分为三个阶段：第一阶段是工业时期，从 1800 年到 1945 年；第二阶段是大加速时期，从 1945 年到 2015 年；第三阶段是管理地球环境时期，从 2015 年开始。人类尝试管理地球环境的方式有三种：第一种是一切照常，因为资本主义经济体系可以自行解决这个问题；第二种是减缓人类对地球环境的压力，例如降低人口增长率，实行稳态经济等；第三种是采用技术方法改变地球环境变化的趋势，如碳捕捉、碳沉积。

《大加速》采用了另一个人类世分期，就是从 1945 年开始，标志（或金钉子）是在地球大气环境中发现了越来越多的放射性元素。通过对能源和人口、气候与生物多样性、城市和经济、冷战和环境文化这四大专题的论述，指出大加速似乎即将接近峰值，但人类世仍将继续的辩证观点。当然，这本书也会引发一些新的讨论，例如，如何在人类世的概念框架下协调历史时间和地质时间的关系，进而建构出新型的历史。

约翰正在研究 19 世纪的世界环境史，他 2018 年 5 月在北大的演讲就是谈他这项研究的进展和部分成果。在这里，我想提三本书：第一本是约翰·理查德的《没有终结的边疆：早期现代世界的环境史》（ *The Unending Frontier: An Environmental History of the Early Modern World* ），主要研究 18 世纪及其以前的世界环境史；第二本是前文所述的《阳光下的新事物》；第三本是《大加速》。这中间缺了 19 世纪世界环境史。他现在的研究主要就是填补这个空白，研究工业革命的全球环境史。他的这个项目已经启动了至少四年了，我记得 2014 年他在慕尼黑大学的蕾切尔·卡森中心（ Rachel Carson Center ）演讲时就讲这个题目，2018 年 5 月在北大还是讲这个题目，但这两次演讲的内容大不相同，反映了研究的进展和思考的深入。在 2014 年的演讲中，他讲了很多环境史的具体故事，我当时问了一个问题：你建构 19 世纪世界环境史的核心概念（ core concept ）是什么？他当时的回答是："我写世界史就是要让像我妈妈这样不研究世界史的人能看得懂、有兴趣看就行了，因此，我不需要一个核心概念。"其实，他是重视提出核心概念的，例如在与其父合作的《人类之网：鸟瞰世界历史》中，他就提出了"人类之网"（ the Human Web ）的概念和分析框架。其父在回忆录《追求真理》中特意指出他的这一贡献，并引以为豪。

　　四年以后，他超越了自己先前的说法。在北大的演讲中，他明确提出并展示了两个关键概念（key terms）。第一个是生态遥相关（ecological teleconnection）。"遥相关"是从大气化学中借用的词汇，用以描述一个地方的气候变化会引起远处另一个地方的气候变化的关系和现象。他把这个词和生态结合，形成自己的概念，用以分析工业革命过程中不同地区生态因素之间相互影响的关系。第二个是工业化的要素（ingredients of industrialization）。工业化的要素实际上就是指原料（raw material），但他特意不用原料这个词，是因为在经济学里面对原料这个词已经界定得很清楚了，他担心使用经济学中原料一词，会把自己的研究变成工业革命的经济史，或容易被人误解成工业革命的经济史。他要写的是工业革命的环境史，为了避免被误读，他得换一个词。这个词就是要具有生态含义的因素。

　　通过这样的研究，他要达到的目标是：第一，把工业革命生态化。先前的研究大都把工业革命视为经济现象，从经济史的角度进行研究。他现在要把工业革命生态化，视之为一个生态进程，从环境史视角进行研究。第二，把工业革命全球化，改变先前把工业革命当成在英格兰或西北欧发生的事件的做法，转而从全球史的视角重新认识工业革命。换言之，他眼里的工业革命史就是全球环境史。具体来说，他主要研究三方面内容：第一部分是工业核心地区的生态影响，主要就是英国、西北欧地区，还有后来的日本等地区。第二部分是世界生态遥相关，就是核心地区的工业革命与世界其他地区的生态系统之间的关系。这里有很多引人入胜的故事。例如，在现代化学发展之前，欧美人使用的钢琴的琴键主要是用象牙做的。制作这种钢琴实际上就意味着非洲的大象被捕猎。这就是一个很有趣的、值得仔细研究的生态遥相关的事例。第三部分就是持续的工业革命。工业革命是一个持续的过程，直到现在还没有结束。撰写工业革命的全球环境史，理应涉及 20 世纪工业革命的新发展。但是，如果把时限界定为 19 世纪，那么，这部分内容就只能作为尾声出现在他的撰述中。

三

接下来讲第三个部分，就是我自己的研究。2015 年，我申请了国家社科基金的一般项目，题目是"战后东亚经济发展与环境治理研究"。实际上，我想做的是研究东亚崛起的全球环境史。在日本地球研担任客座教授时，我接受了两个概念，一个是"可持续性"（sustainability），日本人把它翻译成"持续可能性"，即有没有持续的可能性。显然，这比中文翻译成可持续性要准确。另一个是"未来可能性"（futurability），即未来会怎么样。依据这两个概念，我从环境史视角思考东亚崛起。

东亚崛起是 20 世纪后半期一个引人注目的历史事件，现在东亚在某种程度上带动着整个世界经济的发展。从历史研究的角度来看，东亚崛起对整个世界历史的发展意味着什么？即东亚的发展代表着世界历史未来发展的方向，还是在重复欧美国家走过的老路？这是需要思考的一个问题。其实，不光是我有这样的疑问，诺贝尔经济学奖获得者保罗·克鲁格曼也有这样的疑问。克鲁格曼在《亚洲奇迹的神话》中指出，东亚经济发展没有可持续性，因为它采用的是类似于苏联的经济增长模式，还是通过投入大量能源、资源、资本和劳动力带动生产率的提高。这是在走老路，而且走的是苏联式的没有前途的老路。

为了分析和解决这个问题，需要借用三个核心概念。第一个是全球环境史（global environment history）。这个概念不仅仅强调历史上的人与环境的其他部分的相互作用，还强调空间上的相互联系和作用。这与一般的环境史只重视历时性有所不同，全球环境史是空间和时间并重、历时性和共时性并重，甚至更多地强调空间。全球环境史采用网络分析结构，超越了原来流行的核心与边缘二分框架，有利于从整体认识世界环境史。

第二个是全球商品链（global commodity chain）。商品链是商品从原料采集到加工变成商品，再到销售出去，经过消费变成废物，最后回到地球的完整过程。全球商品链是不同地区的商品通过加入这个过程而形成的。全球商品链不但是一个价值、价格的链，还是一个生态的、有机的环境链。

第三个是产品的生命周期（life cycle）。产品的生命周期指产品取之于环境，运行于环境，最终归之于环境的过程。如果把产品的生命周期当成一个方法来运用的话，就可以衡量任何一个商品的环境影响。具体来说，对地球环境本来没有什么伤害的资源，在采掘、运送、加工、消费过程中都对环境产生影响，尤其是在变成废物回到地球环境时会产生更大的不可预知的影响。如何看待和处理废弃物，存在两种完全不同的思路和实践。一种是当产品生命周期结束时直接废弃，这是线性经济的常态做法。当废弃物超过环境的容量和自净能力时，环境就会恶化。另一种是将废弃物处理，使其变成资源重新进入生产过程，创造新的财富。这是循环经济的做法，它会把对地球环境的影响尽量无害化、减量化和去物质化（dematerialization）。去物质化指向的目标是建立一个循环社会，进而建立一个可持续发展的社会。由此可见，这个概念对评估东亚崛起的可持续性很有用，也很重要。

东亚崛起经历了从进口替代到出口导向，从劳动密集型产业到资本和技术密集型产业，从引进技术到自主创新等不断升级而又相互交织的复杂过程，在有限的时间范围内，在一个一般课题的容量中要把它分析清楚，并不是件容易的事情。因此，从可行性考虑，我选取三个典型的、主要的经济部门进行重点研究。第一个是钢铁业，第二个是石化产业，第三个是电子产业。

就战后东亚钢铁业发展的全球环境史而言，主要研究以下几个内容：一是东亚钢铁业的发展。作为整体的东亚钢铁业发展，经历了一个不断扩散和追赶升级的过程。日本在战前就已经形成了自己的现代化钢铁业，战后重新启动，同时通过资本和技术合作帮助韩国建设了现代化的浦项制铁。在中国实行改革开放政策后，又帮助中国建立了现代化的宝山钢铁公司。但是，现在全世界钢铁产能过剩主要发生在中国，而不是在日本。更加难以想象的是，中国某些钢铁公司在借鉴吸收日本和韩国钢铁产业技术的基础上继续创新，形成了目前世界上最环境友好型的技术，在某些领域达到世界先进水平。由此可见，东亚钢铁业发展本身就很有趣，值得深入研究。二是东亚钢铁业需要的铁矿石和煤炭大都需要进口，东亚市场驱动的铁矿石和煤矿开采和运输给当地（例如澳大利亚、加拿大、巴西、印度、安哥拉等）环境带来什么影响？三是东亚钢铁业对本地区和国家造成的环境影响。日本和韩国的钢铁厂主要分布在沿海地区，中国的大部分钢铁厂由于历史原因分布在内地，它们对当地环境产生了不同的影响，并通过扩散效应对其周边环境产生了不同影响。四是东亚钢铁产品的出口和循环利用。通过利用世界市场，东亚钢铁产品出口到世界各国，一旦产品生命周期结束，这些产品在世界各国如何处理？是变成资源循环利用，还是变成废弃物使环境恶化？这主要取决于当地的经济结构、环保法规及其执行、消费者的环保意识和行为等因素。一般来说，在发达国家，环保法规比较健全，循环经济初具规模，钢铁产品回收利用率高；在发展中国家，钢铁产品的回收利用率极低。这两种态度和行为对所在国的环境造成更为深入的影响。从这四个内容可以看出，东亚钢铁业发展的环境影响是世界性的，与当地经济发展和环境治理共同构成了全球环境史。

现在该给本讲做一个总结。第一，世界环境史研究仍在探索之中，尚未形成一个理想的超级史范本。第二，世界环境史是在世界史体系基础上的新建构和超越，换句话说，没有世界史的体系，就不会有世界环境史的体系。现有的世界环境史的体系探索基本上都是在原有的世界史体系上力求有所超越，现在还没有一个完全脱离原有的世界史体系的、新的、完整的世界环境史的体系。第三，世界环境史的建构需要借鉴和利用其他学科的概念、方法和研究成果，闭门造车是没有前途的。

开枝散叶：环境史研究的新路径 *

演讲人：莉莎·布雷迪（Lisa Brady）（美国博伊西州立大学
　　　　历史系教授）
地点：南开大学历史学院
时间：2019 年 6 月 27 日
译者：樊越（南开大学历史学院博士研究生）

环境史作为一门学科从建立至今已有 40 多年的历史，在过去 20 年里，这门学科出现了一批新颖且发展迅猛的研究分支。我将粗略介绍当前美国环境史研究中颇受重视的几个研究路径及其与之相关的重要学者及研究成果，希望能吸引更多对此有兴趣的人士关注和加入到这些领域的研究当中。

一、战争与自然

战争与自然的相互关系是目前环境史研究中发展最快的分支之一。这一分支整合了军事史和环境史这两个学科的特性，重点研究战争如何塑造自然以及如何被自然塑造。埃德蒙·拉塞尔

---

　* 该演讲是布雷迪教授于 2019 年 6 月在南开大学参加由中国美国史研究会（AHRAC）和美国历史学家协会（OAH）联合主办，南开大学历史学院、南开大学美国研究中心和南开大学世界近现代史研究中心承办的"自'哥伦布大交换'以来——环境史视野下的美国历史变迁"研习营时所做的主题报告之一。

（Edmund Russell）于 2001 年出版的《战争与自然：从"一战"到"寂静的春天"的人类、昆虫与化学制品的对抗》（*War and Nature: Fighting Humans and Insects with Chemicals from World War I to Silent Spring*）一书是第一本调研军事发展与环境变迁之间关联的著作。拉塞尔的主要关注点在于，在第一次世界大战中因战事需求而出现的化学制品是如何在以后的农业生产当中被用作杀虫剂以对抗虫害的。他认为利用化学制品对抗人类和利用化学制品对抗昆虫是互相影响的，二者之间存在着直接联系。《战争与自然》作为这一领域最重要的研究成果之一，掀起了学界对军事环境史研究的热潮。更重要的是直到今天，依旧有许多环境史学家在继续探究拉塞尔当年在书中所提出的发人深省的质问。

军事环境史领域另一位重要的核心人物是密歇根大学的荣誉退休教授理查德·塔克。其实塔克的著作大多围绕林业，特别是南亚的林业展开。但是在很多国际环境史会议上，经常可以看到塔克在与不同的人讨论战争与环境的关系。塔克曾经组织各种会议，甚至筹划整个会议内容。不仅如此，他还编辑了众多论文合集。可以说，没有任何人能够像塔克一样如此积极投入地推动、建设以及鼓励军事环境史方向的研究。除此之外，2004 年塔克还与拉塞尔共同编辑了一部论文合集《天然敌人，天然盟友：走向战争的环境史》（*Natural Enemy, Natural Ally: Toward an Environmental History of War*），而作为最早有关战争与自然主题的成果之一，这本合集已于 2004 年出版。

拉塞尔和塔克算得上是军事环境史研究的创始者，他们共同引领了这一领域的发展。那么，为什么在有那么多研究方向可以选择的情况下，我们依然需要研究军事环境史？这一研究方向之所以引起学界的注意，根本原因在于战争和军事可以影响到人们生产生活的方方面面，许多在战争期间开发的军事技术都可以对环境以及人类自身产生重大影响。利用美国总统德怀特·艾森豪威尔（Dwight D. Eisenhower）曾谈论的军事—工业复合体（military-industrial complex）的概念来理解这一影响会容易一些。军事力量和工业力量的结合催生了用于战争、生产武器或者国防安全的新技术，而这些技术会逐渐渗透到大众文化当中。战争和军事环境史学家完全可以，并且也应当通过战争和军事环境史的滤镜来捕捉普通民众的微观生活。

更进一步地，除了单纯考量战争对自然的影响或者自然对环境的影响，学者们还可以更加系统地对军事化景观（militarized landscape）这一结构进行深入研究。军事化景观特指军事活动成为景观主要塑造者的区域，军事基地和战役公园（battlefield parks），譬如美国的葛底斯堡国家军事公园（Gettysburg National Military Park）、安蒂特姆国家军事公园（Antietam National Military Park）就属于比较典型的军事化景观。这些地方纪念以及提醒人们铭记曾经发生在这里的战役，同时也反映出战争对自然景观深刻的影响。美国绝对不是在真空环境中孤立发展的，它既对世界其他地区产生影响，也受到其他地区的影响。军事环境史可以将美国置于全球史研究的视角。借助军事环境史研究，我们可以更好地获知美国在全球史研究中所处的地位，以及扮演了何种重要角色。

另外，军事环境史研究能够打破不同史学领域的隔阂并拓宽研究的视野，使读者受益良多。其实军事史学家从很早之前就开始在与战争、战役和军事策略相关的研究当中观察地形、气候以及景观所发挥的作用。但是他们并未将自然作为核心的研究对象，也从未将自然视作不断变化的系统，只是将其定义为景观或者研究的背景。军事环境史不仅改变了环境史，也改变了军事史，并提供了一种全新且令人振奋的角度和方式来理解历史。更加令人振奋的是，当我第一次在军事会议上呈现军事环境史相关的报告时，观众大多持有怀疑的态度。他们看着我，似乎在想："我知道你将告诉我们战争是邪恶的，它们对自然犯下的罪行是邪恶的，而这些东西我们都知道。"但是现在当我在会议上再次讨论这些话题时，那些学者开始表现出浓郁的兴趣，参与并积极谈论他们自己正在着手研究的课题。这其实象征了军事史和环境史之间"异花授粉"（cross-pollination），即交互发展的现状。

前面我们已经介绍了拉塞尔的《战争与自然》，这本书以整个 20 世纪前半叶为背景，重点研究美国的化工产业，尤其是"一战"当中的化学制品如何在战争之后用以消灭虫害以及如何影响人类自身的。除此之外，2014 年雅各布·达尔文·汉布林（Jacob Darwin Hamblin）的《装备自然母亲：灾难性环境主义的诞生》（*Arming Mother Nature: The Birth of Catastrophic Environmentalism*）同样站在全球史的视角探究战争期间的美国军事技术发展，包括那些实验性质的技术是如何产生环境危害以及将自然视作目标对象的。以天气改变技术（weather changing technology）为例，越南战争期间美国军方试图研发一些能够被喷洒到天空从而带来降雨的化学物质。可以说，以改变天气的方式来影响战事是一种可供军方选择的战役战术。这在一定程度上体现出军事是如何改变自然甚至控制自然的。我们在审视战争或者军事环境史的时候是不能避开考虑政治、技术等因素的。政治可以决定战争的形式；而技术，尤其是化学制品则更为重要，因为战争是如此依赖于化学制品提供的各种生产和服务职能。

另一本军事环境史领域的重要作品是 2012 年梅根·凯特·纳

尔逊（Megan Kate Nelson）的《摧毁国家：毁灭和美国内战》（*Ruin Nation: Destruction and the American Civil War*）。纳尔逊是一位文化和环境史学家，她着重探究美国内战对文化以及环境产生了何种影响，并且列举了众多实例来论证自己的观点，例如城市和森林遭受的破坏是如何影响美国文化和环境的，又是如何影响了美国人与环境的关系。纳尔逊还选取了一个格外有趣的视角：通过战争对人体的破坏来探究其社会文化影响。美国内战期间许多士兵被迫截肢，失去了双臂或者双腿。那么这意味着什么？总体而言，纳尔逊全面考察了战争造成的方方面面的破坏，以及这些破坏对文化发展带来的负面影响。

此外，2018 年蒋康妮（Connie Y. Chiang）的著作《铁丝网之后的自然：一部有关日裔美国人监禁的环境史》（*Nature Behind Barbed Wire: An Environmental History of the Japanese American Incarceration*）是军事环境史领域的又一力作。蒋康妮的作品并非关于军事史、军事活动或者战役战事，但是坦白地讲，我们无法将"二战"时期日裔美国人的监禁史与整个战争发展的大环境剥离。蒋康妮的研究告知我们，在军事环境史领域，我们还可以探究战争与社会之间的关联，即考虑当一个国家决定参与或者发动战争时，这个决策对整个社会将会产生怎样广泛的影响。蒋康妮在这里进行了强有力的论证，讲述了与日本的对战，以及制定将日裔美国人从美国西海岸迁移到内陆进行的监禁政策是如何改变这些人在美国的经历，转变他们与自然的关系，而这些人又是如何改造监禁地景观的。蒋康妮的著作之所以经典，在于她跨越了不同史学分支的界限，全面涉猎了环境史、社会史、政治史和文化史等众多领域。

除此之外，还有一些军事环境史相关的著作值得我们细细研读，在此就不一一介绍了。

二、视觉文化分析

传统的环境史研究主要依赖于对书面文件的研读，但是视觉文化分析（visual culture analysis），作为一种全新的研究途径，为我们提供了无限的可供解读的历史资料。进入数字时代，我们可以下载大量的数字图像并将它们吸收进我们的研究当中。对于环境史的发展而言，视觉文化分析合法化是一个重要的转折点。2003 年，时任《环境史》编辑亚当·罗姆（Adam Rome）创建了《画廊》（Gallery）栏目。这个栏目收录了一些 5—8 页篇幅的短文，而重点是每篇短文都以图片作为其研究的历史资料。

另外，还有一位学者在推广以及扩大视觉文化在环境史领域的分析和应用方面做出了特殊贡献，他就是菲尼斯·杜纳威（Finis Dunaway）。杜纳威就职于加拿大特伦特大学（Trent University），是一位非常出色的美国史学者，目前正担任《环境史》《画廊》和《影评》（Film Review）的栏目编辑。2010 年杜纳威做了一个有关视觉文化分析的演讲，演讲的主题为《目睹关联：环境史和视觉文化》（"Seeing Connections: Environmental History and Visual Culture"）。杜纳威在演讲中谈论了图像是如何塑造历史的，他不认为视觉文化当中的图像只是历史资料，或者只是供我们阅读以获取信息的文件。杜纳威认为图像影响了我们对历史过往的理解，每一次的观看都会产生全新的感受，而不同的人面对同一张图像则会产生全然不同的感受。

视觉文化丰富了我们研究的空间。许多历史学家认为，不论自己正在进行哪个方向的历史研究，主要的工作内容就是负责处理各种书面和口述文字。但是视觉文化和物质文化转变、拓宽以及丰富了我们的资料库，它们允许我们真实地看到历史上曾出现过的环境变化以及环境理念，同时也建立了我们与自然以及不同理念之间的联系。借用杜纳威在演讲中说过的话来理解这一点会更容易一些，他说，图像"提供了一种关于过往的独特视角"，并且"提出了一些远不是书面记录能够回答的问题"。因此，视觉文化不仅能够提供不同的观点和信息，还能够抛出不同的令人深思的疑问。一部分原因在于，当我们阅读文字时，我们以为自己理解文字的意思或者我们以为自己确切地理解了作者借助文字想要传达的意思；而相对于文字而言，图像则更加需要想象力或者直觉来猜测创作者的意图是什么。我们或许无法得知图像的目标读者是谁，因此我们无法得知作者到底想要告诉我们什么。一切都取决于我们自己从图像中发掘意图。这便是杜纳威所说的，图像是历史"动态的发言人"，而不是"静态的讯息"。

以早期杜纳威发表在《画廊》栏目的文章为例，我们可以更直观深入地理解视觉文化的丰富内涵。这篇文章的题目为《落叶的微妙景象》（"The Subtle Spectacle of Fallen Leaves"）。在文章中杜纳威所用的原始资料就是一张满是落叶的图片。在这张照片上看不到任何的文字，也没有人告诉我们他想要表达什么。在这种情况下，我们如何仅凭借一张照片来开展自己的论证？确定的是，每一次观看视觉文化时，我们都需要阅读与其相关的文字资料以获得更多的信息。当然，杜纳威也这么做了。

杜纳威选用的图片名为《枫叶与松针》（*Maple Leaves and Pine Needles*），由艾略特·波特（Eliot Porter）摄于 1956 年 10 月。波特曾担任著名环保组织塞拉俱乐部的理事。一提到塞拉俱乐部，我们就会想到约瑟米蒂国家公园、黄石公园及那些绵延不绝、壮丽雄伟的山地景观。试想一下，借由这张如此含蓄、难以言语的照片，塞拉俱乐部或者波特意图向我们传达怎么样的信息呢？杜纳威认为，通过这张照片，波特想要告诉我们，自然不仅仅存在于壮丽的山川河流当中，更存在于身边无处不在的细节之中。事实确实如此，俯首大地，仰视苍穹，我们就会发现自然之美就在身边，即使连最容易被忽视的落叶也能使我们怡然自得，在精神和灵魂上与自然紧密拥抱。这便是视觉文化的精彩之处，一张小小的图片竟然可以蕴含如此丰富多彩的内涵！

此外，2017 年罗伯特·威尔逊（Robert M. Wilson）一篇有关气候运动（climate movement）的短文同样向我们展示了视觉文化所承载的多样内涵。威尔逊在这篇《气候运动中的面貌》（"Faces of Climate Movement"）文章中运用了许多从视频文件中截取的静态图像，以分析由比尔·麦吉本（Bill McKibben）建立的 360 气候组织（360.org Works）在 2016 年组织的气候抗议行动想要传达的意图。许多有关气候运动的照片中往往都是一些手持巨大标语的团体，而这些团体共同凝聚成了一股强大的力量。但是通过这样的照片，我们会以为气候运动是一项大规模的集体活动，而不是一个个独立个体的集合。但是 360 拍摄了许多参与气候抗议行动的个人照片，它试图告诉我们，参加气候竞赛的抗议者们都是一个个形形色色的个体。这些抗议者种族不同，年龄、性别、能力各异，但是他们是鲜活的个体，有自己的需求和情感，我们可以随时走近他们并与他们对话。这就是威尔逊所谈论的气候组织试图进行的"有意的传道"（intentional propaganda）。"传道"在这里不是一个贬义词，它意指有目的的政治议程，试图开展人性化气候运动，让更多的人感同身受并愿意参与其中。个体相片能够激发情感上的共鸣并传达政治理念，让人们产生崭新的想法。除此之外，图像的形式也是多种多样的，照片、绘画等都可供选择。可以说，图像真实地扩大了我们能够用以解读环境史的资料库。

对视觉文化分析比较感兴趣的读者可以阅读以下几本比较有影响的著作。除了在《环境史》期刊发布的那篇短文之外，杜纳威还出版了两本现象级的著作：2005 年的《自然视觉：美国环境改革中图像的力量》（*Natural Visions: The Power of Images in American Environmental Reform*）和 2015 年的《观看绿色：美国环境图片的利用和滥用》（*Seeing Green: The Use and Abuse of American Environmental Images*）。第一本著作关于图片如何影响了美国的环境变革，而第二本书则关于人们在他们工作当中如何利用、错误地使用、滥用图片的。在《观看绿色》的封面上，一个戴着面具的人在轻嗅一朵花，这构成了一幅非常有冲击力的场景。另外还有一本非常有趣和广受好评的著作值得我们研读，那就是辛迪·奥特（Cindy Ott）的《南瓜：一个美国标志的稀奇历史》（*Pumpkin: The Curious History of an American Icon*）。谁会想到给南瓜写一本书呢？从南瓜那里我们可以了解到怎样的美国历史？奥特用了一整本书的篇幅来写南瓜，特别描述了美国历史上几次与南瓜有关的文化潮。不仅如此，她还将物质文化也纳入视觉文化的范畴之内。除此之外，克里斯蒂娜·德鲁西亚（Christine Delucia）的文章《一条幕斯卡塔基德的印第安钓鱼堤线：纪念东北部土著人家园及殖民记忆景观》（"An Indian Fishing Weir at Musketaquid: Making Northestern Indigenous Homelands and Colonial Memory Scapes"）以及凯瑟琳·摩尔斯（Kathryn Morse）的文章《鸟群将至：19 和 20 世纪的漏油灾难图像鉴览》（"There Will Be Birds: Images of Oil

Disaster in the Nineteenth and Twentieth Centuries"）都从不同的视角利用视觉文化来解读环境史。

还有一本著作需要特殊介绍一下，那就是 2017 年梅勒妮·基希勒（Melanie A. Kiechle）的《气味侦探：19 世纪美国城市嗅觉史》（*Smell Detectives: An Olfactory History of Nineteenth-Century Urban America*）。这本书探讨了如何通过嗅觉来了解历史，与《观看绿色》以及视觉文化有着紧密联系。确切地讲，这是一本关于 19 世纪城市气味历史的著作。基希勒在书中论述了 19 世纪美国城市里的各种气味是如何激发了卫生运动（Sanitation Movement）的兴起。设想一下，这种观点是有道理的，尤其是当我们面对污秽不堪的城市环境，心里会想："啊，真是太臭了，太不健康了，我们需要把它（城市）清理干净！"与此同时，气味历史本身也属于感官历史这一历史学分支的范畴之内，而这一分支主要利用文献资料中有关人们见闻的记载。在这个领域里，最重要的历史学家是马克·史密斯（Mark M. Smith）。史密斯 2014 年书写了一本关于美国内战的书籍:《战役的气味，围攻的味道：一部内战的感官史》（*The Smell of Battle, the Taste of Siege: A Sensory History of the Civil War*）。在这本书中，史密斯描述了历史文件中有关美国内战中人体血肉腐烂气味的记载，以及这些感觉如何影响了人们对于战争的认知。

虽然基希勒和史密斯的著作并不能算作环境史领域的著作，但是它们都或多或少与环境有关。更重要的是，书中所采用的研究方法十分特别，非常值得我们借鉴。总而言之，这两本书都是值得阅读的好作品。

三、动物研究

目前史学界盛行的另外一种新颖的研究路径则关注对非人类群体的研究，也就是对动物的研究。与感官历史研究相似，动物研究并不属于环境史学的范畴，但是也与其有着很大的关联。不同于传统的自然史学，这种类型的动物研究视动物为社会文化的一部分，强调对人与动物交互关系的研究，而不是单纯将动物作为自然的一部分。开展动物研究的环境史学家认为无论是野外生长的还是驯化的，也不管是作为人类的食物、朋友、宠物，还是敌人、捕食者，动物都在生态、社会和文化层面影响了人类社会的发展。将动物囊括到人类历史或者环境史研究当中，有助于我们看到彼此之间紧密相连的纽带。借由动物研究，我们会了解到在历史长河中，很多时候动物才是故事的主角，我们人类不过是配角而已。我们只不过是根据动物群落的行为做出相应的反应，而这种反应很多时候是无意识的，只是一种被动的决定。譬如，随着动物的迁徙而移居到新的区域就是一个很好的例子。

当前，许多物种都有专门的历史学家进行研究，比如鲑鱼、海豹、狗、狼以及熊。但是让人费解的是，研究猫的历史学家却很少，这个空白或许可以为我们提供新的研究思路。除此之外，还有许多动物有待研究，尤其是那些缺乏突出特性的动物，比如蟑螂。估计是没人愿意挖掘蟑螂的生态或生物特性吧。

动物研究领域已经有几本重要的研究著作相继问世，2006年爱丽丝·翁德拉克·比尔（Alice Wondrak Biel）的《不要喂熊：黄石时断时续的野生动物和游客历史》（*Do [Not] Feed the*

Bears: The Fitful History of Wildlife and Tourists in Yellowstone）便是其中之一。在比尔看来，独特的地质特征或者景观不一定是黄石公园吸引游客的地方，但是里面的野生动物绝对是，熊就是其中重要的一种。人们前往黄石公园希望可以看到熊以及喂食它们，并与之互动。那么，这种喂食行为究竟会产生怎样的后果，则是比尔研究的重点。另外，2004 年乔恩·科尔曼（Jon T. Coleman）的《邪恶：美国的狼与人》（*Vicious: Wolves and Men in America*）研究了狼与人的历史，而狼与人的关系绝对是美国历史至关重要的组成部分。科尔曼在书中讲述了在过去的三个世纪，美国是如何将狼视作邪恶的象征并对其展开屠杀竞赛以保护家禽家畜、清理土地的。这部分历史对动物研究和环境史研究都非常重要。

除此之外，2006 年弗吉尼亚·德约翰·安德森（Virginia DeJohn Anderson）写作的《帝国的生物：驯养动物如何转变早期美国》（*Creatures of Empire: How Domestics Animals Transformed Early America*），2008 年安·诺顿·格林（Ann Norton Greene）所著的《工作的马匹：在工业化美国中驾驭动力》（*Horses at Work: Harnessing Power in Industrial America*）以及 2001 年约瑟夫·泰勒（Joseph E. Taylor）的《生产鲑鱼：西北渔业危机环境史》（*Making Salmon: An Environmental History of the Northwest Fisheries Crisis*）等都是了解动物研究的出色作品。与环境史更多地将关注点放在 19 世纪晚期、20 世纪早期之后的美国现代时期不同，动物研究对于早期美国历史的重视程度与对后期美国历史的重视程度是一样的。事实上，进行动物研究的历史学家更善于进行美国早期史，譬如殖民地时期或者内战时期的研究。

四、其他研究路径

除了前面提到的军事环境史、视觉文化分析和动物研究之外，还有一些新颖且有价值的研究领域值得我们探析。商品和消费主义研究就是其中之一。与动物、植物研究类似，那些被人类标记经济价值并变成物品以供人类购买的物质已经引起了史学家的关注。动物研究侧重于微观具体对象的研究，比如研究黄石公园的灰熊，而商品和消费史，如同军事史一样，将我们带出美国，置于一个宏观的全球化市场之中并提供给我们与全球伙伴对话的机遇。目前已经有一些学者在进行消费主义相关的历史研究，比如亚当·罗姆于 2018 年发表在《环境史》上的文章《时尚前沿？对时尚风格环境史的反思》（"Fashion Forward? Reflections on the Environmental History of Style"）便是对消费主义的思考。罗姆的加入或许预示着商品史和消费主义研究的转变。另外，2012 年珍妮弗·安德森（Jennifer L. Anderson）出版的《红木：早期美国奢侈的代价》（*Mahogany: The Costs of Luxury in Early America*）一书探查了红木作为一个树种是如何成为早期美国家具生产中的重要用木，以及红木作为一种奢侈商品又是如何改变了美国文化、美国环境和红木收获地环境的。

另一本著作，安妮·吉尔伯特·科尔曼（Annie Gilbert Coleman）于 2004 年撰写的《滑雪风尚：落基山脉的运动和文化》（*Ski Style: Sport and Culture in Rockies*）则是关于山地滑雪运动的历史。这本书提到滑雪作为一种娱乐活动，对雪产生了大量需求并消耗了落基山脉的山地景观。其中科尔曼用了一整章的篇幅讲述人工制雪的过程：人们先将大量的水冻结成冰，之后再把它们运输到山坡上，这样就能给消费者提供滑雪的机会了。除此之外，这本书还涉及种族问题。事实上，在科尔曼最开始书写这本书时，她将其命名为《不可承受的滑雪之白》（ *The Unbearable Whiteness of Skiing* ）。"滑雪之白"一语双关，既指白雪之白，又隐晦地意指滑雪者的"白"，即滑雪者多为白种人。滑雪者，也就是雪的消费者多为白种社会精英，而在滑雪场提供服务的人员则多为非洲或者拉丁裔美国人。科尔曼精妙地将社会阶层、种族问题及环境和文化影响融汇到一起，不得不说，《滑雪风尚》是一本不可多得的佳作。

另外，2016 年讲述可口可乐历史以及可口可乐生产对美国社会、文化和环境影响的《市民可乐：可口可乐资本主义的产生》（ *Citizen Coke: The Making of Coca-Cola Capitalism* ）以及 2000 年关于美国社会如何消费鸟类的《飞翔地图：现代美国的自然冒险》（ *Flight Maps: Adventures with Nature in Modern America* ）都是消费主义研究领域口碑不凡的著作。其中《飞翔地图》的作者珍妮弗·普里斯（Jennifer Price）研究了 19 世纪后期美国社会帽子装饰物的流行是如何导致许多鸟类，比如白鹭（snowy bird）被屠杀殆尽的，而这仅仅是因为当时在上流女性群体当中十分流行将鸟类标本或者羽毛装饰到帽子上。可以说，这本书同时将消费主义、环境变化和动物研究糅合到了一起。不仅如此，普里斯还研究了塑料火烈鸟（flamingo）在美国文化当中的象征意义并将其视作人类消费自然的另一种形式，即使那些放在草坪上的火烈鸟是由塑料制成的。

此外，在环境史领域，环境与技术（Enviro-Tech）研究的结合也正在盛行，而这种研究途径有助于对环境建成（built environment）进行有效探索。环境—技术融合了环境史和技术史的分析方法，审视技术如何对人与自然关系发生作用。2011 年珍妮特·奥尔（Janet Ore）的《移动房屋综合征：工程木材和"二战"之后新家庭生态的形成》（"Mobile Home Syndrome: Engineered Woods and the Making of a New Domestic Ecology in the post-World War II Era"）文笔优美，调研深入，是一篇了解环境—技术关系极其重要的文章。这篇文章展示了 20 世纪中期美国人与自然和技术之间那种错综复杂的关系。移动房屋综合征是一种已被现代医学承认的疾病。这种综合征来自 20 世纪五六十年代低廉的建筑——移动房屋。移动房屋并不是我们今天所熟知的可以驾驶着到处露营的房车，它大多是不可移动的，且生产成本低廉，主要是由胶合板和塑料，即人工材料而不是真正的木材或砖块制成。木材和砖块是惰性材料，不能与化学物质产生反应。胶合板则是用胶黏剂胶合薄木片而成，随着时间的推移，胶黏剂会逐渐降解并残留化学物质。如此一来，当人们搬进移动房屋，身体接触到这些残留物质之后就会患病。

奥尔以移动房屋这个鲜明的美国文化事物为主题，并选用一个家庭作为案例，追溯他们与移动房屋之间的历史故事。奥尔指出房屋材料由天然产品变为人工产品滋生了健康危机。因此，用人工材料代替天然材料不仅改变了自然环境，同时也改变了人体的生态环境，还对我们的家庭生态环境产生了不良影响。此外，除了奥尔对环境—技术关系精彩绝伦的论证之外，盖瑞·克罗尔（Gary Kroll）的一篇有关动物在道路上被碾压致死的文章《道路谋杀环境史：道路生态学与渗透性公路的形成》（"An Environmental History of Roadkill: Road Ecology and the Making of the Permeable Highway"）也提供了一种独特的研究视角，促使我们重新思考人与动物以及技术与动物之间的关系。

　　当前环境史领域还有另外一个分支也颇受关注，那就是对人的研究。这个分支包含种族、阶级、性别以及环境正义等议题。从环境史发端肇始，尤其受到威廉·克罗农（William Cronon）和卡罗琳·麦茜特（Carolyn Merchant）研究的影响，学界就已经在探究种族、民族和性别问题。但是总体而言，这种探究非常局限，长期居于历史研究的旁枝末节。可以说，这一领域仍然有很大的研究空间，尤其是对于那些来自有色人种社区的学者而言。与此同时，这也是美国历史存在的一个严重问题。当参加一个美国社团或者美国环境史会议时，我们会发现绝大部分参会人员都是白种人，即白色的中产阶级人士，而非裔、拉美裔和亚裔美国人以及印第安人和残障群体则非常有限。其实欢迎那些与自然世界建立关系的不同群体加入到环境史领域是有助于丰富及深入我们的研究的。然而事实情况是，很少有学者进行残障人士研究，而研究同性恋、双性恋及变性者等性少数群体（LGBT）的学者更是寥寥无几。这些与性或者残疾相关的话题并不能吸引环境史学家的关注。事实上，有关种族、民族、性别、性及残疾相关的课题能够推动环境史走出教室，跳出学术圈并对客观世界产生巨大的影响。我衷心地希望这些领域能够引起学界的重视并引来发展的契机。

　　在上一次环境史会议上，我们有一场关于"多元性与包容性"（diversity and inclusivity）的讨论会。这个部分在某种程度上成为自我批评的环节，许多学者表示，我们应该做得更好。但事实上，已经有许多学者进行了令人惊喜的研究。因此，我希望学界能够注意到那些白皮肤以及有色皮肤学者所做出的贡献，并且停止无病呻吟的口号。

　　在种族研究方面，伊丽莎白·布鲁姆（Elizabeth D. Blum）、罗伯特·布拉德（Robert Bullard）、卡罗琳·芬尼（Carolyn

Finney）、戴安·格拉韦（Diane D. Glave）等都是成绩斐然的学者。其中戴安·格拉韦称得上是黑人女性研究的先驱。除此之外，2013 年罗宾·沃尔·金摩尔（Robin Wall Kimmerer）的《编织香草：本土智慧、科学知识和植物教育》（*Braiding Sweetgrass: Indigenous Wisdom, Scientific Knowledge and the Teachings of Plants*），2018 年玛丽·门多萨（Mary E. Mendoza）的《危险的地形：美墨边境的种族驱逐和环境控制》（"Treacherous Terrain: Racial Exclusion and Environmental Control at the U.S. - Mexico Border"）以及 2003 年卡罗琳·麦茜特的《黑暗的阴影：种族与环境历史》（"Shades of Darkness: Race and Environmental History"）都是非常值得一读的著作和文章。而对女性研究感兴趣的学者则可以阅读 2012 年南希·昂格尔（Nancy C. Unger）所著的《超越自然的管家：环境史中的美国女性》（*Beyond Nature's Housekeepers: American Women in Environmental History*）。

最后，在结束之前，我们很有必要了解一下环境史领域还有哪些新的研究方向值得探索。其中第一个新方向是人口迁移。确定的是，那些研究早期殖民地历史的学者都已经研究过那一时期的迁移状况。他们讨论美国或者整个北美地区的人口迁移或者马匹的迁移。但是到目前为止，我不太清楚是否有学者研究过 19 世纪 30 年代的爱尔兰移民。爱尔兰移民在对美国的社会及文化景观产生深远影响的同时，我认为他们也改变了美国的环境景观。同时爱尔兰移民也是我的祖先，因为我身体里也流淌着一部分爱尔兰血液。另外，我也不了解是否有学者研究过与 20 世纪初期大移民相关的环境史——那一时期，有几百万黑人离开美国南部，迁徙到北方城市当中。有一本《他乡暖阳：美国大迁徙的史诗故事》（*The Warmth of Other Suns: The Epic Story of America's Great*

Migration）从政治和社会视角出发，研究了 20 世纪的美国大迁移史。不过这本书并没有从环境史的角度审视这段历史。我们可以试想一下，如此大规模的人口从南方涌入芝加哥、纽约、旧金山等北方城市，整个过程一定会对环境和景观产生影响。另外，有关中美洲人口迁移到美国的历史也非常值得研究，而且这一过程前后持续了上百年，直到今天依然触目可见。有大量有关"他们为什么离开家园""他们在沿途看到了什么""他们来到美国真的只是为了宪法所赋予的自由吗""他们又将如何找到合适的工作来供养家庭"等方面的问题有待探查。

此外，气候与能源问题也是一个有待探索的新方向，而我们研究它并不仅仅因为它是非常严峻的政治以及环境问题。更重要的是，研究历史上的气候与能源问题有助于我们制定出更加公正、合理、有效的政策举措。最后环境正义仍然是一个有待于更充分开发和研究的方向。这一领域能够为环境史学家提供为当前以及未来社会进步做出突出贡献的机会。

作为一个历史学家或历史学习者，不管我们正在从事以及将会从事什么方向的研究，都需要认识到研究历史其实就是一个拼图的过程。我们需要先拼凑框架，然后整理所有的碎片。解读历史也是一样，我们需要先整理所有的信息碎片，最后才有可能拼凑成一个完整的故事。而无论利用视觉资料还是纸质资料，作为历史解读者，我们都需要时刻保持客观和全面，以期尽可能还原历史的真相，为公众创造了解过往并古为今用的可能性。

商业和商品改变"世界"

—— 太平洋环境史研究的兴起和发展

演讲人：王华（中国社会科学院大学教授）

时间：2019 年 4 月 9 日

    这个题目的确准备了很长时间，先定了这个题目叫"商业和商品改变'世界'——太平洋环境史研究的兴起和发展"，世界是打引号的。想给各位就太平洋环境史研究的情况，尤其是对国外学术界的研究情况做一个汇报。这还算不上我自己的研究，基本上是一个对学界现有研究情况的整理。因为对于环境史来说，我是个门外汉。

    这个题目虽然是有关环境史的，但它更多地集中到历史上对于太平洋环境造成直接影响的最重要的因素，也就是商品和商业贸易，探讨它们所带来的环境改变。当然我也没有仅局限于这个方面，而只是把它作为比较重点的部分。作为一个门外汉，从我初涉环境史到现在也就一年多的时间。自己之所以会对环境史感兴趣，是因为它是一个非常有魅力的领域。做世界史其他领域研究的学者，只要不固执于自己的研究，愿意去了解或者更深入地去了解一下环境史的话，肯定会被它吸引住。我在 2018 年 5 月参加了一个环境史的国际学术研讨会之后，就发现这个领域对我的观念冲击很大。我觉得环境史领域的魅力不仅仅在于它的年轻和活力，更重要的是它给我的那种"锐利"的感觉。而且，它跟我现在要做的太平洋史的结合度是非常高的，它本身自然也是太平洋史研究的一个重要领域。后面我会多次提到一个历史学家，约翰·麦克尼尔，他是美国环境史研究领域的一个领军人物，同时也是太平洋环境史的开创者之一，对于太平洋史研究的影响甚至也是非常直接的。

接下来我分几个部分来介绍太平洋环境史的研究。首先是现在的研究概况是怎样的；然后，太平洋环境史研究的基本论题以及它的研究聚焦是什么，这就回到了商业、商品改变太平洋世界的环境这个问题上；最后还有一点，就是环境史研究如今所面临的一些挑战。

首先，我还是想对环境史和我今天的题目做一个基本的定位。在短暂的学术史梳理、了解的过程当中，我觉得环境史给我的感受就是，它在体现历史的时空交织这一本质特性方面表现得非常集中。按照现在国内学者对于环境史的定义，王利华教授认为环境史是"关于人类与自然既往关系的多学科研究"，其研究主题是"人与自然之间不断演变的生态关系"。但是我感觉这个定义显得有点模糊，环境史不是要集中研究人和自然的关系，因为不管是以往还是现在，这似乎都更应该是偏哲学范畴，或者说是历史哲学范畴的研究对象。它更直接地应该是在关系视角之下探究历史上人类／人类社会与非人类自然之间的相互作用，以及作用的结果和影响等。正如唐纳德·沃斯特（Donald Worster）教授所认为的，环境史研究关注"人和自然的相互重塑"。也就是说，环境史是自然（环境）与人共同作用塑造的历史。人肯定是自然当中的人，而自然也是人影响之下的自然，两者的互动关系是历史发展当中的常态，并不会因为人类自我中心意识的强化而有所削弱。反之亦然。

也就是说，我们在做环境史的时候，关注的是历史上人类活动如何改变了环境和气候，而这种变化又如何反过来影响乃至形塑了人类和人类的活动。所以在这个意义上，那种纯粹自然的规律性和非规律性的演变是不在环境史考察范围内的。

与地中海、大西洋和印度洋相比的话，太平洋是被所谓的"文明"开发得最晚的。作为一个历史研究的对象，太平洋史的开端是麦哲伦大航海之后。等到18世纪下半叶，整个太平洋才真正被开发，它是随着欧洲人的探险活动和商业活动展开的。环境史研究视野之下的太平洋的被"发现"，更是要晚到20世纪90年代。它是在"太平洋世界"框架形成的影响之下，从原有的帝国史学或者殖民史学，以及民族国家史学的叙事模式当中分解独立出来的。

2018年5月，中山大学举办了一次环境史国际学术研讨会，主题就是"太平洋世界的环境史"（Environmental History of the Pacific World）。我把它借用过来，是觉得它能为我们怎样去认识太平洋提供一个框架和借鉴。这次会议是这样定位作为研究对象的太平洋的："太平洋是板块构造运动的古老产物，它创造了地球上最大的生态区域。虽然航海者们很早便在其水域中探险，人类在其所有的海岸上繁衍，并深入夏威夷这样的辽远腹地，但直至16世纪，其庞大的水体方才作为一个整体被发现，并在全球尺度的地图上得以展示。自此，通过国际贸易、战争、文化交换、资源攫取，太平洋成为一个人与自然相互作用日趋频繁的所在。"

现在国际学术界的太平洋史研究以及太平洋环境史的研究，都已经进入到"太平洋世界"的路径和框架。"Pacific World"作为21世纪以来出现的一种太平洋历史研究新路径或新的分析框架，是把太平洋的海洋、群岛和太平洋海水所能抵达的沿岸陆地都统合到一起，把它看作一个客观的、完整的、具有主体性和独立性的对象，也就是所谓的"一个连贯的分析单元"，来探究它的地理形成、生物交换和人类活动。尤其重点关注区域内的人员交往、物资交换、文化交流、环境变迁等具有跨国甚至跨域普遍联系性的主题或者专题。简而言之，它研究的是"history of the Pacific"，而不是"history in the Pacific"；它研究的是原有"传统空间之外的空间"，是超越民族国家的"间隙空间"。它的形成受到了三股重要思潮的影响：一种是对殖民史学的批判，一种是全球史，还有一种是海洋史。由此，创立研究主体的独立性、"去国家中心"、"去陆地中心"，以及重视整体化和连续性，是"太平洋世界"研究范式所呈现的最显著的特点。

今天这个题目中的"世界"是加了引号的世界，指的就是"太平洋世界"，也就是在体现这样一个定位和意旨。这也是我接下来在论及太平洋环境史的时候的一个基础视野。

就太平洋环境史至今为止的整体发展来看，如果给它大致做一个时段划分，可以分成三个阶段，每个阶段都呈现出各自的特征和明显的研究变化。20世纪90年代之前，今天所涉及的太平洋环境史中的某些具体议题，在其他一些专题性、国别性的研究论文中就出现过了。主要是在讨论生态入侵、疾病的流行和其他的岛民与外界的接触叙事（即所谓在西方接触时代的人与人的接触叙事）中呈现出来，或者是从属于以商业问题为中心的一些议题，涉及的地域主要是北美西海岸、东亚或者澳大利亚这些传统的政治经济区域；再就是某一国家的环境史问题。总的来说，在那个时期，独立的太平洋环境史研究还并不存在，相关的主题只是作为特定历史叙事的内容，出现在"帝国史学"或者民族国家史学的著述中。

　　这个情况的改变是在 20 世纪 90 年代，太平洋环境史开始作为一个独立的议题被学者提出来。最先的突破不是出现在历史领域或者人文社科领域，而是在自然科学领域。1990 年，帕特里克·努恩在《地理杂志》上发表了论文《太平洋诸岛最近的环境变化》，把太平洋诸岛作为一个整体的考察对象，以长时段的视野梳理了历史上导致诸岛环境改变的自然环境因素和人的活动因素。尽管这篇文章是出自一个环境科学家之手，但从它的内容和叙事手法上，已经算得上是一篇环境史作品。甚至可以说，太平洋诸岛的环境史乃至太平洋环境史的开端始自努恩。

　　历史学家的太平洋环境史研究是从约翰·麦克尼尔开始。1994 年，麦克尼尔在《世界历史杂志》(*Journal of World History*) 上发表了《鼠与人：太平洋岛屿的环境史概要》一文，首次将太平洋诸岛以至太平洋的环境作为一个具有整体性意义的历史研究对象。从其题目和内容来看，谈的是太平洋诸岛的环境史，但事实上它已经将太平洋环境史给定位出来了。文中有一段对于太平洋岛屿世界和太平洋的定位："太平洋岛屿世界展示了入侵物种（包括智人）的转化能力，以及他们为自己争取生态位所做的努力。就人类而言，这种努力包括经济活动，这种活动在大规模组织时尤其能够改变环境；就太平洋而言，这主要是通过市场整合实现的。来自地球上生物和文化进化的大陆温室的遥远影响大大增强了转化的力量。数百万年的隔离导致太平洋生态系统变得不稳定，也就是说，很容易发生突然的变化。太平洋岛屿的环境历史模式显示出，平静的时代被急流变化的爆发所中断，就像进化生物学的间断平衡。尽管在这种情况下，平衡往往比间断更容易被打破。太平洋环境史的步伐主要是由人类在整个海洋的运输和通讯中的爆发式进步和停滞所控制的。这些爆发和沉寂的主要

（但不是唯一）决定因素是技术。因此，我将人类出现在舞台上后的故事分为小舟、帆船和轮船三个时代。自人类首次入侵以来，太平洋环境史的发展方向是在气候、土壤和特定生态系统易受变化影响的范围内实现生态同质化。"在这样一个定位的基础上，他还同时考察了环境史的时间，把它从"接触时代"前推到大洋洲的古代时期，向后一直延伸到 20 世纪太平洋地区的军事化。由此，麦克尼尔初步奠定了太平洋环境史研究的框架基础。

在麦克尼尔之后，太平洋环境史问题研究涌现了一些成果，但不多。整个 20 世纪 90 年代只出了有限的几本书和一些文章。这个时期主要的特点是集中将太平洋诸岛和太平洋盆区的环境和生态问题作为考察对象，并且开始关注特定人类活动带来的跨域的环境联系，注重不同区域之间通过贸易和人类活动以及文化交流带来的连续性的影响。另外，环境科学家和历史学家在这个时期形成了一定的研究呼应。虽然没有融合，但是相互之间仍通过作品在观念和观点上形成相互的响应。

与此同时，基于"帝国史学"模式或者民族国家史学模式研究的涉太环境史论文和专著仍然在继续出版。甚至直到今天，这类研究仍然部分地存在。值得提到的有两本论文集，一是 1999 年丹尼斯·弗林主编了《太平洋世纪：16 世纪以来的太平洋和环太平洋历史》，其中收录了三篇太平洋环境史方面的论文，最重要的仍是麦克尼尔的《边缘之岛：太平洋内及其周边的生态和历史，1521—1996》。这篇文章将他 1994 年提出的太平洋环境史研究框架和很多构想进一步予以了深化。2001 年，有一部 19 卷本的《太平洋世界》（*The Pacific World*）开始出版，这个大部头系列著作的第三卷，是由麦克尼尔主编的《太平洋世界的环境史》。书中收录的17 篇涉太环境史文章是自 20 世纪 60 年代至 90 年代期间 17 位不同国家的作者所作。这些作者并不都是环境史学者，文章的主题也有很多都是来自传统的经济领域。这些文章被麦克尼尔归拢到一起，作为涉太地区的环境史问题研究。从这本书，我们更能清楚地看到20世纪90年代末之前太平洋环境史的发展理念及其阶段性的特点。

太平洋环境史研究出现爆发式增长是在进入21世纪以后。首先的一个变化是发生在整个的环境史研究中的。环境历史学家在21世纪之初便越来越认识到海洋在环境史方面的重要性。有一位叫海伦·M.罗兹瓦多夫斯基（Helen M. Rozwadowski）的学者，开始呼吁环境历史学家更多地关注海洋作为工作场所和人类历史的作用。由此，海洋环境史开始在21世纪的头十年受到历史研究的普遍重视，历史研究和自然科学研究迅速地走向结合和融合。这一情况也必然会影响到之后的太平洋环境史研究。在资料整理的过程中我发现，2006年，有三篇论文是由自然环境科学家所写的。这些论文都涉及海洋在环境史中的地位和作用，以及如何去研究（方法、范式）等方面。2006年，W. J. 博尔斯特发表了论文《海洋环境史的机遇》，指出"海洋可能是环境史学家们的下一处边疆。……历史学家应该认真对待海洋历史化的挑战。这将包括调查其不断变化的性质，以及人们关于对其利用和管理的特定历史假设"。在他之后，约翰·吉利斯在2011年刊发《填补环境史的蓝色空洞》，这个"蓝色空洞"指的就是水体或者说海洋，当然他没有把它仅仅局限在海洋，还包括深入内地的河流在内。2013年，约瑟夫·泰勒又发表了《了解黑匣子：海洋环境史的方法论挑战》，对海洋环境史的研究内容、方法、路径进行了更深入的讨论。在这样一种新视角的影响下，太平洋环境史也走向了更具整体化视野的"太平洋世界"路径，太平洋环境史也逐渐成为太平洋史和环境史研究的一个重要子领域。

我整理归纳出了这个研究阶段的三个方面的特点：

第一个特点，对太平洋环境史问题的探讨已经更多集中在具有整体性视野的太平洋地区、太平洋世界、环太平洋（当然还有范围略小一点的，比如北太平洋等）之下。原有的民族国家史学范式也在很大程度上开始跟上述的视野结合起来，很多论文和专著虽然阐释的是某一个国家的或者某一个小区域的环境史问题，但是已经开始被置于一个更广阔的视野，乃至太平洋的整体视野之下去探讨。比如大卫·伊格勒的论著探讨了北美西海岸和太平洋世界之间的跨洋连接，从而证明了19世纪太平洋盆地的生态和经济一致性。其他的还有很多，比如古德伯格探讨了地理、自然和太平洋及其热带岛屿的历史之间的关系。另外还有把澳大利亚和新西兰以及太平洋结合到一起来看视的环境史专著，以及从"澳大拉西兰"这样更广阔的大洋洲视角去探讨环境史的作品等，都在这个时期出现。

尤其值得一提的是关于海鸟粪和磷酸盐矿的环境史研究，是这一时期出现的一个学术亮点。最有名的作品当然是2013年格里高利·库什曼出版的专著《鸟粪和太平洋世界的开启——全球生态史》，从海鸟粪这样一个具体的议题出发，把"太平洋世界"中与此有关的岛屿（包括秘鲁的沿海岛屿和太平洋岛屿）在这个时期的海鸟粪商业开发对环境的影响，及其与欧洲和美国之间由贸易产生的联系及其环境影响都串联到了一起，这本书影响很大。几年前首都师范大学的乔瑜为此写过一个书评，如今这本书已经被中山大学的费晟翻译，很快就要出版。围绕着海鸟粪这个问题，20世纪90年代就已经开始有研究了，但那个时候的论文还主要是围绕着经济史的角度来写。后来关于这个问题又连续出现了五六篇/本论文和书。最后到库什曼出版该书的时候，跟他自己 2003 年的博士学位论文写法已经很不一样，他自己用了近十年的时间做了一个很大的调整。

第二个方面的特点，是环境与人、人的活动之间的互动关系更多受到研究者的重视。在此之前，研究环境史更多的是一种单向的视角，关注人的活动如何影响环境。等到 21 世纪之后，环境对于人的反向的互动关系被突出出来了，也就是说，环境对人和人类社会的反噬作用开始被重视。这个阶段的研究作品中，像保罗·达西的《海洋民族》（*People of the Sea*），还有詹妮弗·纽维尔（Jennifer Newell）的《18 世纪塔希提的贸易性质》（*Trading Nature on Eighteenth-century Tahiti*），都是比较典型的。另外就是刚刚提到的帕特里克·努恩，他的一篇文章《1300 年左右太平洋诸岛人和环境的关系》已跟历史学家做的环境史研究非常接近。还有一篇《太平洋诸岛的自然—社会互动》的文章，也是努恩的。再有就是欧洲环境史学会的前任主席克里斯托弗·毛赫，他一直在关注自然灾害和文化反应之间的关系，也出了一本专著。还有像新西兰一位女学者凯特·史蒂芬斯副教授，她甚至把更前沿的史学研究理论和方法用到了环境史研究中。比如她的一篇文章《嗅闻的天堂——太平洋环境中的气味与文化接触》，从嗅觉的视角探讨人和环境的互动关系，实际上是把现在法国史学界兴起的味觉史的方法加到里面去。当然还有很多其他作品，我就不一一罗列了。这是第二个方面的特点。

第三个特点，是劳动、移民和环境之间的关系受到重视，而且成为最近这些年的一个持续的学术增长点。这个研究是把移民、劳动力和环境交叉点的生态位作为一个基础立足点，对于特定地区或者主题当中（比如说某一个岛屿，某一个甘蔗种植园的劳工等）移民劳动力和环境之间的相互影响关系进行深入的探究。从而将气候、生态研究和移民、劳工及其他社会史研究结合在一起。这里面比较典型的比如阿索尔·安德森，他有一篇《遥远的大洋洲的动物群落崩溃、景观变化和定居历史》。再有冈瑟·佩克的《劳工的性质、环境与劳工史上的断裂线与共同点》，还有格雷戈里·罗森塔尔的《海鸟殖民地的生活与劳动：1857—1867年夏威夷的鸟粪工人》，约翰·坎贝尔的《太平洋上的气候变化移民》，等等，都是将这两者结合在一起的。

　　中国学者也已经开始有相应的太平洋环境史方面的研究，当然人数还不多。其中费晟和乔瑜集中从事澳大利亚环境史研究，而且他们的澳大利亚环境史研究路径在这几年也一直在不断地往前推进。费晟从澳大利亚环境史慢慢地开始做更大范围的、更趋近于太平洋环境史的研究。乔瑜是做澳大利亚灌溉问题、农业问题的研究，但她已经自觉地把新帝国史的视角和方法结合到她的环境史研究当中。除此之外，最近几年还有几位博士研究生也踏入了太平洋环境史研究的领域。比如徐再荣研究员指导的一位博士研究生在做捕鲸的研究，还有包茂红教授指导的张国帅博士也是在做捕鲸业的研究，都是从环境史角度来做的。所以说现在中国学者在太平洋环境史方面已经有一些开拓，但是应该说还比较少。现在欧美学界已经开始慢慢形成"太平洋世界"视野之下的环境史研究，但国内还没有人真正深入到这个程度。我们似乎更多地停留在20世纪90年代那个阶段到新世纪的转变过程当中，当然这可能跟我们的环境史更多从属于某些国别研究有直接的关系。

　　近几年，国际上的太平洋环境史研究呈现出几个新的趋势。我把它总结为四个方面：

第一个方面就是整体性视野日渐突出。刚才谈到了，它是从太平洋分地域、国别的问题研究，然后到太平洋世界的环境史，这是一个变化。但现在这种在"太平洋世界"的视野下的研究也分两种，并在最近开始出现变化，就是从"in the Pacific World"到"of the Pacific World"。当然要真正做到后一种非常难，如今的研究中唯一可以说有这些方面特征的，可能也只有麦克尼尔。但麦克尼尔的研究究竟能否称得上就是"of the Pacific World"呢，现在也还是存疑的。其他的学者基本上还是停留在"in the Pacific World"中，虽然现在思路已经被指出来了，也有很多学者认识到了，但要真正落实下来着实不易。这种整体性的视野主要表现在：一是重视连续性，二是形成单一单元（one unit）的意识，比如说"太平洋世界"。麦克尼尔把"the Pacific"等同于盆区、环太，将其结合到一起来看，都属于这种意识。

第二个方面是一种新趋势，就是历史学和其他学科（包括自然科学）的学科藩篱被打破了。在这个里头，一个是学术共同体的多元化，在今天已经表现得非常明显，比如麦克尼尔就很重视跟自然科学环境科学家的合作，经济史学者和社会史学者等的介入更是非常普遍。由此，研究对象的多样化和相互交叉以及跨学科借鉴方法盛行，都是眼下的一个日渐成风的趋势。

第三个方面是历史研究和现实关切的界限被打破。环境史研究不仅是出于某种潜在的现实关怀去探究历史的真相，而且它还从现实问题出发，通过对历史过程和原因的追溯，试图回答乃至服务于现实问题的解决，甚至在行动上出现了环境史研究和环境保护的实践的结合。在国内，梅雪芹教授就在这个方面迈出了实质性的一步。

第四个方面，是对人与自然的关系的认知不断地被重新定位。

这主要表现在从传统的人类中心转向人类与自然的平等关系，最近又出现了人类相对于自然的从属化趋向，我还会在最后的时候谈到这个问题。

这是太平洋环境史现有研究的一个概况。在太平洋环境史研究中，比较集中的、主要的一个议题是探讨近代以来太平洋的环境变迁及其原因，也就是我在第二个部分要给大家来汇报的。

太平洋环境史更多关注的是系统性、整体性、连续性的环境史问题，这也许就是它较之于其他的国别环境史研究所独有的特点，或者也是它存在的意义。近代以来太平洋地区的环境变迁从麦哲伦环球航行之后（也就是 16 世纪 20 年代之后）开始，进入了其环境变迁的第一个周期，这个周期就被称为"麦哲伦大交换"周期。到了之后的"库克大交换"，就是 18 世纪六七十年代以后，又进入了一个新的急剧变化的周期。在这两个周期特别是"库克大交换"周期之后，不仅在人类活动的意义上太平洋的孤立状态被打破，运输技术的发展以及经济往来活动的密切，更进而将太平洋联系成为一个整体。人类在这个地区的活动，尤其是人类的经济活动，促成了太平洋世界环境的显著变迁。

根据现有的研究，对太平洋环境变化造成影响的因素大致可以被归为两大类：一类是地质、气候等自然条件，前者如地壳构造及其运动，比如像世界上最活跃的环太平洋地震带的影响就属于这一类；后者的气候变化更多受到自然科学环境史家的关注，比如像"厄尔尼诺—南方涛动现象"是受关注度最高的一个气候变化点。这类自然条件既决定了人类居住环境的恶劣多变，同时也带来了资源分布的多样性。第二类的影响因素就是人类的活动，重点包括两类，一类是生态入侵，一类是资源攫取。生态入侵主要是给太平洋地区的环境带来增加或者是替代以及景观再造式的影响，这个过程当中，增加以及替代式的作用会导致部分物种的消失或某些东西的破坏。资源攫取带来的主要就是消灭、破坏一类的环境影响。

首先说说生态入侵。植物、动物等新物种的大量引进，破坏和改变了原有的生态，对于曾经跟传统的大陆地区相隔离的区域（如太平洋诸岛、澳大利亚、新西兰等）的生态环境的影响尤为明显。现在做澳大利亚、新西兰和诸岛的环境史研究一般都会比较突出这个方面。原有的相对孤立封闭的状态一旦被打破，带给整个生态系统以及生态景观的影响往往都不是局部的。再像病菌这种微生物的传入，它所带来的环境影响作用在很多方面甚至比动植物入侵的影响更厉害。在 16 世纪跨太平洋海洋航行兴起之后，特别是 18 世纪末以后，跨洋航行的频繁化和太平洋沿岸各航海港口网络的形成，都为这种生态物种的入侵提供了网络依托。麦克尼尔就关注到了跨洋航行中的一个有趣的个案：跨洋航行船只都会携带压舱水，这种压舱水从出发港口灌载，等到了目的地港口之后再放掉。压舱水中会携带出发港口水域环境中的很多虫卵、幼虫和微生物，当它们被带到新的地方释放到新的水体环境中之后，多数情况下就成为当地的一种生态物种入侵，影响范围甚至会深入目的地港口地区的内陆腹地。所以动植物和微生物的入侵其实有非常多样化的传播和影响途径。

再一个就是太平洋地区的人的大迁徙，也一定程度上可以被归入生态入侵的范畴当中。它既是近代以来太平洋环境变化的动因，也构成为生态入侵的一个部分。此外，殖民者对当地资源的开发以及近代全球市场的形成也造成了当地生态环境的"重塑"。特别是在经历了 19 世纪的欧洲殖民者主导之下的探索开发和新一轮的人口迁徙之后，原有的太平洋土著生存状态和土著生态被打破了。在这之前，太平洋盆地中的诸岛屿只存在与太平洋沿岸地区的有限接触。它也因此形成了自有的一套旧的生态体系和生态系统。但是 18、19 世纪欧洲人对于太平洋的探索，一方面加强了太平洋上诸岛屿跟地球其他部分的联系，另一方面也导致了当地人口因暴力冲突、疾病等因素而锐减。所以在不论是戴蒙德的书，还是其他研究病毒传播的作品当中都会提到，北美的印第安人和太平洋诸岛的原住民在受到这种生态入侵之后，人口死亡率甚至会高达 70%—80% 以上，有的超过 90%，整个岛屿人口灭绝的情况也是有的。

另一种人类活动因素是资源攫取。资源攫取在麦克尼尔那里有一个专有词，称作"集中性需求"（concentrated demand）。它的基本意涵是，当人口激增导致可供养的土地有限时，对环境的影响和改变快速而显著。近代以来导致太平洋环境变迁的首要也是最重要的因素，就来自全球化条件之下人类基于自身发展需求而付诸的狂热的资源攫取，这种资源攫取就涉及后面要谈的改变了"太平洋世界"的商品和商业。就近代以来人的活动对于太平洋环境变迁的影响历程而言，麦哲伦大交换和库克大交换是两个程度不同的发展阶段。麦哲伦大交换带来的影响是比较有限的，影响所涉及的范围小，只发生在一些个别区域，比如关岛。麦哲伦及其之后的航海者，如马尼拉大帆船贸易者将山羊、猪、牛等动物以及各类蔬菜和植物带到此地，对它的生态景观造成了很大的影响。到 1914 年，关岛原有的生态体系已发生显著改变，植物中有 1/5 是美洲引进的。另外，关岛的原住民人口也在贸易商或航海者带来的病毒病菌如天花、流感等的侵袭下减少了约 90%。这种情况也在其他的地区，比如澳大利亚、新西兰、东南亚的某些区域发生。当然总体而言，麦哲伦大交换对太平洋地区环境的影响是有的，但并没有那么剧烈，而且基本是局部性的。库克大交换开启的太平洋环境变迁就不同了，它是非常激烈的，不仅完成了太平洋地区环境的整体化，而且还通过人的活动，在生态入侵、资源攫取的两重意义上，将太平洋世界的环境和生态景观给彻底改造了。

因此，接下来的第三个部分，我就谈谈太平洋环境史研究的一个核心聚焦点，它是截至目前的研究最为关注、成果最多的，也是对太平洋环境带来的影响变化最大的一个因素——商业、商品和太平洋环境的嬗变。

库克之后，由于航海探险、对资源的攫取带来的贸易发展、人的交流，导致在太平洋地区发生了更大范围的生态入侵。还有流行疾病（病菌），在太平洋地区普遍泛滥，基本上在 19 世纪，太平洋腹地差不多消减了超过一半的原住民人口，在个别地区甚至减少了百分之八九十。比如夏威夷，到 19 世纪末的时候，原住民的人口数量差不多减少了 80%，而外来移民人口则相应地急剧增加。等到 1900 年，外来人口已经成为人口结构的主体。到 1910 年，80% 以上的人口都是外来的。与此同时，外来人口急剧增加，外来物种大量引入，导致农业生产方式的改变。殖民种植园经济这样一种新的经济生产方式，也于 19 世纪中叶以后在太平洋上普遍形成，像精耕细作的农业耕种方式，在澳大利亚、新西兰、斐济等地也普遍地推广开来。另外像欧洲老鼠的引进和迅速泛滥，导致很多太平洋岛屿上的鸟类和其他一些小动物灭绝。上述种种，都带来了生态景观的急剧变化。在这其中，我想更集中讨论的是资源。

资源是最能够激发起人对自然的掠夺贪欲的部分，它也构成了近代以来人类对于太平洋地区环境造成巨大改变的首要因素。

资源大致可以分为两类：一类是天然的动植物资源，第二类就是矿物资源。库克大航海之后，资源开发所带来的商业活动的大发展，对太平洋地区的环境影响巨大，甚至是颠覆性的。

先说一下动植物资源的开发及其环境影响。在太平洋盆区，动植物资源的开发以及由此带来的商贸发展，其市场需求主要来自两块：一块是中国市场，一块是欧美市场。针对不同的两种市场类型，其影响也很不同。主要是基于这两块市场的需求，太平洋的海洋、海岛和大陆沿岸的动物植物资源成为现代资本驱动下的商业开发对象。这类开发有一个普遍的特点，就是往往以灭绝物种、牺牲环境为代价的掠夺性开发为表现形态，对地区环境和生态造成的破坏力不言而喻，有一些破坏已经是永久性的，永远无法恢复了。这种情况在 19 世纪 60 年代之前是最明显的。19 世纪 60 年代之后则进入另外一个时期。

围绕中国市场，从 18 世纪的中后期开始，欧美资本介入（在这段时间的开发当中，基于中国市场的商业贸易也是欧美资本驱动的）并发展起了大规模的近代跨域商品贸易。它跟原来我们传统上中国为中心的对东南亚地区，以及进而向西南太平洋地区延伸的贸易不一样，那种贸易对环境有影响，但是没有后来的这么大。真正对环境造成一种彻底性影响的贸易，的确是出现在欧美商业资本介入并主导了该地区的商业贸易之后。基于中国市场的需求，欧美资本把海参、海洋动物毛皮、檀香木、龟甲、珍珠等动植物资源先后纳入了开发和贸易的对象范围。首先是海参贸易。海参贸易原是中国商人控制的东南亚地区的一类传统贸易，18 世纪后期开始，欧洲商人逐渐接手海参贸易，对西南太平洋直至澳大利亚海域的海参资源进行了掠夺性的开发。西南太平洋地区的海参跟我们北太平洋的海参相比，个头更大。一根湿海参可以赶得上人的小臂这么粗，但晒干了之后就收缩得只有 10 厘米左右长了。中国市场一般更看重辽参这类高档海参，但因为市场需求量实在太大，渤海等地区的海参资源无法满足市场供应，其他太平洋海域的海参也就被市场接受。海参捕捞也由此向东南亚、西南太平洋、南太平洋诸岛直至澳大利亚海域扩展。欧洲商人主导了海参贸易后，南太地区的海参资源开发进入掠夺开发阶段，造成该地区海参资源急剧下降。有一个例子，19 世纪中叶，随着檀香木资源的枯竭，海参贸易在斐济的兴起不仅导致斐济海域的海参资源被开发殆尽，更导致斐济的森林受到了极大的破坏。在海参贸易中，流入中国市场的海参一般是干海参，海参捕捞上来后需要熏制，这就要大量砍伐当地的林木，因此造成斐济的森林被过度砍伐。这是一个个案。

另一类是海洋动物毛皮。海洋动物毛皮贸易基于对海洋中某些能够提供优质毛皮的海洋动物的捕猎而发生，其中最主要的毛皮贸易种类是海獭皮和海豹皮。以海獭皮和海豹皮为主的太平洋海洋动物毛皮是在 18 世纪中期即白令探险之后开始被规模性开发，接着延伸到太平洋北部的白令海峡海岸、阿留申群岛，以及阿拉斯加沿岸。最初，俄国人猎捕到海獭皮和海豹皮后，经由内陆的恰克图贸易销往中国。所以清前期中国人就已经很熟悉海獭皮了，那时人们叫它海龙皮，海豹皮则被称作海虎皮。在热播的《延禧攻略》中有一个情节，皇帝想把新进的海龙皮赏赐给延禧宫制作冬服。这个情节基本符合史实，定位也比较准确，为什么？海獭皮是不用来直接做整件衣服的，而只用作帝、后、妃、嫔所着冬服的帽（檐）、皮领或者衣服镶边，所以这部戏找的历史顾问还比较到位。有了中国市场对海獭皮、海豹皮的了解和需求，海洋动物毛皮的贸易得以在库克日记出版后迅速进入膨胀发展期。

库克在其远航的过程中曾去到北美西北海岸，船员们在那里跟当地印第安人交换了一些海獭毛皮，他们当时不知道这些毛皮干什么用，也没想着要用于贸易，换来后就堆放在船上，也没好好保护。船队再往西北走，就到了堪察加，遇到俄国的毛皮商，从他们口中了解到中国市场对毛皮的大量需求，而且收购价格很高。库克死在夏威夷之后，船队在金船长的指挥下到达广州，在当地市场把这批毛皮出售，最好的毛皮一张就卖出了120元（西班牙银圆）。金和库克的日记于1783年和1784年先后在欧洲和美国出版，让当时的欧洲和美国商人了解到毛皮在中国有这么庞大的市场需求和巨大的利润空间，而资源就广泛分布在西北海岸，由此导致海洋动物毛皮开发和贸易在西北海岸迅速崛起。英国商人、美国商人先后成为海洋动物毛皮对华贸易发展中两个重要阶段的主导者。在他们的推动之下，由北美西北海岸直跨太平洋到中国销售海洋动物毛皮的贸易从18世纪80年代一直延续到19世纪30年代。

海洋动物毛皮贸易对太平洋地区环境的影响是非常显著的。以海獭为例，毛皮贸易导致的掠夺性开发，导致西北海岸的海獭资源在很短的时间中被消耗殆尽。到19世纪第二个十年，在西北海岸的加拿大部分，海獭基本被捕猎光了，于是猎捕范围就向南延伸，到了加利福尼亚。但很快，加利福尼亚的海獭皮资源也消耗尽了。海獭灭绝对环境的最直接影响是西北海岸海胆的泛滥和巨型海藻的消失。巨型海藻是海胆的主要食物，而海獭又以捕猎海胆为生，三者形成了一个食物链。海獭在捕食时会潜下海底捉几只攒聚在海藻上的海胆，返回水面，肚皮朝天地浮在海面上，咬开海胆进食。海獭的存在有效地保护了巨型海藻，维持了当地海洋生态链的稳定。但是当海獭被捕猎光以后，海胆失去了天敌而肆意泛滥，把那个地方的巨型海藻全给吃光了。海洋环境由此恶化。海豹皮贸易的范围更广，不单单泛滥于北、南太平洋区域，还包括了大西洋和印度洋的部分区域。费晟就写过一篇有关南太平洋地区海豹皮贸易与大洋洲—中国近代航路开辟关系的文章。截至19世纪中叶，北太平洋海域的海獭几近灭绝，而整个太平洋地区的海豹资源也一度濒危。18世纪末到19世纪的毛皮贸易，导致堪察加半岛、阿留申群岛、阿拉斯加、北美西海岸、智利、新西兰、塔斯马尼亚等大半个环太平洋海岸地区的海豹、海獭被猎捕殆尽。这些地区的海洋环境由此出现严重的恶化。当然，毛皮贸易的影响不只是对环境的，它还带来了北太平洋贸易商路网的开辟。北太平洋两岸究竟是在何时、以什么方式逐步连接成一个固定且频密的商业网络的？美国的"中国皇后号"驶华，是沿绕过好望角的印度洋航线行船，并非横跨太平洋，那么中美之间横跨太平洋的航线是什么时候正式开辟的？实际就是通过西北海岸的毛皮贸易最初开辟出来的。

海洋动物毛皮贸易的发展过程中，还附生开发出了另一种贸易——檀香木贸易。檀香木贸易既是毛皮贸易的衍生物，同时又形成了一定的贸易独立性。近代欧美资本驱动下的檀香木开发更为粗暴。在近代，太平洋各处的檀香木开发基本都是涸泽而渔，开发一旦开始，不把当地有商业价值的檀香树砍光是不会停止的。中国市场传统上是从南亚的印度进口优质檀香木，之后将范围扩展到东南亚的马来、印尼（尤其是帝汶）等地。到18世纪末，东南亚地区的檀香树资源亦接近匮乏，而中国市场的需求则与日俱增，欧美商人携资本介入檀香木的开发和转运，太平洋其他地区的檀香木资源被先后开发。在海洋动物毛皮贸易的过程中，美国毛皮商人为了寻找适合中国市场的其他替代性商品，于18世纪末（1790—1791 年）在夏威夷开发檀香木。但因为木质的原因，夏威夷的大规模檀香木开发和贸易一直等到 1810—1811 年间才蓬勃兴起并延续到 1839 年。贸易的结果是夏威夷群岛上的檀香成树被砍伐光，只剩下一些不成材的小树。斐济的檀香木开发始于 1804 年，由英国商人发现。此后，马克萨斯群岛、新赫布里底群岛（今天的瓦努阿图）上的檀香树资源也先后被发现和开发，由此形成了一场绵延半个世纪的檀香木开发和贸易浪潮。西方学者多萝西·辛伯格写了一本《他们为檀香木而来》，对斐济和南太地区的檀香木贸易进行了比较详尽的考察。太平洋地区的檀香木开发到 1860 年时候趋于尾声，该地区可资利用的檀香树基本被开发完，檀香树也因此一度陷入濒危。所以，檀香木贸易对这些地方的环境、社会的影响都极其深远。在上述地区的檀香木资源被开发完以后，澳大利亚的檀香树也开始被开发。澳大利亚的檀香木质量相对较差。但因为在檀香树的资源恢复和可持续性生产方面做得比较好，所以到今天，澳大利亚仍是一个重要的檀香木产地。檀香木开发和贸易仅仅是近代以来太平洋地区贵重木材贸易的一个集中缩影。中国市场对外来木材的需求并不单单局限于檀香木，其他的一些贵重的硬木，如东南亚的檀木、红木、花梨木等的开发和贸易都在发生着与檀香木贸易相类似的事情，越往现代发展越甚，其影响范围甚至远及美洲海岸和东非。此处就不再具体说了。

再一个是珍珠，它是中国和欧美、印度、阿拉伯世界都需求旺盛的一种奢侈货品。今天国内、国际市场上的珍珠基本由人工养殖而成，但在近代，珍珠的获取全靠对天然海贝的开采。这种需求和贸易最终导致 19—20 世纪对太平洋地区野生珍珠贝资源的过度开采。情况的改变是在"二战"之后，随着人工养殖珍珠贝的技术和产业的完善，对野生珍珠贝的滥采情况才得以改观。

上述几种情况都是基于中国市场的庞大需求，而在欧美资本的驱动之下发生的资源过度开发情况。另外，因为来自欧美及其殖民地市场的需求，鲸油、鲸骨、龟壳等贸易则开始发生。

近代以来的鲸油、鲸骨的贸易涉及捕鲸业，太平洋捕鲸业自18世纪80年代兴起。欧洲和北美市场对油脂、女性衣服撑固料、香水等的需求，刺激了鲸油、鲸骨和鲸齿贸易。在19世纪，纵跨整个太平洋，抹香鲸、灰鲸、小须鲸等遭到过度捕捞。先从赤道地区开始，然后往北推移到日本海域，再扩展到北太平洋海域，最后又返回头开始向南太平洋发展。捕鲸业在19世纪太平洋海域的发展，造成了对太平洋地区特别是岛屿地区自然和社会环境的显著影响。

龟壳，主要是玳瑁壳，在维多利亚时代后期成为市场的急需货，由此导致了太平洋海域的玳瑁因过度捕捞而数量剧减，到20世纪初玳瑁已经濒临灭绝。不单单是玳瑁，还有加拉帕戈斯群岛（今厄瓜多尔的科隆群岛）的象龟，也因为航海的食品需求而遭过度捕杀。近代远洋航海缺少新鲜肉类，航船多携带腌猪肉。后来欧洲水手们发现象龟可以为他们提供远洋所需的新鲜肉类，一只龟重达240多公斤，弄到船上活养，需要时再杀了吃肉。这一信息的普及导致大量欧美远洋船只到该群岛捕猎象龟，直接导致了岛上象龟的灭绝。

上述这些例子，是19世纪60年代之前最普遍的资源攫取现象，从中可以看出这一阶段资源攫取和商业开发的残酷程度。到19世纪60年代之后，天然动植物商业资源被掠夺得差不多了，产业就发生了新的变化：欧美资本主导下的商业开发从捕猎、收获天然资源，转向了系统性的资本主义商业生产，最典型的就是商业化种植园经济在太平洋地区的兴起。

太平洋地区商业种植园经济的兴起自19世纪40年代开始（如夏威夷），到19世纪中叶之后，在南太平洋的很多地区，如澳大利亚、斐济、法属波利尼西亚、夏威夷、马里亚纳等地区，都纷纷建立起大种植园，以资本主义经营方式种植棉花、甘蔗、菠萝、香蕉、咖啡、椰子等。其中尤以棉花、甘蔗种植园最普遍，影响也最大。如夏威夷，后来主要就是甘蔗种植园，形成所谓"甘蔗为王"的局面。等到1893年夏威夷发生所谓的"白人政变"，背后的主导力量就是甘蔗种植园主。棉花种植园的分布范围也一度极为广泛，比如斐济一开始就是普遍种植棉花，澳大利亚的昆士兰地区更是发展起了大面积的棉花种植园。尤其是在美国内战期间，由于美国南部的棉花出口受阻，国际市场上的原棉价格暴涨，太平洋地区的棉花种植园迅速发展起来。内战结束后，随着国际原棉市场的渐趋稳定，棉花种植的利润空间严重收缩，种植园主们就改种其他更赚钱的经济作物，甘蔗种植园由此兴盛。大规模的商业种植园生产方式，给太平洋地区的环境和当地的经济社会生活都带来了更为彻底的改变。不只是农业生产方式发生了变化，景观也完全被改变，而人口等社会其他方面的改变也都是直接而显著的。不仅如此，规模化的商业种植园经济运作，必然带来相应的病虫害泛滥，由此又导致化学治理方式的普遍化。加之后来化肥出现后的普遍使用，造成了严重的环境影响——土壤污染、大量物种的消失等。现有研究也认为，化学灭虫的方式以及化肥的普遍使用，是20世纪太平洋地区大量物种灭绝的主要原因之一。

除商业性种植园之外，渔业也应该被归入系统性的资本主义商业生产的范畴。现代渔业捕捞对环境带来巨大的影响，是自其从给予满足基本生活需求和小范围交换活动的初级捕捞业向基于全球市场需求的系统产业化渔业转型后出现的。竞争性的过度捕捞（尤其是现代拖网渔船的使用），造成了太平洋鱼类资源的失衡和危机。其中，20 世纪 50 年代北太平洋出现的沙丁鱼危机、20 世纪 70 年代秘鲁发生的凤尾鱼危机、21 世纪初北太平洋的金枪鱼危机等都是典型案例。如今，南太平洋地区是世界金枪鱼最大、最集中的产地。但围绕着金枪鱼捕捞问题，各国的环保关切也非常集中，就是担心发生过度捕捞和对海洋环境造成严重破坏。在这个方面，各国对中国的防范态度比较突出。

还有木材业。20 世纪后期以来，现代木材业发展迅速，日本成了太平洋地区木材资源最大的需求商。这一贸易对英属哥伦比亚、美国西北海岸、马来西亚、印度尼西亚、所罗门群岛、巴布亚新几内亚、西澳、俄罗斯远东地区的环境影响，已经称得上是灾难性的了。当然如果从地区性的小范围的影响，还有很多其他的案例和议题，包括中国对周边国家和地区的木材开发和贸易的影响。

这是第一个方面，即关于有机的动植物资源的开发及其环境影响。接下来介绍一下第二个方面，就是矿物资源的开发及其环境影响。

人类对矿物资源的无序和过度开采导致的环境退化乃至恶化，也是太平洋世界环境变化的重要原因。这种情况不仅发生在环太平洋大陆地区，同样也在太平洋岛屿出现。对海鸟粪和由海鸟粪沉积变化而成的磷酸盐的疯狂开采，就是其中非常典型的一个案例。19 世纪以来对鸟粪和磷酸盐的开采，同时发生在南美大陆海岸地区和部分太平洋岛屿上。早在 1802 年，秘鲁海岸线的岛屿上，鸟粪就作为一种资源被发现。从 19 世纪 40 年代开始，秘鲁的鸟粪资源得到大规模的开发。1840 年到 1879 年间，秘鲁向英、美、德和其他欧洲国家出口了 1270 万吨海鸟粪。海鸟粪先是被直接运往欧洲，后来又向美国运输，进而甚至运销到了日本。1802—1884 年也被称为世界史上的"海鸟粪时代"（guano age）。对海鸟粪的长期、大规模开发，终结了秘鲁的"旧生态体系"。1879—1884 年，为了争夺玻利维亚阿塔卡马地区的海鸟粪，智利、秘鲁和玻利维亚爆发了所谓的"太平洋之战"（War of the Pacific）。在一些太平洋岛屿，如密克罗尼西亚的瑙鲁、巴纳巴岛，也都覆盖着海鸟粪形成的磷酸盐矿。澳大利亚和斐济等地的种植园产业的兴起对肥料产生庞大需求，从而导致了对瑙鲁和巴纳巴岛磷酸盐矿的开发。从 19 世纪末开始，两个岛屿上的磷酸盐矿遭到英国、德国和澳大利亚的疯狂掠夺式开发。瑙鲁的磷酸盐开采一直持续到 20 世纪 90 年代，而巴纳巴岛的磷酸盐矿藏则早在 1979 年就被挖空。为了开采这些矿物，岛上的棕榈树和椰子树被砍倒，植被被清除。开采后的矿场满目疮痍，寸草不生，环境被彻底毁坏。1979 年，巴纳巴岛的磷酸盐矿被开采一空，岛屿被基本废弃，居民基本移居斐济的拉比岛。瑙鲁的磷酸盐矿一直开采到 20 世纪 90 年代，资源消失后的瑙鲁几乎已无法居住，岛民要么移民，要么依赖外国援助艰难度日。今天去瑙鲁的话，会发现大量地方都是采矿留下的残破痕迹，环境恢复的代价极高。英国、澳大利亚等原有磷酸盐开发企业和政府给瑙鲁提供了部分经济补偿，但这个补偿基本被用来维持瑙鲁人的生活，根本没有足够的资金用于恢复环境。相当数量的岛民都已经迁移去往澳大利亚、新西兰、欧美、南美。瑙鲁现在正面临着国家生存危机，再过几十年，那个地方还能不能住人，这个岛和国家还能否存在，都成了一个问题。

19 世纪中期始，太平洋地区还出现了"淘金热"。它带来的环境影响我就不多说了。"淘金热"涉及的范围很大，从 1848—1849 年的加利福尼亚，到 1853 年澳大利亚的维多利亚，再到 1860 年的新西兰，最后是 1896 年之后的加拿大育空和克朗代克。"淘金热"导致了一场大规模的跨太平洋人口大流动，并且导致矿区生态被严重破坏。自 16 世纪开始的采银业也严重改变了秘鲁等西属美洲地区的环境。而水银在采金和金银提纯中的无节制使用，导致当地水和土壤的汞污染（巴西潘塔拉尔湿地的汞污染就是采金所致），水银的挥发更使得破坏性的环境影响随空气流动扩散到更广大的区域。

除了采金和采银，19 世纪 70 年代始，法国殖民者开始在新喀里多尼亚群岛露天开采镍、铜、铬、钴等矿藏，造成广泛的土壤破坏和水土流失。以煤为燃料进行的矿物冶炼产生的硫化物、碳氢化合物、重金属等更进一步造成严重的大气、水和土壤污染。20 世纪 60 年代以后，现代采矿业的发展使得太平洋及其周边的重要产铜区，如澳大利亚昆士兰、巴布亚新几内亚、智利、秘鲁等地的环境更趋恶化。巴新有个铜矿区叫弗莱河谷，铜矿开采造成了严重的环境污染，已经导致该地农业濒临崩溃，当地人的健康严重受损。在巴新的布干维尔岛，铜矿生产污染了附近的贾巴河，并引发了 1988 年的一场暴力分裂活动。此外，研究澳大利亚环境史的还会关注 20 世纪以来澳大利亚的煤矿和铁矿生产，这个就不说了。

还有石油，石油是导致太平洋灾难的另一种不容忽视的资源类型。随着近海石油开采的发展，石油泄漏对海洋生物和生态的影响已日趋严重，墨西哥湾就发生过。海洋运输过程中的船只倾覆以及油料泄漏等更加剧了这一环境问题。

除了上述商业化条件下的物品／商品对环境的影响之外，还有一个值得特别注意的焦点对象——人。人，不仅是使上面这些物品／商品成为影响和改变环境的力量的主体施动者，而且它本身还可以成为一种物化的商品，可以不假商品之手，更直接地影响和破坏环境。19世纪太平洋劳工贸易当中出现的契约劳工、强制劳工，在经济意义上已经成为一种可以牟利的"商品"。这种能动的"商品"，在跨域流动的条件之下成为改变、改造新环境的力量，发挥着与物的商品有差异但又相类似的环境影响和塑造作用。费晟正要出一本书，名为《再造金山——华人移民与澳大利亚和新西兰的生态变迁》，实际就在探讨这个话题。前面我提到了劳工移民跟环境的关系问题，在这里我们不要光把人当作一种能动的改变环境的力量，如果人本身也变成了一种商品，那么它的能动性也就有了另一种新含义。还有一种环境影响类型，就是核污染，包括核废料污染和核试验的污染。这个对太平洋地区的环境影响很大。美国在比基尼岛、埃尼威托克环礁，英国在基里巴斯的圣诞岛，法国在塔希提附近的穆鲁罗瓦环礁，都进行了大量核试验，对这些地方的生态造成了严重的污染和毁坏性影响。

正是全球性的市场经济联系，以及资本驱动下的跨域商品贸易的飞速发展和大规模推进，彻底改变了太平洋地区的环境和生态。资本主义，特别是工业资本主义的兴起和发展也极大程度上解放了人的物质欲望，催生了人对自然的无节制的掠夺和破坏。近代以来环境的急剧变异，与资本主义经济的发展和扩张是密不可分的。太平洋世界的环境变迁，仅仅是它的一个缩影，当然也是最能反映出资本主义经济全球化对环境的剧烈改造作用的一个典型样本。

上面谈的都是人对环境的影响，如果我们把论述逻辑反转一下去探讨环境的变化又如何反过来影响了人类和人类社会，或者直接上升到人和环境的互动互塑，那么太平洋环境史的研究视野就会被进而拓宽。这恰恰是目前太平洋环境史研究当中很多学者正尝试去做的，也是太平洋环境史研究的一个正处于发展中的学术增长点。

最后，我想谈一点个人的思考，以"当下太平洋环境史研究所面临的挑战"作为对今天交流主题的收束。当然，因为我是一个门外汉，很多想法可能对于专家来说，已经是自然而确然的，但对我来讲还处在一个思考和求解的过程中。环境史研究的前景是非常广阔的，但是要做怎样的环境史，在怎样的思想观念和范式体系之下做环境史，始终是一个巨大的挑战。太平洋环境史所遇到的挑战，可能跟其他的环境史研究所遭遇的大致类似。因此，我接下来提到这几个问题，并不仅仅针对和局限在太平洋环境史。

第一个就是来自观念基础的挑战。既然人是至少最近的5000多年来地球环境、生态改变的首要因素，那么这一考察人和自然互动关系及其演变的学问，自然也就抛不开"人"这个出发点、立足点和中心。也就是说，在这样一种视野之下，自然史和人类史一定是截然分离的。自然只是人类史的附着物和有机组成部分。这正是克罗齐和柯林伍德所提倡的，在自然有历史的意义上，将人类历史与自然纳入有目的的人类行动。在这个意义上，自然就被置于和人、国家的关系层面上来考量和研究。这也是环境史研究至今为止最普遍的路径。而影响甚至主导研究者的人和自然关系的观念主要就是两种：一种是人类置于上位，歌颂人类对自然征服；另外一种是自然主义的，它对于原始、未经人类污染的自然之向往，强调人存在于自然之中与之和谐共存的关系。倡导"走入自然"，寻求回归母体的返璞归真，寻求治愈。这两种观念不管是哪一种，人始终都是中心，自然只是服务于人的存在。

这种"将人类的历史与自然纳入有目的的人类的行动"的观念所带来的问题就是，一旦这个出发点或者中心被彻底打破了，人类史和自然史的界限就在生命的意义上被打破和打通。继之而来的，传统的历史学乃至哲学都面临被颠覆的可能。克罗斯比早就提出，"人首先是一个生物实体（而不仅仅是文化的、社会的、经济的）"。丹尼尔·劳德·斯迈尔也直接关注到了生物学意义上的人类的历史。当他们两位观察至此，也许这种变化就已经开始了。这应该是 20 世纪末环境史研究的突破性发展的重要内涵之一。由此，这个问题就要不断地被追问下去：人是什么人？是生物学意义上的，还是社会学、文化学、经济学意义上的？如果仅仅停留在社会学、文化学、经济学意义层面上，那么环境史就必然是人的历史。但是，人不只具有社会性，他也同时具有自然性。

近年来，一些来自于气候学、环境学、海洋学等自然科学领域的影响，已经给环境史研究带来了一种实现突破的可能。我在 2018 年写这段东西的时候，也在考虑一个问题，就是所谓的"人类作为一种地质力量"以及"人类世"。《史学集刊》2019 年第 1 期刊发了张旭鹏的《"人类世"和后人类的历史观》。在跨学科研究的形势之下，气候学、海洋学等领域的学者已经提出这样一种观点，即"人类在地质学意义上是一种自然力量"，就是说，"人类是一种地质力量"，是 20 世纪下半叶以来地球环境变化（影响整个地球）的一个主要决定性因素。另外就是"人类世"观念，张旭鹏已经讲得非常清楚了，它是荷兰化学家保罗·克鲁岑和美国古生态学家尤金·斯特默提出来的，"人类世"的到来（18 世纪下半叶开始）强调人类在地质和生态环境中的核心地位。这一观点提出后，不仅仅在自然科学领域被讨论，历史学家约翰·麦克尼尔也对它给予了积极回应。后来他跟两位学者合作，两次发表文章谈人类世这个问题。这一发展再次激烈地提出了这样一个根本性的问题：我们是谁？（是不是一个物种？是不是一种生物力量？是不是一种地质力量？）如果我们要正视这一问题，就可能不得不面对这样的现实：人类史与自然史之间的界限已经被打破。随着这种"后人类的历史观"的到来，环境史研究也许正面临前所未有的观念危机。不单单如此，《史学月刊》也刚刚刊发了两篇关于动物史的文章，都可归入所谓的"后人类的历史观"时代的到来。当然在环境史领域，我们现在更多的还是关注"人类世"，而且"人类世"的概念的确是在环境史范畴里呈现得更直接。

当然，尽管面临上面所说的观念冲击，环境史似乎还暂时不能摆脱"人和人类社会"这个基础出发点和观念中心，不管它是被处理成了一个显性的还是一个隐性的存在。环境史研究因此最终还是无法逃脱对人和自然的相互作用的思考。但是对于这种关系的思考，究竟该是历史学领域的，还是跨学科视野之下的呢？如果是历史学领域的，它一定会受到狭隘的学科视野的局限，一定还摆脱不了以人为中心。如果是跨学科视野下的，那如何对人进行重新定位呢？基于现实的"人"的福祉考虑，历史学家对环境、生态的关注基本都定位于"人"这个中心，因此这个世界就只有"人的限度"，而没有"自然的限度"。但这显然不应该是史学研究的视野终端，甚至不应该是它的出发点。重新定位"人"和自然的关系，降低以至"去人类中心"，重新发掘人的自然属性，或许正是所谓人类文明可持续化的根本要义归属。如果人类带给地球环境的已经是一种人类无法移易的巨大变化，那么人类是不是就更大程度上只能接受地球环境、自然的反噬呢？人类是否就重归自然所支配下的一种生物？还是说，人类其实一直都只不过是自然支配下的一个有机体群，只是自身的自大遮蔽了他们的双眼，一度以为人类可以是万物的主宰，是支配自然的力量，是代替"死了的上帝"而崛起的"超人"？梅雪芹曾说，"环境史研究带来了深层次的思想观念的变革"。我想她在说这句话的时候，应该就有这样的一种意旨在其中吧。而她在清华创办了"绿色世界公众史学研究中心"，倡导"绿色历史"（Green History），应该也是在这样的一种持续的思考中，和唐纳德·沃斯特的观念慢慢地趋近。沃斯特对"绿色历史"的理解其实跟梅雪芹有很多的相契之处，当然沃斯特的观念要更前沿一些，他一直走得都比较远，甚至现在正考虑写一部行星的历史。

第二个是问题视角方面的挑战。有些东西我就不说了，比如是从人本位视角还是自然本位视角，是从整体视角还是局部视角。我只谈一个问题。我曾看过一个美国学者的文章，很有些意思。他提出究竟应该用"帝国视角"还是"原住民视角"来认识自然的问题。这个学者是美国加州大学东湾分校的恩里克·萨隆教授。2000 年，他在人和自然关系的问题上，从印第安人的视角出发提出两个概念："亲缘本位论"（kincentricity）和"亲缘本位的生态学"（kincentric ecology）。他并且试图从物质主义以外的视角来认识周围的自然环境，认识到周围事物以及人与周围事物所发生的各种关系。他从印第安人认为的"他们与每个人和自然环境中的一切都有直接的联系；环境中的一切都充满生命力（life force）"出发，解释了美国印第安人文化与周围环境的亲缘关系和责任感。萨隆认为，"任何环境下的生命只有在人类视其周围环境为亲缘关系时才能存活，人与其他生命的相互关系是生存的关键"。他这种从原住民的视角进行观察的取向也许会给我们环境的理解会提供一种新的视角，提供一种新的非常有冲击力的观念，至少也是一种补足。

第三个是研究主体方法和材料方面也面临着巨大的挑战。例如，构建跨学科的学术共同体，这是整个环境史研究都面临的，即便在太平洋史的研究中也是一样。跨学科的学术共同体建设以及跨域借鉴的方法的使用，感觉上是比较理想的。但究竟该如何去实现？怎样才能实现真正的融合？如何在融合的过程中还保持住它作为历史研究的本体性？这本质上是关于环境史研究会不会遭遇严重的本体性危机的问题。在整理的过程当中，当我看到努恩的研究越来越深入的时候，其实我是感觉到很恐慌的。一个自然科学领域的环境史家最后做出来的东西，恰恰是我们搞历史研究的人要去做的，但是我们又做不到人家那么专和深。在今天，尽管环境史仍然主要是历史学者的领域，但是它已经无法摆脱自然科学的跨界渗透。人文学科，以及作为人文学科的历史科学该如何来尊重自然科学，把自然科学带入人类的历史发展进程中，并对后者重新进行评估、评价？

自成立以来，环境史就把科学当作一种工具，因为它提供了一种理解自然的有用方法。沃斯特是这一战略最有力的倡导者之一，他在1984年发表的一篇文章，标题就用了《自然历史的历史》。但是从现实来讲，从环境史的角度来看，自然科学所发挥的作用比我们预期的要小。在某些情况下，历史学家明确地贬低了科学，声称它只是"另一种文化的认识方式"。当然，我们要把科学的东西真正引进来也确实非常难，从主体到对象的使用都存在着问题。在另一些情况下，历史学家又会在导言中断言科学的重要性，但在文本中却很少去依赖、使用它。也就是说它会出现两张皮的现象。"这种模式是不幸的，因为它意味着我们的分析并不像它们可能的那样有见识和丰富。"休斯早就给予环境史以三个维度，其中第二个就是它跟自然科学之间的连续统一体关系。环境史研究中的自然科学的介入的确已经没法避免，麦克尼尔就在身体力行地去推进这种结合，他认为："因为环境史研究将会在自然科学的支撑下（如科研数据与科考实物证据的助益）推进。事实证明，相较于文献材料，自然科学研究能提供更多关于环境变化的历史信息。"因此，他认为环境史研究者应重视利用自然科学特别是生物学、气象学及地质学等学科的资料与方法开展研究。

在最后一部分，我更多的是把我的思考和疑惑作为问题提出来，因为在座的专家都在这些方面有更深的思考和理解，我希望自己的这些思考能够从你们那里得到解答。

提问与讨论

主持人：感谢这个报告，这个报告非常好！好在什么地方呢？第一，信息量极大，不是一般的大。从环境史的概念讲起，讲环境史研究的发展，太平洋环境史研究的方方面面。这里边的信息量很大，我都觉得很有干货，非常实在，所以这么长时间一直都在准备，我好几次给他打电话，他都没确定来我们这儿交流的时间，就一直在准备。第二就是除了给了我们的信息以外，还有很多的理论思考，包括"什么是环境史"本身就是一个理论问题。到最后这一部分，理论和方法，人跟自然的关系，历史学与其他学科的，与自然科学的各门学科之间的关系。我觉得讲得非常深刻，这只有是说你进入了这个专业领域，而且有所研究以后，才会去思考这些哲学层面的问题。所以我觉得这个报告真的是非常好。

我从来没有这么认真地听过王老师的报告。因为以前办会，我们近代史会每年都开，王老师也经常来，我经常在做大会主题发言，也有邀请他做主题发言的，但那个时候每次都是自己在办会，脑子都不在报告本身。所以这次真的是很受启发，我是觉得，就光是太平洋史，这里边可以研究的内容就非常多。你刚才举的那些例子，毛皮、鸟粪，还有这么多的岛屿、土著生活的变迁，那东西太多了，要研究的课题很多。所以这个环境史，其实是大有可为的一个研究的方向。

另一方面我特别赞同你的这个观点，就是说在 18、19 世纪以来的太平洋环境历史的变迁过程当中，贸易，或者说表面上的贸易，以及表面之下的资本主义的作用是极大的。你刚才讲到人与环境的关系，好像你在思考人类中心论，其实，只要解决了资本主义的问题，这些问题都是可以解决。人和环境的关系，以前一直不是一个突出的问题。人与环境存在了几十万年，人类产生以后，也经历了几十万年，这么长的时间，我们都没有什么环境上的危机感。但是我们现在有这种环境上的危机感，就是因为资本主义产生以后，它所引起的这些贸易，这些物种的灭绝，就是因为有需求、有市场，所以才有杀戮。所以包括你说檀香木，刚才你还提到了硬木，我本来脑子里面想能不能够做一个题目，就是关于红木。你点到了一下，我不知道有没有这方面的研究。你看我想到这个问题，但是我觉得难度很大。它作为一种全球性的商品的时候，对这个地方的生态一定是毁灭性的。檀香木是这样，现在你看红木、小叶紫檀、海南黄花梨，也是这样。海黄已经绝了，你要是在海口公园、植物园里面看到一棵海黄，那是珍贵得不得了的，周边都要围起来的。越黄现在也很少了，大红酸枝也是，虽然还有，但也算是比较珍惜的，也快灭绝了。就是说像这种红木，也是因为有市场，有大量的市场需求，所以这些植物都面临着濒危的状态。所以就是说，要解决生态环境问题，当然你要遏制人的需求，但是需求是被创造出来的。我刚才一边听你讲这么丰富的内容，我一边在想，我想以前的皇帝这个日子都过得不如我们，他们什么时候能享受到这么多的东西，最多就是哪个地方进贡一点商品，但是进贡商品不会形成一个毁灭性的破坏，因为皇上也只有一个，只是一张嘴巴，他的宫廷里面也就这么一些人，它不会造成毁灭。皇上享受到的各个地方的土特产也是有限的。可是我们现在四面八方（的土特产都有），前段时间是车厘子，巴西的，以前皇上肯定是没吃过，现在是世界各地的产品供应世界各地的市场。所以这些东西一旦有世界性的需求，一旦资本介入以后，生态环境不可能不被破坏和改变。所以有些事恐怕还是值得思考，但是核心的问题是全球生态环境问题跟资本主义才是一个最大的关联。无节制地开发使用，一定会导致灾难后果的。

问：今天听王华的讲座，我觉得还是很多收获的。我首先是没想到把王华作为这个领域的一员，但他在环境史方面的诸多努力，还有背后的理论思考，实际上有些思考已经是环境史学界未来发展确实面临的核心挑战问题，也都已经提出来了。所以刚才听你说一年多在学习环境史，还是了解得非常多，而且这个讲座最重要的是，一般国内做环境史，主要是做美国和欧洲，实际上像太平洋环境史在国际上也还比较新。刚才你介绍了，比如说太平洋的环境史研究的成果，相对而言还不太多。所以这还是一个在国际上很新的研究领域。在国内，只有非常有限的几个人在做，以后如果坚持做太平洋环境史研究的话，一定可以做出很大的成绩。

我想提一个具体的问题，就是讲座时，你提到的一个名词：旧生态体系。这个名词，我以前知道马立博有一本书叫《现代世界的起源》提到过这个。我第一次看到这个名词是在那本书里，但我不知道这个旧生态体系的具体含义是什么？

王华：它是在谈到秘鲁的具体个案的时候提到的，这里我直接打引号引进来了，原来文章里面直接用这个，但它不是一个专有名词，实际指的是当地原有的生态体系，可能跟您说的专有名词不一样。

问：马立博提的旧生态体系和新生态体系，实际上还是很重要的一个名词。那本书是我很多年前读的，但是他讲的旧生态体系和新生态体系，与我们最重要的区别在哪里？这个旧生态体系，主要是以可再生能源，比如说以木材为基础，建立起来的一种体制；新的生态体系主要是以化石能源为基础。所以那本书讲现代世界起源主要就讲工业革命，如何去利用煤炭石油，如何增强人类改变自然的能力。

还有一个问题，您刚才讲梅老师和唐纳德·沃斯特在很多方面走向了一致，我特别想听您讲得更详细一点。

王华：我只是在那个点上这样讲，她对环境史内容的意指和归向上，是唐纳德·沃斯特关于 Green History 的理解。因为梅老师当时提倡绿色历史的时候，沃斯特也有回应。沃斯特说，"绿色历史有助于我们关注整体的世界"，"并引导我们在时间的更深处进行思考，回到人类物种甚至地球的起源，它们本就是同一部历史（It's all one history）"。"绿色历史尊重自然科学，而且力图使其成为历史学者工具包的一部分。""我们所有的文化传统都源自于我们同自然的遭遇，而这些传统仍然有力地影响我们对待彼此与自然的其余部分的方式。""在一个有着自然限度的世界中，有必要批判地思考无极限的经济增长思想。""它还有助于我们更好地了解地球上所有那些我们赖以栖身并以自己的胃口和消费影响着的土地。"

在环境史思考当中，很多方面他们都不一样。但是为什么当梅老师提倡绿色历史，沃斯特给出了如此的回应，也是说两者实际上在某些深层的观念思考上是同向甚至有部分重叠的。这应该也不仅是只发生在他们两人之间的，在目前整个环境史思想发展的范围内都存在这样一种共识趋向。我觉得在这种观念和思想方面，他们找到一种契合，但并不是说他们二人在整个环境史的理解上都走向一致，他们的区别还是很大。

问：您提到一个概念，就是亲缘本性（王华纠正：亲缘本位），说这是一个美国学者提出来，我想知道他是谁，和他的一些主要情况。

王华：他的名字叫 Enrique Salmon，他是加州大学东湾分校的，现在是印第安研究所的民族研究系主任。

问：您提到他的思想，因为我自己做历史理论，他的这种思想形式是一直有，西方文化历史中有这种思想，比如卢梭的"崇高野蛮人"，西方人总想外面那个人很崇高，我们其实不行，然后总向原始部落去寻求某种思想或者控制。但实际上这个是不是很可疑？英国一位人类学家写了一本书叫《天真的人类学家》，他采访非洲部落的时候，他说你们最好就拿机关枪，把羚羊都扫射了就好了。所以思想史上又出现一个东西，那这是不是我强加给他的思想，我们只是想拿他的东西给我来用，其实也许应该人没有那么环保。所以我觉得这值得再去思考。

王华：你考虑的是一个思想史的问题，但是对于环境史家来讲，实际上并不很在乎这是出自他自己的观点还是原本存在于印第安人之中。在更大的可能性上，是他借用了印第安人的某种现象、某些东西来表达自己的思想。他提出"亲缘本位"这个概念，实际是要借这个概念来表达自己。的确，我并不敢说印第安人就更生态，但是印第安人与自然的相处方式和关系特征正好能和萨蒙的某种思想相契合，所以他就借这个概念来表达。这就像我们在国际关系理论当中经常讲的"××陷阱"，其实是借那个历史上的东西来表达。事实上当时存在吗？比如"修昔底德陷阱"，当时真的存在吗？我想从这个意义上来讲，萨蒙本身也并不专注于要去考证这个东西是否是真实的。他只是觉得这样一种看待生态的方式是更合理的，或者说是更具有现实启发意义的，所以他就借用来表达而已。

问：我想提一个小问题，您说原住民的人数在消失。您刚才说的大概减少的比例是非常大的。那这个消失是怎么样的一个过程呢？人怎么会就这样大量地消失掉了呢？是跟生命的观念，还是跟生存的环境有关呢？确实是生活不下去，然后减少生孩子，还是别的过程呢？

王华：关于原住民的数量减少，我举一个我最擅长的夏威夷的例子。夏威夷的人口减少主要是从 18 世纪 80 年代以后开始，19 世纪开始急剧变化，一直减少到 20 世纪初。剧减是在 19 世纪最初的这几十年，一开始的大概 30 年内是减少速度比较快的，大概在 19 世纪 30 年代之前。人口的减少原因很多。其中一个原因是西方学者愿意强调的——出生率降低，这是一个重要的原因。另外还有战争死亡，连绵的内战期间原住民自己杀死的同胞很多。这是两个重要的原因。此外当然还有饥荒。

除了这几个西方人强调的重要原因之外，我去查夏威夷那段时间的疾病传播资料，发现导致人口急剧减少的最主要原因并非上述几个方面，而是疾病。夏威夷最初是 20 万人口（保守的数字），后来经过几十年之后，急剧减少到几万人。在从 20 万人减少到 10 万人这一段时间中，战争到底发生过几次？根据战争之后的大概人口统计数字（当时没有科学的人口统计数字，要看当时的传教士做的记录），会发现战争对人口缩减有影响，但的确没有那么大。在人口发生剧减的那些重要时段里，反而并没有发生大范围、大规模的战争。夏威夷非常典型的就是它的原住民人口衰减大部分是因为疾病，外来的传染病流行所致。我没有具体统计究竟哪种疾病导致的死亡率能达到百分之多少，但是它一定是最主要的原因。它的原住民人口从最初 20 万减到最后不到 2 万。那么多的人口都去哪了？出生率是越来越低，但疾病死亡造成的影响是最大也是最迅猛的。有时候一场流行病结束，一个城区的 60% 的人口全部死掉了。更何况其中更有大量适婚适育女性因疾病死亡，造成了生育率的大幅下降。有一些病，比如花柳病，直接影响到婴儿出生率。疾病直接死亡，还有附带间接死亡的，再加上由此导致的生育率降低，如果我们都归到一起作为疾病影响的话，那么导致的人口减少的比例绝不会低于百分之五六十。所以这是一个最主要原因。而且这种减少指的是长期以来整个原住民人口的数字，比例数字和绝对数字，哪一年减少多少都有记录。库克刚到的时候估计数字是 20 万，甚至有估计最大的有 50 万，有学者认为 30 万比较适中，我取的最保守的就是 20 万。可是等到 19 世纪二三十年代，人口已经减到差不多 10 万了。

问：比如说您说到了导致人口减少的因素里边有这种疾病，那这个是跟外来人的入侵，或者说人的流动，其实是存在一定的联系的。

王华：这些病菌就是外来的，当地原来是没有的。跟印第安人当年遇到的情况一样，还有澳大利亚的原住民，澳大利亚原住民被灭绝殆尽，基本上也是因为疾病。夏威夷是非常典型的，肯定是疾病原因。因为它历史上经历了几次疫病大暴发，天花、流感、疟疾等，再就是花柳病，这些都有影响。这些病菌都是外来的。当然到底是欧洲水手带来的，还是亚洲人带来的，要另说，但一定是外来的，当地原本是没有的。

问：您在讲太平洋环境史研究的时候，主要强调的是人类对于这个地方的破坏性的开发，以及破坏之后这个改变的自然对于人类的反向作用，主要强调这两方面。但是因为环境史的整体思路，除了这两个方面以外，还有一个很重要的是关于人类对于自然环境的认识，思想观念上的长时段变化。那我就不知道您在做太平洋环境史研究这方面，有没有一些思考？

王华：我刚才一开始就说，我不是做环境的，所以很多的思考实际不是来自太平洋环境史，而是我 2018 年 5 月以后通过那次国际学术研讨会真正接触环境史，而且我当时也不是以环境史研究者的身份去的，恰恰是因为我做的毛皮、檀香木贸易跟北太平洋国际商路的开辟，会议是开放性的，各种专题都进入。那次会上我更直观地接触和了解环境史，当时跟他们去交流，给我触动比较大。原来只是看一些环境史的论文，但是一直都没有转入环境史。

主持人：环境史并不是只做环境史，它下面是很具体的物质交流。做毛皮也好，木材也好，其实在贸易过程当中发现了那个地方的动物消失了，其实这个时候你已经在做环境史了。就好比我们现在很多人讲马列主义，一天到晚把马列主义挂在嘴上，好像就他搞马列主义。但是你用历史唯物主义的方法研究这个问题，那就是马列主义，你才是真正的马列主义。所以你做的就是环境史，只不过没有套一个环境史的帽子而已。

王华：环境伦理也好，环境观念也好，其实在我的研究范围中，只有麦克尼尔是这方面，因为麦克尼尔在太平洋环境史方面是创始，而且他很多就集中在这个问题里头。但是麦克尼尔又不仅仅是个太平洋环境史学者，他不能局限在环境史。他的思考其实要更全面一些，包括沃斯特，他的思考已经超出美国环境史的范畴了。我在梳理太平洋环境史现有的研究当中，还没有哪个学者能那么深入地去思考这方面的问题。所以我倒不是就是环境史方面的，就像我有很多的疑问和想法是直接归到环境史里面，不仅仅是太平洋环境史的这一块。所以也注意到其他方面有你对于环境的认知，人类对环境的认知，以及更宏阔一些，到环境伦理这些方面，但这个的确我也没有进行很多涉及，我觉得现在我还不敢过多涉及。

问：去年麦克尼尔去北大做了一个讲座，我在那里听他的讲座，感觉他并不是一个太平洋环境史学者，我觉得他更是一个全球史学者。因为他做的东西更多的是全球性的，他会把西班牙和澳大利亚、南美洲还有北美连起来做。

王华：那是因为你不理解我们说的太平洋史是什么。

问：我知道您说的太平洋史，就是太平洋所涉及的整个沿岸的区域，是吗？

王华：它不光是包含。它首先是一个整体、一个单元。所以很多人说那你这不就是全球史吗？它的确跟全球史视角是非常相似的，甚至说它的形成就是全球史、海洋史的范式影响之下的。另外麦克尼尔和他的父亲一样，我们给他打了一个全球史的标签。但是麦克尼尔同时又是环境史的，他的环境史领域主要就是在太平洋。

主持人：其实这就是一个视角问题。这是为什么我一直说以后要做人类命运共同体之下的模式。就是说一个国家，不要说太平洋，就是一个岛屿，比如说鸟粪，瑙鲁这么小的一个地方，但是鸟粪的研究就只是太平洋史吗？实际上它是全球史。这跟欧美的经济发展和贸易交换连在一起，就是全球史。所以跟同学们说，落脚点可以很具体，很细小的一件事。但你进去了以后，不要一头扎到这个里面，脑子里面永远要有一个全球的思路。研究要跟全球的经济社会关联，甚至跟国际关系、战争、军事也有关。这样的话你就从这么一个小问题中，引出一个很大的事情。所以不能够局限，我是做汤加的，那就一定是做太平洋史的。但有可能汤加是立足点，贯彻的是全球，就是这么一个关系。像麦克尼尔，就是搞世界史的，对不对？写的作品就是世界史的作品，但是世界史的作品可以找到一个很具体的面去看。我们可以搞一个国别环境史，但是国别的环境史假如跟全球有关，那么它这个国家发生的环境问题就具有全球意义，对吧？所以不是我做了太平洋岛国的事情，我就是做这个，其实你可能就是做的全球史。海洋史更加四面八方，是贯通的，所以海洋史和全球史很难分开。

王华：也就说视野很重要，标签不重要。刚才我说太平洋史，别人说你是海洋史吗？我说我不是海洋史，我又是海洋史又不是海洋史，因为我跟很多海洋史研究的不是一个东西。我肯定受全球史影响，很多东西跟全球史一致，但是你能说太平洋史是全球史吗？这些都变成一种标签性的东西，比方说沃斯特是美国环境史家，给他打上这个标签。那他是不是美国西部史研究专家？当然是了。所以只是说从什么角度来对他进行定位，或者从哪个角度打标签。

农业史与环境史的联系与区别

演讲人：高国荣（中国社会科学院世界历史研究所研究员）

时间：2019 年 7 月 30 日

感谢大家拨冗过来听讲座。我今天想讲农业史与环境史的联系和区别。为什么考虑这样一个题目？大概两年前，《史学月刊》策划环境史的一组笔谈，拟从生态系统的角度谈不同类型的生态系统，约我写一篇关于农业生态系统的文章。在写作的过程中我觉得这个问题非常复杂，就农业生态史写了三篇文章，其中涉及农业史和环境史的联系和区别。关于农业史与环境史，大家直觉上都会认为两个领域之间存在非常密切的联系。但是联系究竟在哪里？从我目前接触的国内外资料来看，尚缺乏专门论述。我主要结合农业史和环境史在中美两国的发展情况，就这两个领域的联系和区别谈一谈自己的一些初步认识。

农业史与环境史的联系非常紧密。美国环境史学会成立于1976 年，其主要发起人约翰·奥佩（John Opie）最初拟定的学会名称是"美国土地研究学会"（Society for the Study of the American Land），学会刊物拟命名为《土地与生命》（*Land and Life*）。这两个名称因为被认为"包容性不够"而未被使用。最终采纳了"美国环境史学会"（American Society for Environmental History）这一名称，学会刊物叫《环境评论》（*Environmental Review*）。从学会及其刊物最初草拟的名称可以看出，环境史与农业史之间的联系非常密切。在 20 世纪 80 年代初期，美国农业史学会（Agricultural History Society）和美国环境史学会都遭遇了诸多困境，两个学术团体甚至商讨过将各自主办刊物《农业史》（*Agricultural History*）和《环境评论》加以合并的问题。尽管刊物的合并没有成为现实，但也可以从一个侧面表明农业史和环境史存在非常密切的联系。农业史与环境史的联系主要体现在以下方面。

第一，农业史为环境史的兴起提供支撑，农业史是环境史的一个重要源头。这一情形在美国非常明显，从欧洲的情况，从中国的情况来看，农业史也都是环境史的重要源头之一。

环境史在美国的起源往往会追溯到西部史，追溯到特纳（Frederick Turner）、韦布（Walter P. Webb）、马林（James Malin）等西部史学家。这些学者对西部环境如何影响美国社会发展、西部环境如何塑造美国的民主自由观念有很多深入的阐释。这三位西部史的开拓者均为美国农业史学会会员，都侧重于研究美国向西部的农业拓殖，都极为重视自然因素对美国历史进程的影响。特纳在 1892 年就倡导从环境的角度考察美国历史，将自然的历史和人类的历史联系起来加以探讨，提出了著名的"边疆学说"。特纳提出，"无主土地区域的存在及其不断的收缩，以及美国向西的拓殖，就可以说明美国的发展"，他还提到"渴望土地和热爱蛮荒的自由不断把边疆向前推进"。特纳重视农业边疆的逐步扩展，其学说因而被称作"美国历史的农业解释"。韦布和马林所从事的则是中西部区域农业史研究。韦布的名作《大平原》考察了自然环境对大平原农业开发的诸多限制。马林在 1943—1944 年曾任美国农业史学会会长，其代表作《北美草地历史导论》阐释了人类依靠科技进步在草原进行农业开发的历程。马林率先提出了"生态史"，并将人类史视为自然史的一部分，尝试着"从生态的角度对美国历史进行重新审视"，他被认为"很可能是现代环境史的创始人"。

近年来，美国学者开始强调南部史对环境史研究的促进。南部史学者对南部奴隶制种植园经济有很多的研究。这个领域的开拓者克雷文（Avery Craven）、菲利普斯（Ulrich B. Phillips）、格雷（Lewis C. Gray）在其著述中探讨过土壤、气候、水源等自然环境因素对南部种植园经济的影响。因此，美国学界目前开始强调南部史与环境史之间的学术渊源。

从欧洲的情况来看，环境史与农业史的渊源关系可以通过年鉴学派得以反映。包括美国在内的很多国家的学者在追溯环境史的源头时，都会提到法国年鉴学派。年鉴学派的很多经典著作，比如勒费弗尔的《大革命恐怖时期的农业问题》、布洛赫的《法国农村史》、勒华拉杜里的《蒙塔尤》都是有关乡村社会史的。勒华拉杜里还写过一本有关气候史的书。意大利、西班牙等国家的学者在追溯环境史在本国发展的时候，也常常把农业史视作环境史的一个重要源头。

从中国的情况来看，王利华、梅雪芹等知名环境史学者在追溯环境史在中国的源头时也都会提到农业史。王利华在追溯生态史的本土渊源时，提到了"农牧林业史学者的研究"，但他指出，这些研究对自然的关注大抵只是"学科研究的外向拓展和延伸"，还谈不上是"从生态环境出发对社会历史运动进行系统解释的努力"。夏明方结合中国灾害史研究的"非人文倾向"指出，自然科学"淡化社会性"的做法和"包括历史学在内的整个人文社会科学研究长期以来的'环境缺失'现象"，"已经严重制约了中国灾害史乃至环境史研究的进一步发展"。梅雪芹在论及前辈学者关注自然环境因素的同时，也指出了一个事实，即"在自然科学和人文社会科学严重分野的情形下，一直没能发展出跨学科意义上的环境史概念和作为一种明确的交叉综合研究的环境史领域"，"但有关成果是进一步开展环境史研究和学科建设工作的学术资源和思想源泉"。从上述学者的论述来看，早先的农林牧渔史研究虽然涉及环境因素，但这些研究往往反映了学界对人与自然的刻意分离。一方面，历史研究常常存在"环境缺失"的现象，而另一方面，较多涉及环境变迁内容的自然科学缺乏甚至有意削弱人文与社会因素的影响，自然科学的"非人文化倾向"明显。也就是说，国内的研究恰恰反映了人文科学与自然科学的隔绝，即便有关于自然环境因素的研究，但自然与社会往往是分开探讨而非联系起来加以分析。这类研究与环境史的主旨——"人与自然的互动"——还有很大差距，从严格意义上不能算作"环境史"，但为环境史的萌生奠定了坚实基础。

农业史与环境史的密切联系，也可以通过南京农业大学农业遗产研究室的发展反映出来。该室成立于 1955 年，是国内最早开展农业史研究的专业机构。该室培养的一些研究生已经成为国内环境史研究的领军学者。南开大学的王利华教授和复旦大学的王建革教授都曾有过在南京农业大学农业遗产研究室学习和工作的经历。该室创办的《中国农史》杂志把环境史作为刊物的一个重要栏目。

总之，从美国、欧洲、中国的情况来看，农业史都是环境史的重要源头。

第二，农业史一直是环境史研究的重要领域。中国学者做本国环境史研究多关注农村问题，较少涉及工业污染及其治理。可以肯定地说，农业生态史主导了中国的环境史研究。在环境史研究领先的美国，农业生态史在环境史领域也非常重要。这在美国环境史研究的各个阶段都是如此。美国环境史研究的奠基之作，包括唐纳德·沃斯特的《尘暴：1930 年代美国南部大平原》（1979）、怀特（Richard White）的《土地利用、环境与社会变迁：华盛顿州艾兰县的形成》（1981）、克罗农的《土地的变迁——新英格兰的印第安人、殖民者和生态》（1983），基本上都是以农业为主题。这三本著作出版后分别获得了美国史学会的班克罗夫特奖、美国森林史学会的最佳环境史著作奖，以及美国历史学家协会的帕克曼奖。这些著作让学界对环境史侧目，为环境史在史学界赢得了一席之地。在 1990 年以前，农业生态史是美国环境史研究的主流。

在 1990 年前后，农业生态史成为美国环境史领域的主要突破口。《美国历史杂志》1990 年第 4 期刊登了一组环境史的笔谈。五位环境史领域的翘楚就环境史的动向予以讨论。沃斯特倡导大力加强农业生态史研究，在他看来，食物是人类从自然获取的最基本的资源，人类与自然"最重要、最长久、最具体的联系方式"是在获取食物的过程中形成的，"食物生产必定是环境史领域最主要的探讨之一"，环境史常常"以人们如何填饱肚子为研究起点"。另外四位学者都认可农业生态史的重要性，但同时也都认为环境史研究需要更多的维度，应该积极拓展新领域，引入社会分层分析方法，日益重视城市问题。这样一种新趋势，被称为环境史研究的文化转向。这组文章向学界展示了环境史的多样性及广阔前景，为 20 世纪 90 年代以来的环境史发展指明了方向。

在 20 世纪 90 年代初期，美国环境史研究的文化转向就是从农业生态史率先开始的。1991 年，克罗农出版了《自然的大都市：芝加哥与大西部》一书。该书通过追溯谷物、木材、肉类等农业商品的生态足迹，将城乡视为一个整体，将芝加哥与大西部联系起来，将生产与消费结合在一起，探讨了经济活动所带来的生态巨变。这本书开风气之先，为美国环境史的研究领域从农村拓展到城市架起了一座桥梁。该书是继沃斯特的《尘暴》之后荣获班克罗夫特奖的第二部环境史著作。此后，越来越多的环境史著述开始探讨城市，并融入了社会文化分析。这一倾向使环境史的研究范畴和分析路径得到深入拓展，成为环境史从困顿走向繁盛的重要起点。

自 20 世纪 90 年代中期以来，农业生态史的新作不断问世，在多个方面较以往有所超越。首先，阶级、种族、性别等社会史的分析方法得到了广泛应用。同时，人与自然的协同进化成为多部环境史著作的研究重点，环境史研究中的"衰败论"明显减弱。另外，地理信息系统（GIS）成为农业生态史研究的重要分析工具。此外，南部农业生态史日益受到关注。还有一些学者尝试在全球史的视野下研究农业生态史。

尽管文化转向在当下非常流行，但即便如此，农业生态史依然在美国环境史研究中占据半壁江山；尽管环境史的社会文化分析倾向蔚然成风，农业生态史研究依然引人注目。这可以从美国环境史学会最佳图书奖的获奖名单看出。该图书奖的评选始于 1989 年，到 2017 年，共有 28 本图书榜上有名，其中有近 1/3 的获奖图书属于农业生态史的范畴。获奖作者既有环境史领域的拓荒者和资深权威专家，也有不少声誉鹊起的新秀。这也可以从一个方面反映出农业史在环境史研究中的影响。美国农业生态史领域可谓强手如林，由老中青知名学者组成的团队，表明这个领域充满活力，后继有人。

第三，农业史与环境史的学术交流一直存在，而且呈增加趋势。在美国环境史学会成立之前和成立之初，《农业史》杂志成为刊登环境史资讯的重要窗口。《农业史》杂志在《哥伦布大交换》（1972）一书出版的翌年，就刊登了书评，评论人拉斯马森（Wayne D. Rasmussen）为知名农业史学者，他对该书充满争议的新颖观点予以肯定，提倡"对农业史和生态学感兴趣的人都应该读这本书"。1975 年 1 月，该刊还就"农业与西部环境"发表了一组文章，共计四篇，这组文章在 1974 年 6 月美国农业史学会主办的"美国远西部发展进程中的农业"学术研讨会中的一场专题讨论会上宣读过。在庆祝美国农业发展成就的会议上，这场小组讨论好像唱起了"反调"，主持人卡斯滕森（Vernon Carstensen）指出了农业对环境的破坏，特别提到了资源保护主义者乔治·马什（George Marsh）及罗德民（Walter C. Lowdermilk）关于"善待土地"的劝诫，而四位发言人则从多个方面探讨了农业环境问题及环境观念的变化。《农业史》杂志还成为美国环境史学会发布环境史信息的重要平台，该刊于 1975 年第 4 期刊登了《环境史研究通讯》的征订消息，1983 年第 1 期发布了美国环境史学会征集年会论文的通知，1983 年第 2 期又刊登了《环境评论》编辑部迁址的资讯，提到"编辑部迁往丹佛大学历史系，休斯（J. Donald Hughes）接任约翰·奥佩担任刊物主编"。

从 20 世纪 70 年代中后期到八九十年代，有少数环境史学者经常参加美国农业史学会组织的学术活动。1984 年 5 月，福莱德（Susan Flader）所在的密苏里大学文化遗产中心与美国农业部、美国农业史学会共同主办了"水土保持史"学术研讨会，福莱德与农业部专家道格拉斯·赫尔姆斯（Douglas Helms）受邀为《农业史》杂志编辑了"水土保持史"专辑。1991 年，农业史学会主办了"农业与环境的历史"学术研讨会，奥佩、休斯、利尔（Linda Lear）等环境史学者与会，其提交的论文在《农业史》杂志 1992 年春季号集中刊登。总的来看，在 21 世纪之前，这类交流并不常见，只有福莱德、皮萨尼（Donald J. Pisani）等少数环境史学者经常参加农业史学会的活动。

进入新世纪以后，环境史学者与农业史学者之间的交流日趋频繁。环境史受到了美国农业史学者的广泛关注。2005—2007 年间，《农业史》杂志对农业史领域的众多知名学者进行访谈，在对该领域的未来发展方向进行展望时，10 位学者都提到环境因素应该受到农业史学者的关注和重视。玛格丽特·博格（Margaret Bogue）提到，"历史视野中食物生产的环境影响"是未来农业史研究中"值得探讨的问题之一"。皮萨尼认为，"农业与乡村史在美国人同自然与土地的关系中处于核心地位"，"对环境的关注可以拓展农业史"。赖尼－凯尔伯格（Pamela Riney-Kehrberg）认为，在环境史视野下研究农业将会有很多新发现。与此同时，环境史的价值也得到了美国农业史学会的充分肯定。美国农业史学会表彰的优秀成果有很多出自环境史学者之手。从近年召开的美国农业史学会年会议程来看，生态因素也受到了相当多的重视。2008 年学会年会以"密切关联：全球视野下的农业、环境与社会"作为大会主题。最近几年，关于生态环境问题的小组讨论，在美国农业史学会年会上往往不少于五组。环境史学者在美国农业史学会年会上表现也很活跃。

总之，农业史和环境史之间存在着难分难解、彼此促进的密切联系。在一定程度上可以说，环境史从农业史中来，又重新回归农业史，为农业史的复兴助力。农业史为环境史的萌生提供了滋养，成为环境史的重要学术源头之一，为环境史的兴起在学术资源和人才队伍方面创造了一定条件。农业史和环境史的研究对象有显著的重合，农业生产作为连接农业史和环境史的枢纽，成为二者研究的共同内容；农业生态史一直是环境史研究的重要方面。探讨人与自然的关系，几乎不可能绕开农业生产；环境史脱离对农业问题的探讨，就不可能发现人与自然互动关系的奥秘。环境史在兴起之后，以新的视野、理论、方法对历史上的农业问题进行分析和解读，为农业史研究提供了新维度，丰富和发展了农业史研究。环境史的价值近年来也逐渐为农业史学者所接受，带动了农业史研究的生态转向。

接下来我们来看看农业史和环境史的区别。

在学科交叉、学科融合成为普遍趋势的情况下，农业史和环境史都经历了社会文化转向，领域不断扩展，边界不断扩大。与此同时，两个领域的各自特色何在也变得越来越模糊不清。这种现象让农业史学者与环境史学者都深感困惑，迫使他们反思如何在扩展研究领域的同时能够保持固有特色。

农业史和环境史作为各有特色的不同领域，二者存在明显差异。这种差异在有关美国大平原尘暴重灾区的两本著作中有明显反映。20 世纪 30 年代，美国中西部大平原地区因为农业开发出现了严重的土地沙化，被称为尘暴重灾区（Dust Bowl）。在 1980 年前后，关于这一题材，有两本著作问世。一本出自环境史学者沃斯特之手，另外一本的作者是农业史学者赫特（R. Douglas Hurt）。两位作者在当时都是各自领域的青年才俊，并在日后成为各自领域的权威学者。沃斯特是世界知名的环境史学家，对环境史研究的发展做出了很多开创性的贡献；赫特是普渡大学农史研究中心主任，曾任美国农业史学会会长，长期担任《农业史》杂志主编。两位学者对同一起生态灾害的一些重要方面做出了不同阐释。就这一灾难的发生原因而言，沃斯特认为，这起灾害属于人为灾害，是资本主义扩张的必然结果。在灾害发生后，农场大量破产，很多农民沦为生态难民。他还指出，农民确实是灾难的受害者，但他们对这些灾难也负有不可推卸的责任，因此农民既是灾难的受害者同时也是肇事者。而赫特作为一位农业史学者，在探讨灾难的原因时，认为自然因素与人为因素同样重要。关于治理成效，两人的看法也很不一样。在 20 世纪 30 年代，联邦政府采取了很多措施，通过生态移民、退耕还林、防护林等项目治理大平原的水土流失。但沃斯特和赫特对这些沙化治理项目的成效予以很不一样的评价。赫特对联邦政府的治理政策给予肯定，沃斯特则提出了批评。这两本著作关于尘暴重灾区的不同论述，从一个侧面可以反映农业史和环境史之间存在差异。

关于农业史和环境史的差异，目前国内外学界的探讨还不多。我觉得至少可以从三个方面来加以区别：其一是助推动力，其二是研究宗旨，其三是叙事方式。我们接下来就从三个方面分别来看两者之间的区别。

第一，助推动力："自上而下"与"自下而上"。

农业史的兴起比环境史的兴起要早半个世纪，在美国是这样，在中国也是如此。美国农业史学会成立于 1919 年，美国环境史学会成立于 1976 年，两个学会的成立时间相距半个世纪之遥。中国农业历史学会成立于 1987 年，而中国环境史学者到现在还没有成立国家一级学会，只有二级学会，即 2018 年刚成立的中国环境科学学会环境史专业委员会。环境史在国内虽然受到了越来越多的关注，但还属于起步阶段，基础薄弱，有影响的成果也不多。相对中国而言，农业史和环境史在美国的发展都较为充分，各自的学科体系也较为成熟完备，因此我主要以美国为例来比较农业史和环境史的区别，两个领域在中国的发展情况也会被提及，用以补充和印证一些基本的判断。

农业史在美国出现于 20 世纪初，常常被称为 20 世纪的新史学，被视为新史学而不是传统史学的一部分。农业史研究在美国始于 19 世纪末期，但它成为一个专门的研究领域，是在 20 世纪 20 年代前后。1919 年，美国农业史学会在首都华盛顿宣告成立，其宗旨是为了"激发对农业史的兴趣，推动学术研究，协助出版成果"。学会的成立，为农业史研究的发展注入了强大动力。学会成员增加较快，从 1927 年的约 200 人增加到 1944 年的 413 人。学会从 1921 年开始单独召开会议，《农业史》杂志于 1927 年正式创刊。农业史教学在 1945 年前只局限于少数高校，爱荷华州立大学施密特（Louis B. Schmidt）于 1914 年在全美率先开设了农业史课程。在 20 年代初期，威斯康星大学的希巴德（Benjamin Hibbard）在农业经济系开设了农业史课程。在 1945 年以前，哈佛大学、哥伦比亚大学、俄克拉荷马大学、密苏里大学、康奈尔大学、佐治亚大学等高校也都设有农业史的教席，并开设了类似课程。这个领域也出现了克雷文、菲利普斯、戴尔（Edward E. Dale）、爱德华（Everett E. Edwards）等一批知名学者，其中多位出自美国边疆学派的创始人弗雷德里克·特纳门下。

农业史诞生于美国的进步主义时代。当时，科学和理性受到广泛尊崇。在美国农业现代化的过程中，美国农业部发挥了很大的作用。在 20 世纪 20 年代前后，美国农业部农业经济局汇聚了以亨利·泰勒（Henry Taylor）为首的一批农业经济学家，其中多位来自威斯康星大学，他们因受特纳影响而高度重视农业历史。农业部的很多科学家也都认可历史分析的价值。因此，农业部在成立农业史学会和创办《农业史》杂志方面都能发挥领导作用。

学会第一届五人领导班子中，有三人来自农业部，前四任会长特鲁（Rodney H. True，1919—1921）、卡里尔（Lyman Carrier，1921—1922）、凯勒（Herbert A. Kellar，1922—1924）、斯泰恩（O. C. Stine，1924—1925）都来自农业部。在成立初期，来自农业部的会员不在少数，"1927 年为 64 名，占会员总数（194 名）的 1/3"。《农业史》杂志在 1927 年创刊后的 25 年间，其主编斯泰恩（1927—1930）、爱德华（1931—1951）、拉斯马森（1952）也都来自农业部。《农业史》杂志还长期受农业部资助。农业部图书馆素来重视收集有关农业的早期和当代文献，目前依然是全美农业史研究方面首屈一指的资料中心。农业部农业经济局在 20 世纪 30 年代还邀请历史学者参加农业规划与政策制定研究会，就历史的价值与重要性、农业史的资料整理、农业博物馆的设立等问题进行讨论。该局在"二战"结束后还启动了"农业生产史"和"农业部历史"等研究项目。农业部对农业史研究的兴起至关重要，以至有学者感叹："如果没有农业部，我想也许就不会有农业史这个领域。"

农业史学科在我国的形成和发展同样得到了农业部等有关政府部门的指导和支持。由于农史研究人员分散在全国各地，农业部的指导、协调和规划对农业史发展至关重要。农业遗产整理的热潮，是农业部在 1955 年召开"整理农业遗产座谈会"进行部署之后才出现的。中国农业遗产研究室于同年成立，也得到了农业部等政府机构的大力支持。自 1987 年成立以来，中国农业历史学会多年来面临经费短绌的困境，来自农业部的补贴以及中国农业博物馆的支持，为学会活动的正常开展提供了保障。《中国农业科学技术史稿》《中国农业百科全书·农业历史卷》《中国农业通史》等重大联合攻关项目也都是农业部立项的资助课题。刘瑞龙、王发武、郑重等农业部领导先后在中国农业历史学会担任领导职务，他们卓有成效的工作为农史研究的顺利发展奠定了良好基础。

在 20 世纪下半叶，农业史在中美两国的发展都遭遇了一些困境。随着工业化和城市化的快速发展，农业在国民生产总值中的比重不断下降，农民人口比例也不断走低。越来越多的人口毫无在农村生活的经历，对农业生产也缺乏兴趣。在这种社会背景下，农业对公众的吸引力在下降。为了推动农业史发展，农业史学者将农业问题与社会转型、食品与健康等现实热点问题结合起来，为农业史开辟新路。

相对而言，环境史的兴起直接受到了战后环保运动的影响。环境问题虽然古已有之，但它受到人们的广泛关切，却是在"二战"以后。战后 20 余年间，欧美国家普遍经历了快速的经济增长，民众生活水平明显改善，对生活质量（包括环境质量）的追求也在不断提升。但另一方面，环境污染越来越严重。20 世纪五六十年代，欧美多个国家空气污染和水污染异常严重，出现了多起震惊世界的环境公害事件。而到了六七十年代，难以察觉的核污染和化学污染更是加深了人们的恐惧。环境污染对人们的健康构成重大威胁。民众对健康美好生活的向往与环境恶化的现实构成尖锐矛盾。人们通过各种途径表达环境关切。正是在这种背景下，欧美国家兴起了环保运动，随后又兴起了环境史。在很大程度上可以说，环境史是环境危机催生的历史，是环保运动推动的历史，被称为 21 世纪的新史学。

美国的情况如此，中国的情况基本上也是这样，较为近似。国内民众对环境问题的广泛关注出现在新世纪之交。当时，温饱问题已基本解决，但特大洪灾、强沙尘暴、持续雾霾天气、水污染等环境问题的不断出现，激起了国人对环境现状的深深忧虑。

学界开始关注环境问题，环境史应运而生。近年来随着生活水平的不断提高，人们越来越难以忍受经济快速增长导致的环境破坏。在追求美好生活的过程中，人们的环保意识还会进一步增强，对环境质量的要求还会提高。民众对环境的高度关切，将成为推动环境史蓬勃发展的强大动力。

无论中外，无论在城市还是在农村，关注环境问题的民众都在不断增加。社会对环境问题的热切关注为环境史的发展创造了有利的外部条件。尽管如此，环境史在美国的发展并非一帆风顺，在 20 世纪 80 年代一度陷入低谷，但这种局面在进入 90 年代以后明显好转。进入 21 世纪之后，《环境史》杂志已跻身于美国最有影响的史学刊物之列，其引用率在历史类杂志中排名第三。在新世纪前后，美国环境史学会会员已经超过了 1400 人。近年来年会参加者往往在四五百人之间，其中约 1/4 的与会者为在读的研究生。目前，环境史教学在美国大学中已经较为常见，顶尖名校几乎均设有环境史的讲席。美国马萨诸塞州波士顿市云集了哈佛大学、麻省理工学院、波士顿大学等诸多名校，这些学校以前没有环境史研究，但现在都设置了环境史的教席，可以培养环境史方向的博士，成为美国环境史研究的重镇。在一定程度上可以说，环境史研究的中心已经从美国西部移到了美国的东部地区。近年来，环境史的系列出版物已达近 10 种，获奖成果不断增多。多名环境史学者当选美国艺术与人文科学院院士，在 2012—2017 年间，有两位环境史学者担任美国史学会主席。在中国，环境史研究近些年来也日益受到重视。《世界历史》近几年发表了不少环境史的论文，《中国社会科学》等顶级刊物对环境史也很重视。在 2019 年 12 月，《中国社会科学》杂志社与复旦大学还联合举办了"历史上的环境与社会"学术研讨会。环境史良好的发展态势，与民众普遍关心环境问题有关。社会的需求成为推动环境史快速发展的重要动力。环境史目前在我国尽管呈方兴未艾之势，但它依然还处于起步阶段，其发展现状还远远不能满足社会的要求。我国环境史学者要抓住机遇，通过艰苦卓绝的努力将研究推向深入。

第二，研究宗旨：生产力发展与天人互动。

农业史和环境史互有交叉，也都具有跨学科研究的特点，两个领域都经历了社会文化史的转向。在两个领域的外延不断拓宽的时候，一些学者开始反思，学术研究如何在扩展过程中保持各自既有特色，而不是让特色日渐模糊。农业史和环境史成为不同的研究领域，在学界各有一席之地，也是因为研究特色不同。通过梳理这两个领域的发展，可以看出农业史和环境史的标新立异之处和根基所在。农业史的特色主要在于农业生产本身，农业史的根基是农业技术与经济史，也就是狭义的农业史。而环境史强调天人互动，其核心主题是自然或生态在人类历史中的作用。

从农业史在美国、欧洲、中国的发展情况来看，农业史学者一贯重视的是农业技术和农业生产发展本身。农业生产史在农业史研究中的核心地位，在一定程度上可以从国内外有关农业史的定义及代表性著述得以印证。

在农史兴起之初，国内外学界普遍认为农史就是农业生产的历史。奥地利维也纳大学经济与社会史研究所前所长阿尔弗莱德·霍夫曼（Alfred Hoffman）认为，农史是"土地利用和土地管理的历史"。国内有很多学者也持类似看法。有人主张，农史"研究农业（包括经济、生产、科技等）发展过程和规律"。还有人认为，农史科学"研究历史时期农业生产和农业技术，农业科学的起源、演变及其发展规律"。进入 21 世纪以后，有学者主张，农史是"以政治、经济、文化等综合的观点研究农业生产与技术、农业经济、农村社会及农业思想历史演进及其规律性的一门交叉学科"。这一界定较为开放，更具有包容性，但它依然将农业生产置于首要地位。上述不同时期有关农业史的定义都将农业生产置于农史研究的中心，突出农业生产史在农业史研究中的核心位置。

从国内外已出版的多部农业史教材来看，在内容编排上，农业技术和农业生产一直占据核心地位。

从美国农业史的早期著述来看，农业生产史长期占主导地位。《美国北部农业史：1620—1860》和《1860 年以前的美国南部农业史》是 20 世纪二三十年代农业史兴起阶段的两本皇皇巨著。这两本著作均为卡内基研究所在 20 世纪初期资助的"美国经济史研究"系列丛书的成果，广泛运用各类一手文献和大量图表，分阶段对所在区域的种植业、养殖业、劳动力、土地制度、农业设备、农产品贸易等要素分专题进行了讨论，堪称美国农业史的百科全书，在出版后都受到了学界广泛关注，成为美国农业史兴起阶段的标志性成果。这两本著作自始至终都受到了威斯康星大学知名农业经济学家亨利·泰勒的认真指导。泰勒是美国农业经济学的鼻祖，受特纳影响重视历史研究，他曾经提出，"每一个农业经济学家都应该是一个农史学家"。1939 年，受农业部农业经济局委托，泰勒开始编纂《美国农业经济史》，经过十多年努力，终于在 1952 年将书稿付印。这本大部头著作旁征博引，在概述农业经济学理论的基础上，着重从农业教育、农场管理、农产品营销、土地制度、劳动力、借贷等方面对农业发展进行了梳理。总的来看，在 20 世纪 60 年代以前出版的重要农业史成果，多出自经济学家之手，对农业经济的有关重要方面进行历史梳理，农业史在很大程度上就是农业经济史。

近半个世纪以来，农业生产在美国农业史研究中依然占明显优势。该情形从 20 世纪 70 年代问世的有关工具书和教材中可以窥见一斑。拉斯马森的《美国农史文献通读》出版于 1975 年，选取法案、游记、通信、日记、报刊文章等各种形式的珍贵文献数百种，为学界运用农业史一手文献提供了极大便利。编者将农业等同于农业生产，将美国农业史划分为七个阶段，每个阶段则按土地政策、教育与实验、农业生产中的变化来编排史料，展示美国农业机械化及商业化进程以及美国农业的辉煌成就。在 20 世纪 70 年代中期，美国学界推出了两本美国农业史教材。其一是施莱贝克尔的《美国农业史：1607—1972 年我们是怎样兴旺起来的》，该书概述了从殖民地时期起到 20 世纪 70 年代初 300 多年间的美国农业发展。作者认为，美国农业从一开始就具有商业经营性质，主要从土地、市场和科学技术等方面，分阶段阐述了商业化农业在美国的发展。这本书无疑是一部农业经济史，尽管它对农民的日常生活略有涉及。其二是科克伦的《美国农业发展史》，该书以"美国农业经济发展"这门课的讲义为基础，主要叙述了美国农业经济的增长及其推动因素，这些因素具体而言包括广袤土地、机械与技术进步、基础设施建设、科研教育、国际资本投入、政府作为等。从篇章结构来看，两本教材对技术经济层面关注多，对社会生活层面关注少。

进入 20 世纪 90 年代后，农业生产依然是美国农业史研究的核心主题。在 20 世纪 90 年代中期，又有两本农业史教材问世。其一是赫特的《美国农业简史》（1994），该书将美国农业发展分为八个阶段，各阶段按土地政策、区域发展、技术进步、乡村生活等专题予以编排，这种体例可以表明，乡村生活方式所受的关注远少于农业生产方式受到的关注。其二是《乡土美国》，这是第一本真正意义上的美国乡村社会史著作，与《美国农业简史》相映生辉。

在 20 世纪 90 年代初，有学者提到，在过去 30 年间，美国经济史研究显示了"美国的巨大成功，其中一个方面就是对农业生产力的长期发展加以考察"。在 21 世纪初，赫特曾撰文对 20 世纪的美国农业史研究进行回顾，他将有关著述分为土地政策、南部种植园奴隶制、农民运动、商业化农业发展、农业政策，以及乡村社会六大方面。这就意味着，即便出现了乡村社会史的勃兴，但大多数著述还是直接与农业生产有关。2019 年，在美国农业史学会成立 100 周年之际，学会主办的刊物《农业史》杂志刊登了多篇文章，对该领域的发展进行回顾。其中一篇文章由在 2003—2016 年担任《农业史》杂志主编的斯特罗姆（Claire Strom）所写，该文指出，《农业史》杂志从创刊至今，农业经济一直是最常见的主题。从不同时期的农业史著述来看，农业生产在美国农史研究中都占主导地位，这种地位在短期内恐怕还难以撼动。

国内的情况大体也是如此。在新中国成立初期，中国农业科学院、南京农学院中国农业遗产研究室编写出版了《中国农学史（初稿）》，该书上、下册分别在 1959 年和 1984 年出版。该书主要结合古农书，"阐明中国农学和农业技术的发展过程和规律"。梁家勉主编的《中国农业科学技术史稿》于 1989 年面世，该书以农业生产的要素和部门为纲，论述了从上古到 1840 年鸦片战争外国资本侵入期间"中国农业科学技术的发展"。《中国科学技术史·农学卷》以不同历史时期的农书为基础，着重梳理了以"三才理论"为指导的中国农业精耕细作技术体系的形成和发展。目前，由中国农业历史学会组织编写的《中国农业通史》已出版部分卷册，该通史"从生产力与生产关系、经济基础与上层建筑的结合上"，系统阐述"中国农业发生、发展和演变的全过程"。上

述数部作品作为我国不同时期农业史研究的联合重大攻关项目和
标志性成果，其主线都是农业生产技术和农业生产本身，无一例
外地体现了农业生产在农史研究中的基础地位。在 1980—2008 年
间，农史学界发表的论文数以万计，对这些论文的计量分析表明，
农业史学科结构出现了以农业科技史为核心向"农业科技史、农
业经济史并重"的转变，尽管研究范围和内容在拓展，研究热点
增多并更加分散，但"农业科技史和农业经济史相关方面的研究
在农史学科中处于核心地位"。基于农业生产在农业系统中的核心
地位，农业史虽然可以研究农业的各个方面，但都不可能脱离农
业生产本身。

　　而环境史的特色则在生态视野与生态分析，环境史强调自然
与社会的互动，或者说"天人互动"。环境史探讨不同时空条件下
人与自然之间的互动关系，或者说是历史上的人类生态系统。该
系统无疑以人类为中心，而自然相对于人而言成为人类的栖息环
境。作为史学的一部分，环境史依然是以人为主体的。环境史基
于人类在历史研究中的主体地位，致力于探讨人类活动的生态影
响以及自然在人类历史中的作用。自然成为人类历史舞台上的活
跃角色，自然成为历史研究的一个新维度，或者说从生态的角度
重新书写历史，是环境史最重要的创新。

　　环境史在兴起的过程中，正是因为对自然作用的重视而得以
在学界赢得一席之地。威廉·麦克尼尔（Wiliam H. McNeill）的
《瘟疫与人》、克罗斯比的《哥伦布大交换》、沃斯特的《尘暴》、
克罗农的《土地的变迁》等著作，作为环境史领域的标志性和奠
基性文本，化解了环境史特性不清的尴尬局面，确立了环境史在
学界的地位。这几本著作的共性在于对以往被忽视的自然的意义
加以探讨，醒目地将环境史的特点呈现在学界面前。这几本著作，

均以对历史的生态解释而闻名。

生态解释在这些作品中具体表现为以下方面：其一，自然因素不单作为历史研究的一个背景，而成为历史研究的重要对象，生态因素占突出甚至中心的位置。环境史将"自下而上看历史"的原则贯彻到底，将视线转向地球这一生命之网和人类生命支撑系统，气候、水文、地质、生物等关乎人类生存与发展的自然因素均被纳入历史研究的范围，被边缘化的自然因素成为历史研究的重要对象。其二，生态因素对人类历史的影响受到高度关注，这在《哥伦布大交换》中表现得尤为明显。该书完全是从生态的角度对旧大陆征服新大陆这一重大历史转折做出全新解释，对思想文化因素毫无涉及。哥伦布大交换是迄今为止环境史学界所提出的最有影响的创见，如今已经被广泛地写入国内外的世界史教材。其三，社会变迁的经济与生态层面受到高度重视，这种取向被称为环境史研究的物质分析或者生态分析范式，与环境史研究的社会文化分析范式相对，后者将种族、阶级、性别等社会分层理论引入环境史研究。其四，环境史研究中道德伦理诉求明显，直到今天依然存在，但较之前已经明显弱化。尽管如此，利奥波德的"大地伦理学"在环境史学界依然广受推崇。很多环境史著作都力图揭示：人类作为生命共同体中的一员，要善待自然，约束自己，与自然和谐共存。总之，正是生态分析，或者说是对"非人类主题"的重视，环境史得以同一般的史学区别开来，在学界得以立足并能独树一帜。生态分析作为环境史的特色被美国权威环境史学者一再重申。沃斯特在《尘暴》一书问世20周年重版之际强调，"土地（即自然。——引者注）必定是环境史研究的核心"。

国内也有学者倡导自然在环境史研究中的中心地位。侯文蕙认为环境史要以自然为中心，她对环境史的社会史化表示担忧。她说，环境史如果"真像某些人认为的那样，向社会史靠拢，结果'环境史就是社会史，社会史就是环境史'，那环境史将何以复存"？梅雪芹将自然视为环境史的核心元素，认为环境史的创新全都围绕自然因素展开，具体而言表现在以下五个方面，即"择自然为题，拜自然为师，量自然之力，以自然为镜，为自然代言"。同以往关于环境史创新的探讨相比，梅雪芹的阐释更加凸显了自然在环境史研究中的中心地位，从不同方面展现了环境史研究的特色：在题材选取上要以自然为切入点和聚焦点；在研究方法上要借鉴自然科学，尤其是生态学的成果；在研究宗旨上要凸显自然在人类历史上的地位和作用；在评价标准上要以自然与文明的和谐共存为参照；在伦理诉求上要伸张自然的内在价值。在环境史要坚持以生态分析为基础这个问题上，上述两位学者的看法高度一致，在国内环境史学界具有很强的代表性。

第三，述说基调：进步书写与衰败叙事。

环境史和农业史的区别，还体现在叙事方式的不同。这或许可以从两个领域的学者关于转基因食品的态度上反映出来。《中国农史》杂志 2018 年第 1 期刊登了美国知名农业史学者考克莱尼斯（Peter A. Coclanis）的文章，作者对发展转基因生物食品持支持态度。在他看来，转基因生物通常对肥料、杀虫剂和水的需要更少，"可以减少对人类健康的危害"，可以减少"传统农业造成的环境问题"，对农民和消费者都有利；还可为人类应对人口压力争取更多的时间。考克莱尼斯明确表示"支持转基因生物"。考克莱尼斯的这一立场在农史学界有一定的代表性。据笔者估计，多数环境史学者会对其立场持保留态度。农史学界和环境史学界在叙事方式上的分歧由此可见一斑。

　　农业史在叙事方面常常表现为进步书写。这种取向，与农业史诞生的时代背景和农业史的学科归属有关。在美国，农业史诞生于进步主义时期，当时整个社会都尊崇科技理性，认为发展可以使各种问题迎刃而解，农业史著述常常充盈着对文明、科技和进步的乐观声调。而另一方面，农史长期偏重于"内史"研究，长期偏重农业技术和农业生产。农业史总体而言反映了人类历史的不断前进。农业史在很大程度上是解放和发展农业生产力的历史，是劳动者发挥聪明才智从多方面发展农业生产、推动人类历史前进的历史。农业史往往采用进步叙事，从农业生产技术的创新、农业区域的扩大、土地生产率和劳动生产率的提高等多个方面展现农业生产力的发展进步。

　　但同时也应该看到，农业史学者并不只是采用进步叙事。伴随着农业史的社会文化转向和生态转向，他们对农业的反思和批判一直存在并在近年来有所加强。这种批判主要集中在社会和生态两方面。

　　从社会方面来说，农业史常常会涉及生产关系和上层建筑对生产力的制约。在人类历史上，落后生产关系成为生产力的桎梏，上层建筑不适应经济基础所引发的战争屡屡发生，生产力甚至会因此出现暂时的倒退。由于不平等的社会结构和权力体系，创造社会财富的农民作为社会底层，被统治阶级大肆掠夺，常常生计艰难，流离失所。农民的悲惨生活常常出现在农业史著作中。在美国，联邦政府的农业发展政策一贯标榜要扶持家庭农场，但实际结果却往往出现严重偏离。农业高度资本化导致的家庭农场大量破产，成为对美国民主的尖锐讽刺。这种批判倾向在《每一个农场都是工厂》等著作中有明显体现。社会批评倾向的加强，与农史的社会史化不无关系。越来越多的农史学者开始关注农民这一弱势群体的日常生活，从人民大众的角度书写他们的命运沉浮和喜怒哀乐。

近年来，也有一些学者开始从生态角度对农业发展进行反思。随着环境问题凸显，农业引起的环境问题开始受到学界的重视。农史学界也不例外，农史研究开始关注以下问题：其一是农业发展所造成的环境变迁及其后果。农业是将自然生态系统改造为人工生态系统，其兴起与发展对整个生态圈产生了广泛而深远的影响。农业向非宜农地带的扩张，导致灾害频发，水土流失严重。其二是工业化农业的可持续性问题。工业化农业建立在廉价能源的基础上，除了消耗大量能源，而且还造成对空气、水体和土壤的污染，破坏未来农业生产的根基。单一化种植导致农业种质资源加快流失，生物多样性减少。工业化农业的生态后果和传统农业的生态智慧，成为诸多农业史著作探讨的主题。其三是食品安全与健康问题。食品供应的数量或品质可能造成营养不良、营养过剩或有害物质在体内的聚集，直接威胁到人体健康。食物史已经成为农业史的前沿领域。

尽管如此，农业史学者常常对历史和未来持乐观态度。农业史著作常常表明，历史总体上是进步的，是在曲折中前进，呈螺旋式上升。李根蟠先生提到，"人类发展图景"中，"有建设、有破坏、有前进、有后退，进步中也往往包含了退步；但总的趋势是在曲折中向前发展"。这一看法在农史学界应该具有较强的代表性。

相对而言，环境史往往采用衰败叙事，在价值取向上具有鲜明的批判色彩。在很多环境史学者笔下，一部文明史，往往就是一部生态破坏史；人类与自然的关系随着文明的发展由和谐共存逐渐走向了紧张对抗，在进入工业文明之后就更是如此。资本主义的反生态本质成为很多环境史著作要揭示的主题。沃斯特认为，资本主义是环境危机的元凶，而克罗农则提出："资本主义与环境退化如影随形。"在环境史著作中，今不如昔的悲观基调常常较为明显。"衰败叙事"在环境史初兴之际较为普遍，在美国尤其明显，在一定程度上是"美国例外论"在环境史领域的反映。

环境史常常采用"衰败叙事"，展现人与自然的关系由和谐共生逐渐趋向紧张对抗。这至少表现在如下方面：其一，人类生存环境越来越差。由于资源退化和环境污染，自然的生态承载功能持续下降，而与此同时，人类对自然资源的欲求还在增加，还在不断尝试突破自然的限制。生态承载力的有限性与人类对自然资源需求的无限性之间的矛盾越来越突出，环境恶化的风险加大。其二，技术对环境的不确定性危害还在增加。技术滥用及其风险，是环境史研究中的一个重要主题。环境史学者对技术持谨慎态度，相信但不迷信科学技术。在科技发展日新月异的人类世，在社会目标常常相互冲突的今天，环境史学者的这种清醒态度往往被视为保守，甚至被认为是反科学的，这实际上是一种很深的误解。其三，自然从满足人类基本需求的资源变成了人们用以牟利的商品。伴随着资本主义的兴起，对自然的传统敬畏荡然无存，自然成为人们的征服对象和牟利工具。由于自然的商品化，环境问题从局部区域扩展到整个地球，成为关乎人类生死和文明存亡的根本问题。其四，灾难主题屡见不鲜。人类在历史上曾不断遭受干旱洪水、海啸飓风、饥荒瘟疫、资源衰竭、环境污染等各种灾害的困扰和考验，灾害具有极强的破坏性，其引发的深重苦难往往会成为难以忘却的历史记忆。灾害能集中呈现人与自然的冲突，因而成为环境史研究的重要内容。但灾害毕竟不是历史的常态，如果环境史学者过分关注灾难，就有哗众取宠的嫌疑。

环境史的"衰败叙事"既包括一些积极成分，也带有一些消极因素。"衰败叙事"大体是基于天然生态系统优于人工生态系统这一判断，主要是从生态系统结构与功能的完整、可持续性、可恢复性等方面来加以衡量的。"衰败叙事"具有生态中心主义的取向，在相当程度上是要破除人类中心、发展至上的传统观念。衰败叙事彰显了环境恶化及其后果，警醒人类要善待自然，在征服自然的不归路上改弦易辙，悬崖勒马。它对人类文明的忧思和批判，并不是要否定文明发展的成果，而是要对文明的落后方面有清醒认识，但与此同时，衰败叙事常常止步于消极的批评，而忽视了人类在环境保护方面的积极作为。衰败叙事往往只关注人类破坏自然的严峻现实，弥漫其中的悲观情绪也让不少关心环境的公众深感无助和绝望。衰败叙事犹如一道藩篱，限制了环境史研究主题的拓展，环境史研究的客观性也受到质疑。

在这种情况下，如何摆脱"衰败叙事"的束缚，对其加以扬弃与改造，如何将环境史研究从批判的角度引导到科学分析的总体轨道上来，就成为国内外环境史学界迫切需要加以解决的理论问题。在 20 世纪 90 年代，克罗农为破除环境史的"衰败叙事"，做出了卓有成效的努力。他不仅解构了美国的"荒野"神话，而且将历史叙事引入环境史。另外，还有学者对"衰败叙事"加以扬弃，创造性地提出了"修复性的衰败叙事"（recovering declensionist）。这种新的"衰败叙事"虽然也将自然原始状态视为理想状态，认为自然原始状态随着人类文明的出现和发展而不断丧失，环境问题日渐突出并演化成生态危机。但修复性的衰败叙事认为，随着环保运动的兴起，生态恶化的趋势将得到逆转，自然保护和可持续发展将使受损生态系统得到修复，人类与自然可以和谐共生。麦茜特提出"修复性的衰败叙事"，一方面表明环境恶化在人类历史上经历了漫长发展，环境问题到现在仍然突出；另一方面又表明生态恢复有望实现，但任重道远。这些看法切合实际，既指出了环境问题的长期性、复杂性和严重性，也指出了生态恢复的可能性、可行性和艰巨性。还有学者提出，在环境史传统的"丰饶、破坏、贫瘠"三部曲的叙事结构中加入"修复"这一环节。这种新的叙事结构为环境史新添了一些亮色，在对严峻生态形势保持清醒的同时，对人类走出生态困境多了几分期许和希望，体现了乐观向上的建设者心态。此外，生态学中的混沌学说在新一代环境史学者中也很有影响。这种学说认为，自然是变动不居的，和谐稳定的自然实际上并不存在。在现实生活中，混沌理论常常被用作反对环境干预的理论依据。但在环境史学者看来，混沌理论表明了自然的复杂性、变动性和不确定性；在人类尚未充分了解自然的运行机制的时候，人类对自然应该保持敬畏之心，应该善待自然。

自 20 世纪 90 年代中期以来，"衰败叙事"已经不再像以前那样主导美国的环境史研究，这个领域的批判色彩也明显削弱。在环境史研究中，所谓"第二自然"，亦即"人工环境""混合景观"备受青睐，并被赋予了不同于以往的新解释。美国西部拦截河流的大坝，常常被第一代环境史学者视为人类对自然的征服和破坏，而第二代学者则更倾向于将人类干预视为"第二自然"的创造。混合景观没有高低优劣之别，环境变化也没有好转与恶化之分。在环境史著述中，"环境破坏"逐渐被更中性的"环境变迁"或"环境扰动"所代替；人类不再只是自然的破坏者，而且也是生态恢复的建设者；生态保护与经济发展并不总是彼此冲突，而是可以和谐共存。

在我看来，尽管"衰败叙事"受到削弱和改造，但它在环境史研究中依然将长期存在。这种判断主要是基于环境史和自然科学，尤其是生态学的密切联系。长期以来，生态学都是一门忧郁的学科，它对经济的无限增长、对科学理性的盲从迷信、对人类的无所不能都提出了怀疑。生态学将人类视为生命共同体的一员，要求人类善待自然，学会谦卑。生态学的这些主张在自然科学领域往往被认为不合时宜，它甚至被认为是一门具有颠覆性的学科。从 20 世纪 30 年代以来，生态学家对人类面临的生态困境不断提出预警，利奥波德（Aldo Leopold）、卡森（Rachel Carson）、埃里希（Paul Ehrlich）、康芒纳（Barry Commoner）、罗马俱乐部的呐喊尤其振聋发聩，大多通过末世论的形式表现出来。很多生态学家都是知名环保人士。生态学的道德伦理化，使以其为重要理论基础的环境史研究从兴起以来就具有明显的道德伦理诉求，而生态学的末世论预警在环境史中的直接表现便是衰败叙事。长期以来，生态学一直强调自我约束和自我限制，但在 20 世纪八九十年代，生态学则朝具有创造性和建设性的积极方向发展。1996 年，时任美国生态学会会长朱迪·迈耶（Judy Meyer）在第 81 届学会年会上倡导生态学要积极面向未来，指出生态学者不能止步于消极地对灾害提出预警，而要创造性地运用生态学原理改善人们的生活，提出"在政治上现实、经济上合理的替代方案"。生态学开始被视为生态恢复的重要指引。生态学思潮的变化直接影响到环境史的叙事方式，并通过修正的"衰败叙事"体现出来。近半个世纪以来，尽管环境保护在多方面出现了积极变化，但由于受逐利资本的操控，全球环境依然呈现"局部好转、整体恶化"的态势，生态学家的环境焦虑整体而言并没有得到有效缓解，他们还将继续利用末世论不断进行环保动员。作为生态危机催生的历史，环境史从一开始就受到了生态学和环保运动的影响，它自始就不纯粹只是书斋里的学问。既然环境史学者不会止步于丰富和深化对过去的认识，而是致力于建设更美好的未来，都不同程度地具有推动社会变革的意愿，那么衰败叙事作为警醒和引导公众的有效书写形式，就不会轻易被环境史学者放弃。当前，越来越多的环境史著作力图揭示人与自然关系的复杂性和不确定性，这种选择实际上也是一种隐性的"衰败叙事"，它绝不是要为放松环境管制而张目，而是要引导身处风险社会的广大公众应谨慎行动，推动文明与自然的和谐共生。

对农业史与环境史的不同加以区分，实际上是期望这两个领域在未来发展的过程中，能够继续保持各自内在的优势。从环境史和农业史在中美两国的发展来看，这两个领域作为典型的跨学科研究，都经历过社会文化史的转向。对两个领域而言，社会文化史的转向都极大地拓宽了各自领域的边界，彰显了所在领域的包容性和活力，但又都带来了新的挑战，弱化了其研究特色，也削弱了同自然科学的联系。环境史和农业史学科的顺利发展既要与时俱进，不断开拓；又要不忘根本，保持特色。要做到二者兼顾、避短扬长，其中的一个方面就是要处理好继承和开拓的关系，避免畸轻畸重两个极端。农业史研究如果一味求新，过多地偏重外史，就很容易走偏，导致研究特色的丧失。在社会文化史转向炽烈的今天，重视农业史和环境史的根基，在一定程度是要强调这两个领域固有的跨学科性质。实际上，对环境史和农业史而言，甚至对整个人文社会科学而言，跨学科研究不能停留于人文社会科学内部，而只有更多地借助自然科学的成果，才更有可能取得真正意义上的突破。强调保持两个领域的研究特色，实际上是在新形势下的一种回归，或者说是从新起点的再出发。

在立足根本、强化特色的同时，包容开放的心态有利于两个领域的不断进步。相比环境史学者而言，农业史学者现在更倾向于将研究领域的多元化视为新的发展契机。赫特提到，"幸运的是，农业史学者并没有理会对农业史划定人为边界的那些呼吁"，他们"在拓展领域，而不是画地为牢"，"将乡村社会史包括在内"。甚至有学者近 30 年来不断向美国农业史学会提出对学会及刊物名称加以更名的动议。在知名农业史学者丹博姆（David Danbom）看来，"农业史（agricultural history）不能涵盖我们所做的工作"，比如食物史、乡村史和环境史等，这一名称"已经限制了我们的发展和影响"。类似建议由于老会员的反对，在 2017 年被美国农业史学会正式否决。美国农业史学会现任秘书长吉森（James C. Giesen）也主张农业史要"将农业生产史的传统框架同环境史、文化史的方法加以结合"。在国内，王思明也一再呼吁要解放思想，更新观念，"'淡化'农史的学科边界"，推动农史研究"全方位、多层次"发展："应以一种开放的心态，倡导和鼓励不同学科从不同角度来探讨和研究农业、农村和农民问题。"考虑到国内外农业史研究偏重农业技术史和农业生产史的现状，农业史学界对农业史的社会史化总体表示欢迎和支持。伴随着新老交替，农业史研究在未来会更加开放多元。这种情形在环境史研究中同样在发生。实际上，对文化转向持保留态度的环境史学者也并不是排斥文化分析，而只是期望生态分析与文化分析在环境史研究中并驾齐驱，协同运用。处理好继承和开拓的关系，不仅对环境史、农业史非常重要，而且是其他学科和其他领域的学者都需要仔细考虑和认真对待的问题。

实践部分

全球史视野下的环境现代化

演讲人：付成双（南开大学历史学院教授）

时间：2018 年 10 月 16 日

原来在北大的时候，我的一位导师是潘润涵教授，另一位是杨立文教授。杨教授那时候做加拿大史，所以我就跟着他做加拿大史了。后来读博士的时候导师是何芳川教授，他那个时候主要做亚太史研究。当时何教授有一个大规划：那一年他招了三个博士生，想要搞一个中日美大三角关系，一个博士写一角，结果我们仨博士谁也没写。那时候年少无知，也不懂导师的良苦用心。后来导师没了，再想做外交也做不成了。2000 年到南开大学以后，我想做美国和加拿大西部史的比较研究。当年博士学位论文就想写一个美国和加拿大西部开发的比较研究方面的课题，没有做成。2001 年申请博士后的时候还是想做这个比较研究，却一不小心跨到环境史这个领域来了。我提交了一个《美国西部开发中环境变迁》的出站报告，拼凑了十多万字。当时我觉得再给我一年或者半年的时间，再完善一下，就能出一本专著了。后来在 2012 年出版的那本《自然的边疆：北美西部开发中人与环境关系的变迁》里面，我坦言："姗姗来迟的出版资助，使我有更多的时间修改我的书稿。"实际上从博士后出站到 2012 年最终出版，真的经历了将近十年的时间。当然这十年我也不都是去做环境史，而是又跨越进了现代化这个领域来了。2005 年前后，李剑鸣教授承担了钱乘旦教授的一个项目，钱老师当时申请了教育部一个重大攻关课题——"世界现代化模式研究"。李老师让我跟张聚国承担北美现代化模式这一卷。所以从 2005 年开始，当时看上去好像有点不务正业了：做着环境史又去做现代化了！

不过做现代化的经历让我有了一个很好的契机，那就是可以把环境史和现代化结合在一起去研究。自从罗荣渠先生在 20 世纪 80 年代把现代化研究引入中国以来，我们的现代化研究已经发展成了一个很大的学术群体，当然国外更早，他们在 50 年代就开始大谈现代化，但是那个时代的现代化是一个意识形态色彩很浓的东西。当年以美国为首的资本主义阵营为了与社会主义阵营争夺第三世界，以希尔斯、亨廷顿等为首的一批人就举起了现代化的大旗：既然社会主义阵营要"拉拢"亚非拉国家走向共产主义，那他们就要以美国的现代化作为样板，带领这些国家走向共同富裕。所以最初的现代化是意识形态色彩很浓的一种对策性研究。不过现代化逐渐从对策性研究变成了一种解释近代以来社会历史变迁的研究范式。所以罗荣渠教授把现代化分成狭义和广义两种：狭义的现代化按照他的说法，就是那种对策性研究，也就是美国怎么给第三世界出谋划策，让后者按照美国制定的模式走向现代化。这其中最著名的就是罗斯托的《经济成长的阶段》。我们往往只记住它的主标题，却把副标题忘记了，副标题是"非共产主义宣言"。这本书的政治目的非常明确，那就是给第三世界出谋划策的。后来大家慢慢发现，按照罗斯托等人所策划的道路去走没一个成功的。拉丁美洲以普雷维什为代表的一批学者和政治家，从一个极端走向另一个极端：我不做现代化了，我要跟你脱钩！他们提出著名的依附论：我跟着你们走，永远是欧美中心国家的边缘。所以发达与不发达是一个并存的状态，你们发达了，塑造的是我们的不发达，所以他们要重起炉灶，要和中心地区脱钩。然后拉美国家轰轰烈烈地尝试了半天发现还是不行。对咱们来说，脱钩理论并不陌生，不就是自力更生嘛！

当脱钩理论也走不通的时候，现代化理论慢慢从一种对策性研究变成一种研究范式，那就是广义的现代化，也即我们历史学者们所讲的现代化。它指自近代以来，整个世界从传统社会向现代社会的转变过程。现代化的魅力，就在于这个概念涵盖特别大：现代化是个筐，什么都可往里装。小可以讲一个村庄 30 年的进步，大可以讲人类社会 500 年的变迁。不过现代化也不是万能的。对于 1500 年以前的世界，虽然近代前期，依然可以纳入现代化研究的范畴，但再往前就不行了。虽然也有一些学者在尝试，但总觉得有点怪怪的。所以现代化范式的应用范围还是有一点局限，它只能研究世界近现代史，对于中世纪以前的历史就没法用现代化理论来阐释了。这些年钱乘旦教授倡导以现代化为主线建构我们的世界近现代史学科体系，这是一个很好的倡议。但我们整个世界史的学科体系，却无法用现代化主线给串联起来，这是现代化概念与生俱来的局限所造成的。

当然，各个方面都在探论现代化，但谈来谈去问题在哪儿？原因是大家不是在一个平台上谈的：你谈的现代化和我说的现代化不是一回事儿，所以就争论不休。最低层次的是一种作为技术手段的现代化，就像中医药现代化、现代化的生产技术等。这和我们谈的美国现代化、世界现代化完全不是一回事。历史学者所讲的现代化，更多的是作为一个研究视角，或者一个转化过程，是一种广义的现代化。而那些做政治学的讲得比较多的，可能就属于这种狭义的对策性研究，但对历史学者来说，这恰恰是我们的短板。我们更愿意把现代化看作一个研究范式、一个视角，用来研究人类社会的历史转变。它非常好用，可大可小，模糊性强，伸缩性强，因此适用性也很强，所以才有那么多人在谈现代化。北大有现代化中心，中科院也有个现代化研究中心，何传启研究员每年都组织一期现代化论坛，还要出版一份中国现代化报告。我们南开也曾尝试着做现代化研究，985 创新平台的第三期的主题就是现代化。结果北大的《现代化研究》在我们那里出了两期，都已经入选 C 刊集刊目录，可后来就断了。

现代化其实是一个具有很大伸缩空间的概念。它给大家勾画了一个非常美好的蓝图，我们最初谈现代化，并没有把它看作一个自然的不可避免的进程，而是带来价值评判的含义，认为现代化是一个好的东西，认为只要实现了现代化，就一劳永逸地解决了所有问题。结果实现了现代化以后，发现还有更多的问题等着我们去解决。而且现代化所提供的也并不一定是比原来更美好的东西。作为人类社会一个不可避免的进程，现代化仅仅是一个转变进程，不见得比原来更美好。现代化可能会带来更先进的技术、更多的交流。比如，我现在坐高铁 20 多分钟就到北京了。

现代化可以从各个角度去研究，而我们环境史所做的，就是从环境史的视角去批判现代化。因为在现代化里面很大的一个问题是什么？是讲转化，讲发展，讲人类征服自然，人类的能动性，没给自然留下什么位置。现代化理论虽然产生于 20 世纪 50 年代，但是它的理论源头却可以追溯到启蒙运动时期所倡导的历史发展进步的观念，这也是其价值取向的基础。在这种理念的支持下，现代化所谈的发展、进步，都具有价值评判的含义，同时是不计环境代价的，从来没有把环境作为一个因素认真地去考察。不破坏环境怎么发展？一直到 19 世纪末以前，不管怎么发展，环境都是不被认真对待的。

因此，环境史兴起以后，首先就把矛头对准了现代化。我们曾言现代化是一个筐，里面装着"我们要征服自然""我们要发展进步"等一系列现代理念。从一定意义上讲，环境史也是一个筐。它给大家所描绘的是一个悲观的衰败论的前景：人类产生以来就是一部破坏自然，从而引起自然环境退化的历史。古代有破坏，但是受多种因素的制约，破坏的范围和力度有限。一个是人少，因为人口的规模与对环境破坏的影响是直接正相关的。再一个就是技术水平，你天天拿一个石头，弄个木棍子，和现在拿着电锯那是不一样的，在传统时代清除一片森林那是很麻烦的事情。再一个就是经济发展类型的制约，传统时代毕竟主要是一种生存经济，生存经济说白了，就是吃饱就行，它强调的和商品经济不一样，商品经济的目的是要积累财富，我财富越多，越成功。而在生存经济下，唯一的就是食物来源的稳定性和多样性，积累财富是没意义的，因为积累财富带不来成功的荣誉，带不动也搬不走。生存经济时代的人们，貌似过着与自然比较和谐的生活：索取的比较少，对环境的破坏也有限。当然人类也有建设作用，可是我们所看到的更多是破坏。所以最初的环境史研究给大家所呈现的是一个衰败论的景象：随着人类的进步发展，所带来的是人与自然关系越来越紧张。在古代，由于人少技术水平低，相对来讲，那么人类的影响还是局部性的，或者短暂的，还在地球生态系统的自我恢复能力承受范围之内。可是随着人口的增加，随着我们技术的进步，进入现代化时代以来，人类社会对自然的这种影响，越来越加速。而到了今天，环境主义者认为人类的破坏已经远远超出地球的承载能力，所以倡导人类要约束自己的欲望，要减慢增长，甚至呼吁零增长。

环境主义者所描绘的衰败场景与现代化学者所探讨的美好景

象相差太远。现代化、工业化、城市化带给我们的是一种发达的经济、现代化的城市、现代化的生活方式，同时也是一个更便捷的、物质财富更丰富的丰裕社会。而在环境史学者的眼中，现代化发展所带来的是环境的破坏、人与自然关系的紧张。因此，从环境史的角度去看现代化，你就会发现，无论怎么批判都不过分。现代化学者们所津津乐道的发展进步，在环境史视野中都是破坏：小到一个工厂，大到一种产业、一个国家、一个时段，看到的都是名为进步，实际上是人与自然关系的紧张。这样也带来我们对有些伦理问题、有些价值观念评判的改变：以环境破坏为代价的这种发展到底是不是进步？进步到底代表什么？这些年来我们的一些现代化研究似乎让大家相信：进步就是发展，发展等同于增长，增长又等同于 GDP，是越来越简单化，GDP 增加就是进步，把中间环节省略掉。所以我们看到的就是城市天天在瞎折腾，挖开是进步，填上是进步，再挖开还是进步，反正 GDP 都增加了。但是没有考虑我们所付出的环境代价。我们所说的现代化的样板，英国、美国、西欧，它们现代化的历程都是这种不计环境代价的发展模式，带来的也是严重的环境问题。但是我们最初不谈环境问题，只谈这种前半段光鲜的发展所带来的好处，把环境问题给自动忽略过去了。而且人类社会最初也没有认识到这个问题。

我们对现代化的环境代价的认识就更晚了。十多年以前，我们还在阻止沙尘暴。大概是 2006 年春天，北京刮了一场沙尘暴，在地上铺了薄薄一层，整个北京市范围内就下了 30 万吨沙子。当时春天最主要的任务就是要预防沙尘暴。而现在，无论是春天还是冬天，我们就盼着刮风，不刮风就没有蓝天，风大点没事，不就是有点土嘛，至少没有雾霾，没有 pm2.5。仔细回首一看，也就十几年的时间，我们自己的观念其实已经发生了那么大的变化，真的很快！所以从环境史的角度去看现代化，欧美社会自 1500 年以来所经历的这种发展，如果从浅层次讲，怎么批都行。

我主要是研究美国史的，因此难免就绕到美国的视野来谈环境史问题。其实这个问题几乎所有的国家都是一样的，包括今天我们中国的环境问题，仔细一看，和 100 年以前的美国面临的问题几乎是一样的。十多年前，何传启研究员去南开做学术报告，说今天的中国雷同于 19 世纪末的美国，当时不论老师和学生都不以为然：我们现在多么强大，美国的 19 世纪末比我们今天落后多了！但是你仔细看的话，面临的问题确确实实是大致相同的。美国 19 世纪末正处于进步主义时代，我们传统的研究中，对进步主义所关注的都是政治腐败、公务员制、体制改革等问题。但是在进步主义时代也有很重要的资源保护运动，美国从那时候开始走向保护之路。当然英国现代化、工业化启动得比美国更早，城市化也更早，但它的问题也是一样的。

那美国为什么是研究现代化变迁中人与环境关系的一个很好的个案呢？因为美国高度浓缩。欧洲它毕竟经历了几千年的变化了，1500 年的时候，虽然城市化还没起步，但城市化是近代工业化的伴随物，虽然不同步，但是它毕竟已经产生，而且好多地方的森林和地表生态已经被大大改变了。而北美大陆在白人刚刚到达的时候，从一定意义上讲还是处女地，印第安人对北美的自然环境有一定的影响，但是毕竟他们人少：北美也就三五百万人的样子，而且处于生存经济时代。虽然有一些地区，如西南部的村落文化，东南地区的玉米种植所造成的毁林，甚至印第安人的烧荒也造成大量的林间空地，但从总体上讲，按照我们现在的标准，北美还是一片处女地。如果从苏必利尔湖上端到德克萨斯最南端画一条线的话，这个线以东仍然是茂密的原始森林，而且树还特别高大。1770 年，在现在的达特茅斯学院的校园里面，曾经砍倒过一棵白松，有 272 英尺（近 83 米）高。83 米高的松树是什么概念？庐山上有几棵松树看上去挺高，不知道有没有 83 米。咱所理解的古树，刚才在王府井大街看见，槐树就不用说了，长不高，即便是那种合抱粗的钻天杨，有 30 米高就不得了了。因此在那个时代，北美大陆上人类的活动对环境的影响相对来说还比较小，还是一片蛮荒状态。

现在研究美洲史，另一个问题是什么呢？就是处女地问题，一提到这个问题，马上就有人跳出来跟你打架，说你否认人家老祖宗的历史能动性。说是处女地，一方面可以说印第安人环境意识很好，有很好的环境伦理，知道保护环境，这很好。可问题是他们生活了上万年了，啥都没变，还是处女地？任何物种都在影响环境，那印第安人不影响环境啊？所以它陷入一个悖论，你说好也不行，你说坏也不行。因此只能从相对意义上说：当时人类活动的影响还是比较小。一是因为人口少，技术相对落后，二就是生存经济。

印第安人虽然有一些现在看来貌似环保的举措，但实际上都是现代的、后世的环境主义者或者印第安人自己加上去的。没有任何一个集团是天生的保护主义者。因为保护是一个现代的观念，它是一种理性的行为。保护的前提是稀缺性，不缺乏的东西是不需要保护的。我们保护大熊猫，保护东北虎，从来没说让我们保护老鼠。难道它就不是生物圈上的一个节点？但那种生物太多，杀不绝，所以现在还不需要保护。另外一个例子，毒蛇对我们有啥用，一不小心给咬着了还出危险，但我们为啥也要保护？这是因为需要维护地球物种的多样性，任何一个物种都是整个系统的一个节点，如果这个物种在地球上消失了，那么这个节点就永远补不回来了。说印第安人是天生的保护主义者，作为政治宣传是可以的，好几个做印第安史的学者都坚持这一主张，谁会是天生的保护主义者？任何一个物种的存在，它只有两个目的，一是个体的生存，再就是种群的延续。这是自然进化，是大自然这么多年形成的本身的规律、天性。其他的都是我们后天添加上去的一些观念。人类首先也有其生物属性，所以我们要吃喝拉撒，我们要结婚生子。说我们是万物之灵，你可以认为你比其他动物高级，那是站在文化的角度说的，但是站在生物学的角度讲，你比哪个动物高级，论跑还是论跳？你的高级表现在哪儿？如果把我们任何一个人扔到原始森林里，我们的谋生能力比哪种物种强？不见得。这是我们的自然性，那么我们的社会性、我们的文化要求我们要有更广博的关怀，我们需要维护地球生态系统的稳定性。当然这到底是不是我们责任的一部分，也不好说，但是至少比肆意破坏要好。所以环境史兴起以后，就会发现我们原来好多的价值观念都要随着改变。环境史颠覆了好多理性主义的认知观念。说我们是地球的主人，谁告诉你说是地球的主人！

再就是征服自然的观念，几千年来，我们认为人类与天斗、与地斗、与自然斗，是我们的发展和进步，是历史能动性的表现。可是从环境史角度来讲，征服自然的确从短期带来了一些收益。但从长期来看，自然可以征服吗？甭说征服自然观念产生的一两千年以前，就是近代的技术，包括到今天，在大自然面前，人类有多么脆弱？可能整个人类社会不见得多脆弱，但对于每一个人类个体来讲，依然是非常脆弱的。环境史要关注的就是我们与自然的关系。

环境史的定义是什么？跟现代化一样，谁也说不清。因为它的内涵和外延还没明确地圈起来，只是模模糊糊地觉着这些东西应该算环境史。如唐纳德·沃斯特教授，就是人民大学那位可爱的老头，他关于环境史的定义，严格意义上讲并不是真正的定义，只是指出了环境史所研究的内容，即：环境怎么影响人，人怎么影响环境？我们的环境观念怎么变的？我们的环境保护又是如何兴起的？环境对人的影响，原来是作为一个消极的东西来批判的，你说多了，那就是地理环境决定论。总的来说，环境史和现代化面临同样的定义难题。现代化作为一个研究视角，可大可小，环境史作为一个研究的范围也是可大可小。你讲环境怎么影响人，你可以看近 200 年、2000 年或近 10 000 年以来环境对人类社会的影响，有一本书叫《气候改变历史》。气候，只有从长时段才能看清，短短的一个夏天不管用。10 年是一个小的时段；50 年、100 年一个时段，甚至 500 年才能明显看出气候变化对人类社会的影响。而最直观的就是灾害史、灾荒史。原来说中国的历史是一治一乱，天灾人祸。虽然口头上讲天灾人祸，可历史课本讲的主要是人祸，天灾只是一笔带过。现在他们好多做灾荒史的转过来研究天灾、天灾和人祸的叠加作用。人祸不是一天就有的，天天有，可是为什么到天灾的时候人祸就变严重了？一旦有天灾了，和人祸叠加起来，农民起义就来了。所以环境对人类社会的影响可大可小，你完全也可以从一个小的事件去讲环境史。

　　人类社会对自然环境的影响，是环境史研究的最主要一个内容，也是环境史兴起近半个世纪以来最主要的研究成果之所在。而且主要讲的是人类社会对环境的消极影响，人类社会当然也有积极的影响。比如我们引入一个物种，改变物种的多样性，当然现在我们看到更多的是外来物种入侵。这就需要一个基本的判断标准，就是说怎样判断各种行为的对与错、好与坏。环境主义者争来争去，最终找出了一个比较能接受的观点。利奥波德在《沙乡年鉴》里面提出一个观点：任何一种行为只要有利于维护整个地球生态系统的稳定性和多样性，那么这种行为就应该是一个受到肯定的行为。在这种评判标准下，就会看到我们有些想当然的观念就不再这么确定了。

比如单一化种植，从现代化的视角看，这绝对是高科技。现代化农业的基础就是单一化。原来都是多样化农场，养几只鸡，养一头牛，养几只猪，然后这片种麦子，那边种玉米，那边种点豆子，为啥？一个是技术达不到，再有一个我们的劳动时间要分开：我收麦子的时候，地瓜正在长。如果麦子熟了，地瓜也熟了，豆子也熟了，我干不过来。所以你看最初美国西部的农场，都是多样化农场。种点小麦，种点玉米，再种点豆子，为什么呢？麦子种多了不行。小麦只有半个月的收割期，晚了麦穗都掉地上了，你咋办？所以就必须在这半月内把小麦收割完。小麦的播种面积取决于一个人的劳动能力。割麦子可不是个好活，用镰刀割一天，一个人能割半亩就不得了，能割一亩，那得累死。美国因为人少，所以就想方设法地要用机器或者用工具，他用大镰刀去拢，再加上可能麦子长得也没那么好，咱是精耕细作，劳动密集型，产量很高。所以东方的农业和北美、澳洲的不一样，后者是粗放型的，19世纪的农夫一天能割一英亩小麦，也就是六七亩麦子呢。一天割一英亩，半个月割15—20英亩小麦，这是一个农夫的最大极限了，小麦再种多就是无效的了。因此最初每个农场只能种植大约20英亩小麦，剩下的就种别的作物，进行多样化种植。技术进步带来的首先是小麦种植面积的扩大。原来种20英亩，现在我有收割机了，可以增加到100英亩，甚至1000英亩。农场规模就会相应地扩大，而且原来我啥都弄，现在我这个农场光种小麦就行了，玉米不种，鸡也不养，让其他人去做吧。单一化，这从现代化角度看，是生产技术的巨大进步。但是从环境史的角度去谈，简单地在一定范围内的还是可以的，但是当地球上所有的地方都变成这种单一化种植的话，那么这些耕地附近，它的生态系统就要退化，变成完全单一的系统。

原来中世纪是采取休耕轮作，现在也没有休耕，也没有轮作，怎么办？高科技！"三高"农业！原来咱对"三高"农业还是很羡慕的。现在到农村去看一看，确实高科技，也很省事。原来秋收是特别累的，现在只要有钱就行，连玉米都能给你收，现在这个玉米不仅给你摘除，还给你剥皮、脱粒加烘干，然后玉米秸秆直接打碎还田，地直接耕起来，再加60块钱直接给你种上了。所以现在农村的秋收、麦收根本不是事儿。这从现代化的角度看是巨大的进步。可是一并而来的也是我们的"三高"农业：农业高投入，当然有钱没问题；另外一个是高能耗，这就成问题了。我们天天一方面要便利的生活，另一方面我们又痛骂雾霾。原因还是我们的生产和生活方式。一方面我们便捷的生活要求快餐文化、物质主义，但是这些怎么来？都来自生产，那么就是说不断扩大我们对自然的索取。传统农业是一种循环经济，或者用我们现在时髦的话说，是可持续的。这在东方延续了几千年了，中国这种循环农业最主要的就是人力投入，再一个就是自然的肥力。现在首先就是化肥，从最早的鸟粪到后来的工业合成的化肥，推动了现代农业的进步。可是反过来，高残留。在城市里咱还没有这个概念，但是在农村化肥的污染实际上已经成为一个非常严重的问题，一方面投入增加了，再一方面由于雨水，由于灌溉，用不了的那些氮，直接就进入水循环污染了我们的水源，转一圈又回来了。空气给弄脏了，水源污染了，粮食不行了，所以吃的、喝的都不行了。

这种单一化种植还带来了严重的病虫害，解决办法就是农药。

我们的农药占世界整个农药产量的一半还要多。我们看到的只是粮食产量很高，但是食品的质量却没见提高，食品安全成为一个新的隐患。原来我们说食品安全是什么？是我有足够的储粮就行了。从来没想过这些东西会有害。现在倒好，有粮食你吃不吃？我想弄点自己种的有机农业。所以现在有机农业成为一个大品牌，然后饮用水污染了，以至于卖水也成为一种产业。天津经济开发区最初据说有四大产业，其中就有一碗面、一瓶水、一只"鸡"的传说。被称为"一碗面"的康师傅，现在只是偶尔吃；那一只"鸡"，摩托罗拉也不知道跑哪去了；这"一瓶水"，康师傅的瓶装水仍然还在盛行。这其中凸显的是我们的食品安全和饮用水安全的问题。当然现在我们能解决，我们有净化水，还有空气净化器，再加上新风系统。但是这都是小范围的。这整个都是一个恶性循环的闭合环了。发展到底有啥意义？当然我们高科技现代技术能治病，那还不如不生病呢！所以从环境史的角度去批判现代化，咋批咋有理，可砸人饭碗总是让人感觉不地道的。

从环境史的角度讲，我们原来所定义的那种发展进步的观念，需要进行颠覆性的重新思考。因而环境史最初是作为一种后现代的史学流派出现的，它确确实实地解构了现代化的一些东西，但是环境史也并不完全是解构主义的。它所要做的是要我们去换一个视角观察世界。我们批判现代化发展所带来的环境代价，批判基督教文化，批判征服自然的观念，还空泛地歌颂东方的传统生态智慧。可是换一个角度来看，虽然工业化起源于欧美，带来了人与自然关系的紧张。可是另外一方面，环境保护也起源于欧美。如果说传统的现代化，19 世纪末以前传统的发展模式是不计环境代价的粗放式发展。那么 20 世纪以来，欧美一些先行国家实际上已经在逐渐地摸索怎么实现保护和发展的共赢。最初的时候，依稀地觉得要保护，当然还是从人类本身需要出发，所以最初的保护是从保护资源着手的。对人类有用的，我才保护。没用的，保护它干吗？我们消灭"四害"的时候，觉得消灭的这些都是对人类有害的。我们还弄了个标签，青蛙是庄稼的朋友，蚯蚓是人类的朋友，但从来没说过狼是人类的朋友。在我们的文化中，狼一直是一个丑恶的东西。我们的文化赋予它的那些特定符号都是与凶残、丑陋、邪恶等连在一起的。谁告诉你青蛙是朋友的？它们只是依照其自然本性生活而已！现在美国，包括欧洲的一些国家，已经从最初保护对人类有用的资源转向了保护生态多样性。这是个巨大的转变。这些传统上我们认为是环境史或者环境伦理的内容，但如果我们换一个角度去思考，是不是它也是现代化的一个组成部分？

当然那要取决于我们怎么去看待现代化。如果我们把现代化就认定为城市化和工业化，那么看到的是我们前几十年走过的，欧美世界近 500 年以来，直到 1900 年以前所经历的这一个变化。这不仅有生产方式的突飞猛进，生活方式的巨大改变，还有从乡村到城市社会的转变和消费主义的兴起，这些都是我们所说的现代化。现代化的目的是要实现人的解放，我们希望能够达到一种很好的状态，但是实际上带来的却是人与自然关系的紧张，它把现代化的许多优势都给抵消掉了。比如，上周末北京就是严重污染。所以我们陷入了一个循环的怪圈：要生产就要付出环境代价；要环境，那就别生产。人类在 20 世纪一直没找到一条合适的路子去处理协调发展与保护的关系。发展和保护，哪一个优先？

在 1970 年以前，欧美社会也没仔细想过这个问题，那就是说发展优先是必然的。在发展之余兼顾一下保护对人类有用的、稀缺的资源和环境，也就可以了。但是六七十年代，在环境主义历史上出现了一个巨大的变化。一个著名的老太太蕾切尔·卡森引导了一场巨大的变革。侯文蕙教授把她介绍给了中国，侯教授翻译了她的著作《寂静的春天》。蕾切尔·卡森在美国的地位有点类似于斯托夫人，斯托夫人一本书引发了美国的内战。现在人们广泛地认为卡森的《寂静的春天》带来了全球性的环境主义运动。其实早在19世纪初的欧美国家，很早就开始零星地注意一些城市里面的环境问题了，比如当时主要是预防城市里面的疾病。大城市在当时意味着方便、便捷、福利。但是在19世纪以前，大城市又是一个非常危险的地方，最危险的不是盗匪，而是传染病。自从有城市以来，对于传染病问题，人类一直找不到合适的解决办法。瘟疫是一个很严重的问题。2003年SARS在全国乃至全世界流行，后来主要得益于我们治疗防控及时，但是这种疾病的潜在危险却很大。近代城市化带来人口大量聚集，却没有找到有效的预防瘟疫的措施。因而在最初，瘟疫流传甚广。欧美殖民者到热带殖民，他们对于热带疾病没有多少抵抗能力，这其中最典型的就是黄热病，拿破仑的妹夫克里勒因此而死，却也没能征服海地。欧洲殖民者带到美洲去的最著名的瘟疫是天花。不过当时城市里面最主要的传染病是霍乱，这种病致死率很高，一直找不到有效的治疗办法。在1800年的时候，纽约、费城、波士顿，美国这三个最大的城市，才3万—4万人，而一场霍乱能让纽约死掉5000人，也就是说纽约1/10的人口一下子就没了。所以在那个时代预防瘟疫就受到特别重视，美国在19世纪兴起了城市清洁运动。找不到致病原因，他就胡乱找，觉得至少脏乱差的东西跟瘟疫脱不了干系，因此先把城市弄干净点。比如他们把城市里面的墓地迁到郊区去，从而掀起了城市公墓运动。

再一个就是处理水，清理垃圾。首先是清洁饮用水，其次是处理污水。所有的城市几乎都经历这一个过程，无非是问题越多的城市，治理越卖力，越是我们研究的典型。欧美城市的这些改造行动，从环境史角度看是城市环境治理，而从现代化角度来看，就是城市化的进步。以前我们谈城市多是城市的治理、城市体制改革，政治性的话题较多，而对灾害之于城市的影响，谈的并不多。地震对城市的影响，除了我们传统的救灾话题外，还涉及城市的重新规划问题。另外比如芝加哥，我们知道芝加哥被大火烧了以后重新进行城市规划，然后博览会在那里召开，一个很好的博览会，"白城"首次大规模使用电灯。伦敦在 1851 年举办水晶宫博览会——第一届世博会，也是现代城市的标志，展示的是高科技现代化的成就。这些主题从环境史角度可以做，从现代化的角度也可以做。

进入 21 世纪以后，环境史突然在中国兴起，不少学者就开始忙着"圈地"，大谈如何规划这个学科，其实对好多问题还没有理解全。2004 年前后，《历史研究》刊登了一组关于环境史的笔谈，有一个老师就提出来自然环境史和社会环境史这一概念。那时候觉得还挺新颖的，环境史还有社会环境史这么一个分支？社会环境史是做什么的？我们所说的环境，从来没指过社会环境，社会环境是一个看不见、摸不着的文化概念。环境史的基础都是指自然环境或者人造环境，都是我们实实在在的 earth，不是文化意义上的 nature，那是环境观念、环境保护政策的范畴。我们所说的是对生态的、自然的环境的影响。

美国社会在不同时代对环境问题的关注点也不一样。19 世纪末 20 世纪初，保护的重点是资源，资源的代表是森林、水源、土地等对人类有用的事物。美国的保护运动是从保护森林开始的，而到罗斯福新政时候重点是治理沙尘暴。为什么？因为沙尘暴在那个时候集中爆发了啊。我们天天讲罗斯福新政，讲的都是罗斯福的百日新政怎么处理经济问题，很少涉及他怎么处理环境问题的内容。其实他在环境问题上的举措，比他的经济影响一点都不差。他的环境新政主要关注的是当时席卷北美的沙尘暴。而到了50年代以后，伴随现代生活而来的潜在危害是化工产品，所以五六十年代反对的重点是化工产品，而化工产品的代表就是DDT。现在中国已经不生产DDT了，我们小时候还用什么DDT、666、敌敌畏等。我是山东的，我们家种棉花，敌敌畏打虫子打不死，然后就用越来越毒的农药。1059、1065、3911，后来是呋喃丹。呋喃丹毒到什么地步？县里通知不准向粮田喷洒，可一旦喷洒了怎么办？你的麦子就不要吃了，卖给纱厂去用来浆洗棉线，小麦是不敢吃的。可后来农民一看死不了人，就在棉花地里种豆角、黄瓜等蔬菜。开始三五天打一遍药，后来发展到天天打药，棉铃虫仍然不死。一方面奸商卖给农民的可能是假药，另一方面就是昆虫的抗药性在变强，所以这个药用得越来越毒。热天在地里喷洒农药，不敢抓碰身体的任何部位，尤其是不能摸脖子和皮肤最嫩的地方，你只要摸一下，白天是没有啥感觉的，一到晚上就是火辣辣的浑身难受。我们的安全意识那个时候还没有跟上来，老百姓认为只要死不了人的就是安全的，直到现在农村里面的食品安全问题仍没有完全解决。

蕾切尔·卡森在1962年所出版的《寂静的春天》的主要攻击重点就是当时以DDT为代表的化工工业，结果引起了全国舆论的哗然，而且激起了利益集团的激烈反对。其实卡森的书只是一本科普读物，它不是真正的实验数据，只是描绘了一个虚拟的场景：一个小镇上原来山清水秀，鸟语花香，突然一个早晨鸟也不叫了，虫也不鸣了，都死了。为啥呢？是滥用DDT导致的。

DDT 它才不背锅呢，于是纠集一批人对卡森进行反击，最后甚至发展到人身攻击。围绕这一话题最后在美国形成了一个全国性的大论战，美国国会为此召开听证会，把卡森喊了去作证。结果卡森赢了！最后这个运动发展成为席卷全球的环境主义运动。20 世纪六七十年代因此被称为"环保的十年"，全球性的环境主义浪潮风起云涌。

在这个浪潮影响下，西方社会开始反思现代化，反思增长问题。其中最著名的就是《增长的极限》。这本书呼吁：人类要控制自己的增长，不仅控制经济增长，还要控制人口的增长，尽量实现零增长的目标。有好多这类的书，包括那些灾难片，所讲的基本上都是这个主题：要对人类肆意发展的行为进行必要的约束，要不然那就是大灾难、大崩溃。在这种情况下，就要反思人类在地球上的位置。原来我们讲人类是万物之灵，人类要征服自然，我们现代化的发展进步永无止境，发展中的问题在发展中解决！可是现在突然发现，科技是一把双刃剑，发展永无止境，现代化永无止境，而现代化所调动起来的人的欲望也是永无止境的。传统现代化给大家所规划的那些基本价值观念，到了消费主义时代突然失灵了。现代化带来更美好的生活，交通是便捷了，物质丰富了，可是幸福感更强了吗？没有。因为幸福与物质并不呈正相关联系，在物质贫乏的时代物质上得到满足是一种幸福。可是在物质丰裕的时代，有新的诉求了。人的欲望是无穷的，没有房子的时候，哪怕分我一间房子，也心满意足。一旦给了一间的时候，为什么不带洗手间？带了洗手间以后为什么不带厨房？为什么只有一个卫生间，为什么只有一个卧室？给我一个三室一厅多好。三室一厅之后，四室二厅二卫更好，买个别墅更好。一旦拥有了别墅的话，弄个庄园是不是更好？现代化之所以出现问题，就在于它把你的欲望都给调动起来了，但却没法满足所有人的欲望。所以说现代化带来不稳定，而现代性带来稳定。现代化过程是一个动荡的过程，只有进入现代社会以后，逐渐建立一套新的价值伦理体系，才逐渐建立新的平衡。

许多国家在走向现代化的过程中出现了现代化的停滞，甚至是断裂。像拉美探索了 200 多年，依然在现代化的道路上徘徊不前。其实拉美的自然条件比北美强多了，要是没北美好的话，西班牙人在拉美殖民，为什么不到北美去？北美他们看不上，没有黄金，没有可以发财致富的其他贵金属。现代化断裂的典型是伊朗。伊朗在巴列维"绿色革命"的现代化道路上走向开放，走向世俗主义，完全符合我们对现代化的一切定义。但是突然原教旨主义兴起，出现政教合一的趋势，到底它会走向何方，我们也无法预料。但是从现代化的角度进行解释，那是典型的断裂的案例。

我们国家的现代化也遇到了各种各样的问题，而且环境问题也一并涌现出来。环境问题比其他的一些社会问题更难解决。比如出现了社会秩序不稳、观念落后，我们可以教育，可以改革。可环境问题怎么改？通过 40 年的改革开放，我们只是讲 GDP 居于世界前列，可我们为此所付出的环境代价有多么惨重，我们并没有认真反思过。这不是要否认以前的成绩，而是需要正视发展中所存在的问题，需要改变发展思路了。一方面有些问题是我们的社会还没有注意到。比如前些年满足于吃饱的时候，当然下馆子是最好的选择，改善一下，加点油水。这才几年的时间，下馆子吃饭成为一种负担。当然我们也要约束，要节俭，要光盘行动，这只是一个方面，最主要的还是我们观念没有彻底转变过来。另外我们的水资源污染、土壤污染，我们 60% 的土壤已经受到了不同程度的污染。其实我们这种粗放式发展模式，等于重蹈欧美世界 1900 年以前那种先污染、后治理的老路。我们怎么去改变？在这个时代发展和保护哪个优先？去年尝试了保护优先，发现不行，今年又放开了，又发展优先了，要保饭碗了。可是这么摇摆，不是解决之道，所以欧美国家在环境治理方面的经验与教训，确确实实值得我们去借鉴与反思。

可持续发展是目前大家比较能接受的一个概念。其实可持续发展还是人类中心主义的，因为它讲的是不危及我们当代的生活质量，同时也不危害我们未来子孙的生存环境的一种发展模式，还是为了我们人，还没讲到为了人以外的其他物种，所以这种可持续还是人类中心主义的可持续。

环境伦理学上所讲的人与自然关系主要有三种，一个是人类中心主义的，这是我们一直接受的正统伦理学观念。除此之外的两种，至少在现阶段我们大部分人还不能接受。其一是生物中心主义，它认为单个生物个体的价值与单个人的价值是一样的。你杀死一个人和捏死一只蚊子，它能一样吗？从这一思路往前推，就很容易导致生态法西斯主义，或者生态恐怖主义，毕竟地球上生态系统经过这么多年的演化有其合理性。你要保护动物，倡导素食，倡导节俭，这都是值得敬佩的。但你所做的一切不能以妨害其他人的自由为代价，这是我们现在道德伦理和法律的基础。素食可以，你可以向我宣传素食，但不能强迫我不吃肉食。退一步讲，即便是逼着所有人都素食了，那老虎吃不吃肉？你总不能逼着老虎去吃草吧！再退一步讲，你说吃肉是残害生命，那植物难道就不是生命吗？所以所谓的生物中心主义，虽然值得借鉴和尊敬，但这种理念在现代社会是走不通的，最后走到死胡同去了。

问题又出来了：传统的人类中心主义完全以人类的好恶为

最高原则，没有兼顾自然的利益，而生物中心主义在现实中又行不通，那有没有更合适的理论体系？生态中心主义似乎能够担起这一任务。生态中心主义把整个地球的生态系统作为一个总体的考察对象。它在肯定人类在生态系统所占据的生态位的同时，也兼顾到人类的特殊性。那就是说，保护的最终目的是维护整个系统的多样性和稳定性，同时要适当兼顾人类的特殊利益。比如说杀死一个人和杀死一只鳄鱼，其罪恶孰轻孰重？甚至著名的亨利·梭罗曾经说：如果爆发人类和动物大战的话，他站在哪一方，还有待考虑。至于是站在鳄鱼一方，还是站在人类一方，这作为笑话讲讲是可以的，但如果真的要爆发人与动物大战，或者发生外星人入侵的话，肯定是站在人类这一方了。但人类确确实实需要反思过去的发展模式。人类是地球的守护者，这不仅是为了别的物种，也是为了人类自身。所以有一些话说得经典，我们不是从父辈那儿继承来的地球，我们是从子孙那里借来的地球；人类不是地球的主人，他充其量只是一个有出息的猿。环境主义者的这些话语在改变人们的环境观念、推进环境保护方面的确具有振聋发聩的作用。但在具体的一些问题上，如怎么协调发展与保护，仍然是一个很大的问题，所以在环境史里面引入好多环境伦理的内容，力争实现环境利益与人类利益的相互统一。

最近我们发现比较能够把环境和发展相统一起来的一个新的概念是"生态现代化"。从 1985 年这个概念产生到现在，它还在不断变化之中。它到底是一种话语，一种总体的架构，还是一种末端处理？反正这个词很花哨。到底生态现代化与可持续发展哪个更好？可能需要在历史发展中进行检验。至少生态现代化给我们提出一个很好的概念，它通过研究，乐观地认为人类可以实现发展与保护的共赢，而不必像极限派那样悲观地呼吁控制增长。

至于怎么才能实现这样的目标，当前政治学界和经济学界的同仁还在争论不休，同时这个理论也在上述争论中不断修正发展。似乎历史学的视野还没有关注到这个话题。现在生态现代化研究的领域还很窄，类似当初的现代化研究，还仅仅局限于研究西欧个别国家所践行的一些经济发展和环境治理的个案。至于生态现代化这个概念能不能像当年的现代化概念那样从一种对策性研究演变成一种研究范式。如果它真的实现这一转变的话，那么我们也就不用在环境史学术圈和现代化学术圈之间打架了。由此换一个角度去看待发展与保护：20世纪以来西方国家环境保护的历史是不是现代化发展的一个内容，是不是它的一个崭新的组成部分？

我们既然把现代化看成一个开放的永无止境的过程，那么人类社会环境治理的历史可以看作现代化的新阶段，即对此前不计环境代价的粗犷式发展模式的扬弃。这样就没必要再把环境史与现代化对立起来了。欧美国家自近代以来所经历的发展与保护之间的这种博弈，对于今天的中国以及其他发展中国家，都具有实实在在的借鉴和参考意义。环境治理既是一个历史问题，同时也是一种现实关怀。每一个时代都在撰写本时代的历史。原来阶级斗争话题流行的时候，学界主要关注的是共运史、革命史等。后来我们的重心转到经济建设上来了，现代化问题被广泛关注。而现在环境出问题了，环境史又成了热门话题。等什么时候我们的环境治好了，我们就该转而关注公平正义问题了。

其实这个问题已经引起学者们的重视了。环境史学界现在有一个新词叫环境正义。过去我们泛泛地谈环境保护，但保护的收益和破坏的代价显然并不对等，不同的社会群体在其中所处的地位是不一样的。相对来说，保护的收益更多为社会的强势阶层所获取，而保护的代价往往更多落在弱势群体身上。环境正义所要解决的就是这种收益和代价不成比例的问题。如何对弱势群体所付出的环境代价进行必要的环境补偿，使得社会各个阶层都能够从发展和保护的过程中公平受益，各个国家在这方面都还有很长的路要走。

提问与讨论

问：我想向付老师请教两个问题。第一，您刚才只讲了一句，但没有展开，您刚才提到现代性带来稳定，而现代化带来不稳定、断裂，请您解释一下。第二，可能是针对环境问题，刚才俞老师也讲到了生态现代化，那么生态现代化和可持续发展在环境史里有什么样的共同点？其内涵、外延是什么？这是我的问题，谢谢。

付成双：现代化带来不稳定，现代性带来稳定，这是亨廷顿的观点。他们是第一代现代化学者，当时是单纯从现代化角度讲这一问题。罗斯托那一套现代化的五个阶段的路线图在中国一度流传很广，但仔细研究你就会发现没有任何一个成功实现现代化的国家是按照罗斯托的路线图走出来的。现代化一旦启动，所带来的就是整个原有格局的改变，所以很多国家都面临着一个利益格局的重新调整。不管政治格局、经济格局是什么，到最后都归结到利益的分配问题，你动了谁的利益，满足不了谁的利益，都会引起人家的反抗。所以现代化是一个非常谨慎的过程，并不见得那么乐观和顺畅。在这个过程中，欧美世界成功了，日本也一直被认为成功了。最近杨栋梁老师报了一个大课题"日本的社会转型问题研究"。日本的社会转型算不算成功？王立新老师曾谈美国领导世界的历程，称之为"踌躇的霸权"。杨老师对日本社会转型的研究受此启发。他要思考的一个问题就是：从 1853 年到

1945 年日本的社会转型，或者说日本的现代化历程，算不算成功？传统上我们总拿明治维新和戊戌变法进行比较，分析我们为何失败，日本为什么会成功。但你换一个角度讲，日本明治维新真的那么成功吗？它把整个民族带向哪儿？明治维新和后来的法西斯化有没有必然的联系？或者牵强点儿说，日本在社会转型的过程中，为何没有通过改革将原来的军事封建残余淡化，走上资产阶级民主化的道路，而是给其邻居带来灾难，同时自身也走向深渊？从这个角度看，日本的这种现代化算不算成功？在社会转型的过程中，利益格局的重新分配必然带来各种冲突。亨廷顿那本著作《变革社会中的政治秩序》提出了我们刚才所说的观点：现代化带来不稳定，只有实现了现代化，形成一套新的利益格局，才会稳定下来。在探索现代化的过程中，比如拉美，早期现代化学者们讲的那套政治民主化的大道理都不好使，相反威权主义国家的经济增长却较为成功，为什么？因为威权它能带来稳定。在现代化过程中，首先要维持一个稳定的政治经济环境才行，否则只会带来现代化的停滞甚至是断裂。这个我也仅仅是援引，对此研究并不深，希望没有说得太离谱。

至于你所说的生态现代化和可持续发展，到底哪个更优？其实无所谓优劣。可持续发展自从 80 年代由布伦特兰夫人提出来以后，它既照顾到了经济增长，又兼顾了保护和可持续问题，是目前最能够让各方接受的一种理念。但如果从环境史的角度批判它的话，那么可持续发展仍然是人类中心主义的，仍然讲的是人类的可持续发展，没有兼顾地球上其他生命群体的利益，没有兼顾整个生态系统。我们现在讲全球史，又讲大历史。什么是大历史？一是把时间拉长，拉到宇宙大爆炸时期；二是把视野范围拉广，拉到整个银河系、整个宇宙，然后再反过头来观察我们的地球，观察我们人类的历史。大历史，从某种意义上仍然是一种环境史，可能比环境史还要广大。这样比的话，可持续发展就有点狭隘了。但是在我们现阶段，生物中心主义无法让我们接受，而生态中心主义所倡导的一些理念，仍然会涉及一些无法解决的矛盾和问题。比如明明知道有些活动会损害地球生态系统的多样性和稳定性，但是却不得不做。比如我们城市扩张，必然要侵占森林、侵占草地、侵占水源，可是我们还是要扩张。按照可持续发展的观点：扩张速度需要慢一点，建个公园，对某些关键的节点进行保护和修复，不至于使整个系统坍塌就行了。但是如果从生态中心主义讲，这不是一种善，它危及到了系统稳定性和多样性，应该被叫停。可惜的是生态中心主义并没有被我们社会完全接受。美国在 70 年代以后也仅仅是接受了一点，比如说保护狼，在西部国家公园里面重新引入狼。他们原来的目标是消灭以狼为代表的猎食动物和对农业发展有害的啮齿动物，为了保护鹿而消灭狼。可狼灭绝后，鹿也遇到了危机。一旦这些动物在西部消失以后，生态系统的链条不完整了，一个节点的断裂会引起整个系统的变迁。另外，国家公园的治理理念，咱们第一就是森林防火，可美国黄石国家公园却说：让火尽情地燃烧吧！实际上咱对这类理论是无法接受的，不防火，代价就很惨重；不防火，发生了火灾怎么办？生态中心主义的理念认为：让火尽情燃烧，大自然有其自我恢复能力。结果黄石公园在 80 年代遭遇一场大火，烧掉了 1/3 的森林。好多人哀叹：黄石公园完了。不过大自然的确具有很强的恢复能力，黄石公园真的从大火中重生了。还有一个理念是让河流尽情地流淌，解放河流。美国人要解放科罗拉多河，最终的目标是要把科罗拉多河上所有的大坝都要拆除。美国从 50 年代到现在已经拆了 500 多座水坝了。我从可持续发展跳到生态中心主义的目的就是为了说明：前者虽然能为多方所接受，但依然没有脱离传统的发展的套路，无非是加以限制而已。后者虽然高大上，但一时还难以让世人完全接受，甚至许多理念在许多人看来不可理喻。而此前以增长的极限为代表的悲观派又对人类未来的发展充满悲观。在这种情况下，生态现代化这个几乎能够满足各方诉求的理论出现了，它不仅轻易化解了过去发展与保护之间的矛盾，而且在环境史和现代化两大理论之间架起一座桥梁。不过生态现代化到底能够走多远，我们也不好说。对大多数人来讲，生态现代化现在仅仅是一个话语体系，它所关注的主要是对策性研究或者末端治理的成功案例。至于说它能否像当年的现代化理论一样，从一种对策性研究变成一个连通环境史和现代化两大理论体系的新的解释范式，仍然需要我们拭目以待。可持续发展在目前依然受到最大多数人的拥护，生态现代化作为一种解释工具，还无法彻底取代前者的地位。

问：请教付老师一个具体的小问题，就是您在讲座中提到19世纪开始美国把很多的墓地迁到城郊去，因为以前我也看到过这个材料，当然这可能跟欧洲中世纪那种聚居模式有关，因为他们很多时候是围绕教堂建房子、建民宅，当时的人们喜欢把自己死去的亲人葬在教堂，所以后来有一个说法就是"死人将活人聚在一块"。确实在中世纪的时候就出现了很多的问题，特别到夏天，8月里教堂臭得不行。但是我就很奇怪一点，为什么在19世纪会产生这样一个举动？我想应该有很多观念上和知识上的一些变化，我不知道有没有，您能不能就这个问题展开一点，因为我对这个问题确实比较感兴趣。

付成双：我们一般认为城市化和工业化是并起的，虽然城市是在工业化以前产生的，但是真正的城市化依然是工业化的伴生物。工业化以后，带来的是城市的扩大。最初的城市都是步行城市，说白了，有这么个几万人聚集就不错了，在近代的欧美你很难找到像北宋的汴梁那样 100 万人聚在一起的大城市。我们研究近现代的城市环境史，应该首先去看看宋朝的东京汴梁是怎样解决吃喝拉撒问题的，这是一个很好的个案。欧洲古代除了君士坦丁堡和罗马外，大型城市不多。我们所谈的近代城市，一般没有太大的，最初的时候有三五万人，超过 10 万人的城市就很少了。三五万人聚在一起，把墓地放在城里，虽然有点异味，就像现在农村，每个村的周围都有一个公共的墓地。它从环境和生存角度还构不成威胁，但是一旦城市化加速，大量的人口涌入，一个实实在在问题是缺乏土地。而城市中心杂乱无章的墓地占据大量的土地，这肯定不行。还有一个就是当时为城市中肆虐的瘟疫和疾病乱找原因，有的人就把传染病的流行与臭气或者挥发物联系起来，认为墓地也是一个致病源。因此需要把这些墓地迁走。他们的迁移墓地，与咱们直接平掉不同，而是把它变成了一个化解人与自然关系的途径。美国人的自然观念来自欧洲，他们对自然是一种非常矛盾的心态。一方面认为文明和野蛮的对立，城市代表着文明、便捷的生活，所以城市化刚兴起的时候，笔直的马路，硬化的路面，这是进步、便利。但是另一方面，城市发展的前提就是要远离自然，那怎么才能做到两者兼顾？最初的思路是在城市中引入自然，把这些墓地迁往市郊变成了美国人亲近自然的一种方式。迁到市郊的墓地与我们传统概念中乌鸦嘎叫、充满荒凉恐怖的氛围不同，美国人把它建成了一个类似市郊公园性质的公共场所。直到今天，好多城市里的墓地并不恐怖，也不荒凉，它成为市民们踏青、旅游、亲近自然的一个途径。除了城市公墓运动外，另一个引入自然的举措是在城市中心建立城市公园，其中最著名的就是纽约中央公园。等后来美国人发现城市公园也不行了，干脆郊区化。对于欧洲来讲，它郊区化的幅度不像美国、加拿大和澳大利亚等国家那么大，它怎么处理市中心的墓地的，我没有去考察过，不敢乱说。就美国而言，它这个墓地迁移在当时城市改造过程中，与城市公园建设是一个思路，那就是在城市中保留自然和想方设法亲近自然。当时北美主要的城市，像一阵风一样，如波士顿、费城、纽约等，都兴起了迁移墓地运动，其实这也是当时刚刚兴起的城市规划的一部分。美国城市规划的样板最早是费城，后来纽约代替费城。纽约的城市规划最初是由荷兰人搞的，它直角转弯的街道特别实用，以至于推广到整个西部区域，纽约还最早建设了美国的第一个重要的城市公园——中央公园。英国在这方面更早，它于 1847 年在曼彻斯特建立了第一个面向下层劳工阶层免费开放的皮尔公园。

　　最后我再就以美国为代表的自然和城市观念说几句。西方文化中对自然的观念充满着矛盾。一方面认为自然是荒野，荒野代表着野蛮，野蛮和文明是对立的。近代殖民主义根据其基督教使命观，以此为依据对外征讨殖民。当时他们的逻辑是：文明是好的，野蛮是坏的，野蛮等同异教徒。文明要征服蛮荒的自然，也要征服和改造异教徒。可是另一方面，基督教又说它精神的启迪来源于荒野，认为荒野是一个触发灵感的地方。当年的摩西就是在荒野中获得了灵感。美国人对自然抱着功利主义的态度，一方面不接受自然坏的方面，但同时又想留住自然好的那些方面。等他们无法把自然搬入城市时，干脆逃往郊区，去拥抱自然。美国社会对郊区概念的转化大概发生在 19 世纪五六十年代。在此前，郊区还是落后的象征，谁也不愿意去郊区居住。而在这以后，随着通勤条件的改善，郊区成为便利、高级、亲近自然的一种象征。后来城市越变越大，到 20 世纪以后美国人觉得大城市也不那么有吸引力了，开始出现为数众多的小城市、花园城市。当今我们的城市规划，与美国在 19 世纪末所推行的城市美化运动颇为相似，我国的城市规划者应该从那里找到一些值得借鉴的内容。

历史视野下的气候变化问题

演讲人：徐再荣（中国社会科学院世界历史研究所研究员）

时间：2019 年 9 月 17 日

今天我想给各位谈谈气候变化问题。气候变化问题又称"全球变暖问题"。按照《联合国气候变化框架公约》的定义，"气候变化"指除在类似时期内所观察的气候的自然变异之外，由于直接或间接的人类活动改变了大气的组成而造成的气候变化。换言之，气候变化问题就是指人类活动造成的温室效应的增强及其对全球气候系统的影响。事实上，近 30 年来，国际学界、媒体、政治学界一直都在关注这一问题。这不仅是一个简单的环境问题，它也是一个科学问题，是涉及全球政治、经济和国际格局变化的全球性的问题。本次报告我想主要谈三个问题：1. 气候变化问题的缘起；2. 从《联合国气候变化框架公约》到《京都议定书》签署期间全球气候治理中的政治博弈；3. 关于全球变暖问题的科学争论。

一、气候变化问题的缘起

气候变化问题最初是个科学问题，首先受到了科学界的关注和重视。1972 年联合国人类环境会议召开以来，气候变化问题逐渐成为国际科学界研究的热点。不过，在此以前科学界就对这一问题展开了各种研究。早在 1827 年，法国科学家巴隆·傅里叶首次提出了温室效应理论，认为地球表面的温度受大气层化学结构的影响，大气层犹如温室的玻璃，它能让太阳光通过，但阻挡地球的辐射热返回宇宙空间。到 19 世纪末，这一理论得到了进一步的发展。1896 年，瑞典科学家斯凡特·阿兰纽斯在一篇题为《含碳空气对地面温度的影响》的论文中指出，如果大气中二氧化碳的浓度增加一倍，地球表面的平均气温将增加 5—6℃。纬度越高，增幅越大。阿兰纽斯在其 1908 年出版的专著《形成中的世界》中首次提出，人类的工业活动可能会极大地影响地球的气候。他指出，大气中二氧化碳的实际比重并不大，每年煤炭的燃烧所释放的二氧化碳只占大气二氧化碳的 1/1700，海洋能吸收约 5/6 人类排放的二氧化碳。但我们必须认识到，由于工业的迅速发展，大气中二氧化碳的比重在未来几个世纪中会增加到引人注目的程度。不过，阿兰纽斯对温室效应增强的趋势表示了比较乐观的态度。他认为，大气中二氧化碳比重增加的影响将使我们有希望享受更加均衡、更加宜人的气候，特别对寒冷地区来说。如果这样的时代来临，地球将会给人类带来更加丰富的作物，并为迅速增加的人类造福。在此后长达 60 年的时间中，阿兰纽斯的观点在科学界并没引起多大的重视，唯一的例外是英国科学家 G.卡兰达。1938 年他在英国皇家学会的学术演讲中指出，人类排放的微量气体足以改变全球气候。他比较了大气中可测量到的二氧化碳的增长与 200 个气象台的记录，认为这些数据支持了阿兰纽斯关于二氧化碳比重与气温关系的理论。同阿兰纽斯一样，他对气候变化的影响持乐观态度，认为补充的二氧化碳对北温带的农业是有好处的，同时气候变暖会防止"致命的冰川时代的回复"。

科学家在提出有关气候变暖问题理论的同时，在气候研究方面也开始了国际合作。1853 年第一届国际气象学大会在布鲁塞尔召开，会议在气象观察方面通过了一系列统一的国际标准。1873年国际气象组织的成立则标志着国际合作进入了制度化阶段。1947 年世界气象组织成立，并代替了原来的国际气象组织。我认为两个因素推动了世界气象组织在战后的合作研究。一是喷气式飞机的使用要求对高空的气象条件进行监测，二是卫星、计算机和无线通信技术的应用为这方面的研究创造了技术条件。这些发展促使了 1957 年至 1958 年国际地球物理年会的召开，年会提出了一项旨在加强大气层研究的计划。就气候变暖问题而言，国际地球物理年会最重要的成果是在夏威夷的莫那劳岛建立了第一个永久性的二氧化碳监测站。但在温室效应问题上，当时科学界占主导的观点是，人类排放的二氧化碳会被海洋吸收，因此没有理由担心燃烧化石燃料所带来的二氧化碳排放。这是卡兰达的理论长期被忽视的重要原因。

到 20 世纪 60 年代末，随着第一次世界性环保运动的兴起，人类能够控制气候，并对气候变化持乐观态度的思想逐渐消退，开始认识到人类更多地依赖气候，而不能控制气候为人类服务。因此科学界的研究重点转移到研究人类活动对气候的影响。这一转变的重要标志是分别在 1970 年和 1971 年出版的两项研究成果：《重要环境问题研究》和《人类对气候影响的研究》。这些研究都强调二氧化碳问题在温室效应中的重要性，并促使许多国家和国际机构将此作为重要的环境问题列入其议程中。《重要环境问题研究》认为，虽然 20 世纪由于二氧化碳导致直接气候变化的可能性很小，但它对气候的潜在影响及其可能的社会后果则非常严重，因此必须更多地了解气候变化的未来趋势；《人类对气候影响的研究》则详细分析了人类活动所导致的各种可能的气候影响，该书成为 1972 年人类环境会议中有关气候变化问题的重要背景资料。由于有关工农业烟雾剂会导致大气冷却的理论在当时也非常流行，研究者在哪一种趋势是最重要的问题上并未达成一致意见，因而其重要建议是"需要更多的监测和更多的理论"。

1972 年联合国人类环境会议的召开，标志着人类环境观念的重大转变。在气候变化问题上，这一转变具体表现在两方面。一是 20 世纪 70 年代联合国发起了一系列与气候问题有关的国际会议。其中包括 1974 年的联合国世界粮食会议、1976 年的联合国水资源会议、1977 年的联合国荒漠化会议。这些会议都将粮食、水资源和荒漠化问题与不同的气候变化联系在一起，并明确了人类引发的气候变化所导致的各种可能后果。二是气象研究从短期的天气模式研究扩展到对长远的气候趋势和条件的研究。60 年代和 70 年代初发生的几起极端气候事件（其中包括 1962 年苏联的干旱、1974 年印度雨季的消失、1976 年欧洲的干旱）都表明人类对气候的依赖，同时促进了科学界对气候问题的研究。1974 年 7 月，世界气象组织在斯德哥尔摩召开了"气候和气候模型的物理基础"学术会议。会议认为，就目前的知识状况来说，很难对气候变化问题做出明确的判断。1975 年，世界气象组织执行委员会成立了气候变化专家小组，并于第二年 11 月在美国召开一次学术研讨会，旨在提出一个比较全面的大气模型，以评估二氧化碳增长对气候的影响。

1979 年 2 月第一届世界气候大会的召开标志着国际科学界在达成气候变化问题的科学共识方面迈出了重要的一步。大会声明指出：可以有信心地认为，由于化石燃料的燃烧、森林的砍伐、土地利用的变化，在最近一个世纪中二氧化碳的总量增加了约 15%，目前正以每年 0.4% 的速度增加。这种增加在未来有可能继续。二氧化碳在决定地球大气的气温方面发挥基本的作用，大气层中二氧化碳的增加会使大气低层特别高纬度地区逐渐变暖。同年 6 月，第八届世界气象组织大会正式制订了世界气候计划。作为研究世界气候体系的国际性协调项目，该计划旨在加强对一般气候问题的理解，同时对气候变化的具体问题进行研究。它由四部分组成：世界气候资料项目、世界气候应用项目、世界气候研究项目和世界气候影响研究项目。世界气候计划为气候变化研究提供了一个组织框架。更为重要的是，它组织了 1985 年 10 月的奥地利维拉赫会议。此次会议旨在评估二氧化碳和其他温室气体在气候变化中的作用，并对全球变暖趋势做出初步的预测。会议的结论比第一届世界气候大会更加明确。会议声明：最高级实验显示，大气层二氧化碳的浓度每增加一倍，全球平均表面温度将上升 1.5—4.5℃。维拉赫会议所表达的自信是建立在 20 世纪 80 年代气候研究的巨大进展之上的。这一时期中最重要的进展包括：建立了更加现实的大气模型；进一步认识到其他温室气体如氟利昂、甲烷、氧化亚氮、平流层臭氧的重要性。虽然在 70 年代科学界已开始意识到这些，但只有到 80 年代，这些因素才被吸收到大气模型中，其意义才被认识到。

二、全球气候治理中的政治博弈

（一）气候变化问题的政治化进程

到 20 世纪 80 年代后期，气候变化问题逐渐成为国际政治界关注的重大问题之一。气候变化问题的政治化进程始于维拉赫会议，尽管会议报告的重要部分在于描述进一步研究的重点所在，但报告同时提出建议：为了对可能的气候变化做出回应，需要对各种政策选择进行经济、社会和技术方面的研究。报告最后建议由联合国环境规划署、世界气象组织和国际科学联盟理事会共同组成一个特别小组，"如果认为必要的话，应着手考虑全球性公约问题"。可以看出，此次会议是一个转折点：从单纯强调进行更多研究转而强调需要采取政治行动。为了保证维拉赫会议所提建议得到落实，上述三个组织共同成立了温室气体顾问小组，研究减排温室气体的各个政策方面。

虽然维拉赫会议呼吁要对气候变化问题采取政治行动，但从1985年至1987年间，国际社会关注的焦点是臭氧层损耗问题，气候变化问题并未上升为国际政治议程中的重要议题。只有到1988年，国际社会才真正意识到对该问题进行政治回应的必要性和迫切性。这主要是由若干因素综合的结果。

首先，科学界逐渐认识到气候变化问题的潜在严重性，并在对该问题的科学理解上已基本上达成了内部的共识。1988年6月23日，科学家詹姆斯·汉森在美国参议院能源和资源委员会举行的听证会上发言指出："我们有足够的证据认为温室效应已经发生。"汉森领导的科研小组进行了大量的研究，认为20世纪80年代是有气象记录以来最热的年代。他指出，虽然"我们不可能把具体的热浪或干旱归因于温室效应"，但"全球变暖达到了如此的程度，我们很有信心认为温室效应与已观察到的变暖有着因果关系"。汉森的观点受到了美国媒体的广泛报道，在公众中引起了很大的反响。

其次，1988年发生的一系列反常气候事件加强了公众对气候变化问题严重性的认识，要求进行政治回应的呼声越来越高。1988年苏联遭受了干旱；中国、非洲和印度经历了严重的干旱和水灾；巴西、孟加拉国遭受了洪水灾害；加勒比海地区、新西兰和菲律宾分别经受了飓风、龙卷风和台风的袭击。尤为重要的是1988年的美国干旱。此次干旱是美国自20世纪30年代沙尘暴发生以来最严重的，一半以上的县遭受影响。这些异常的自然灾害更使科学界坚信了他们关于全球变暖的论点，同时也使公众对环境问题更加敏感。

与此同时，南北问题也成为气候变化问题议程的重要组成部分。一方面，随着发展中国家人口的增长和经济的发展，他们对全球变暖的影响越来越大。1990年，在世界与能源有关的二氧化碳排放中，发展中国家占30%。一些发展中国家为了促进经济的增长，计划扩大煤炭和石油的消费，因而会极大地增加二氧化碳的排放。同时发展中国家由于增加了对土地的开发利用，产生了大量的甲烷和二氧化碳。如果把这些温室气体都包括进去，发展中国家的排放量在全球温室气体总排放量中的比例大于40%。另一方面，到20世纪80年代末，气候变化的全球性影响日益明显。大多数发展中国家都认识到他们将不能免于全球气候变化的负面影响。另一方面，自1987年世界环境与发展委员会发表《我们共同的未来》以来，有关"环境与发展"的争论将南北问题进一步推向国际环境政治议程。由于上述原因，到20世纪80年代后期，气候变化问题中的南北因素逐渐成为关注的焦点。

在此背景下，全球变暖迅速成为引人注目的国际政治问题。1988年6月在加拿大多伦多举行的"变化中的大气：对全球安全的影响"国际会议首次将全球变暖作为政治问题来看待。此次会议重复了维拉赫会议对气候变化问题的评估，并强调了全球变暖的可能后果，认为"人类正在进行全球范围的无法控制的实验，其最终后果将仅次于一场全球性核战争"。会议呼吁各国政府紧急行动起来，制订大气层保护行动计划，其中包括一项国际性框架公约。同时提出各国政府共同建立世界大气基金,其资金部分来自发达国家对化石燃料消费的征税。会议要求各国政府和企业界到 2005 年将二氧化碳的排放减少到 1988 年水平的约 20%。

多伦多会议后,气候变化问题迅速被列入国际政治议程。作为对此次会议的回应,气候变化问题在 1988 年 9 月首次成为联合国大会的议题,马耳他提议气候应成为"人类共同遗产"的一部分。到 12 月,联合国大会通过一项决议,强调气候变化是人类"共同关注的问题",并决定成立气候变化政府间特别小组(简称 IPCC),旨在协调有关气候变化的政策研究和谈判,并着手考虑制定气候变化公约的各种可能因素。同年 IPCC 在日内瓦召开第一次会议,并成立了三个工作组,分别负责有关全球变暖科学信息的评价、全球变暖的环境和社会经济影响及对全球变暖的回应战略。

多伦多会议同时促进了一系列有关气候变化问题国际会议的召开,这一趋势一直持续到 1990 年年末,它给 1991 年开始的气候谈判提供了巨大的压力和动力。1988 年 11 月,气候和发展世界大会在汉堡举行,会议要求到 2000 年二氧化碳的排放应减少 30%,到 2015 年减少 50%,到 1995 年在全球范围内禁止生产和使用《关于消耗臭氧层物质的蒙特利尔议定书》规定的氟利昂,并采取阻止森林减少、加强植树造林的战略措施。1989 年 2 月,加拿大政府在渥太华举办了关于大气保护的法律和政策专家国际会议,会议强调各国应考虑建立一项世界大气信托基金的可能性。与此同时,"从发展中国家的视角看全球变暖"国际会议在新德里举行,会议认为气候变化问题应放在南北关系的背景下加以解决,发达国家在限制排放和帮助发展中国家减少排放方面应负有主要的责任。7 月在巴黎举行的七国集团首脑年会被誉为"绿色峰会",

会议发表声明指出："应共同努力，限制二氧化碳的排放。"并强调急需一项框架性或一揽子公约。9 月在贝尔格莱德举行的不结盟国家会议呼吁"发达国家应从根本上改变他们对世界发展的态度，尤其是对地球保护的态度"。同月在东京举行了"全球环境与人类回应"国际会议。10 月举行的英联邦国家首脑会议认为，气候变化问题是当今世界面临的主要问题之一，英联邦成员在这一问题上应"集体和个别"地采取"立即和积极的行动"。会议呼吁国际社会应尽早签署一项保护全球气候的国际性公约。11 月在荷兰的诺德威克举行了"大气污染和气候变化"环境部长级会议，72 个国家的代表出席了会议。会议宣言要求签字国"最晚到 2000 年将二氧化碳排放稳定在 IPCC 拟提交给第二届世界气候大会的初步报告中所确定的水平上"，会议重复了为准备《联合国气候变化框架公约》所提出的时间表，强调建立有关基金对保证公约的成功是至关重要的。诺德威克会议是 1989 年最重要的会议，因为第一次有如此多的高层政治代表参加。11 月，一些小岛国家的代表聚集在马尔代夫的迈尔，从他们的视角讨论气候变化问题。会议发表了《迈尔宣言》，指出他们是最易受全球变暖负面影响的国家，因此要求建立一项气候基金，对他们进行资助。12 月 17—21 日，"准备气候变化世界会议"在埃及开罗举行。会议宣言指出，为了向贫穷国家转移追加的财政和技术资源，应建立双边和多边的资金机制。这不仅有利于发展中国家，而且符合发达国家自身的利益。

有关气候变化问题的国际政治会议在 1990 年继续进行。4 月17—18 日，美国政府在华盛顿举行一次国际会议。美国与其他发达国家的分歧在此次会议开始出现。布什总统在会议上强调全球变暖的不确定性和减少排放的成本，宣称"我们需要的是事实，科学的事实"。5 月，联合国欧洲经济委员会在挪威的伯根举行了一次关于可持续发展的大型会议。来自 34 个国家的 303 位代表出席了此次会议的部长级分会。部长宣言指出："我们对限制或减少温室气体排放负有重大责任。"宣言承诺支持框架性公约的制定，并指出：我们赞赏一些国家已经提前承诺将二氧化碳的排放稳定在当今的水平，或到 2000 年减少二氧化碳的排放。我们要求所有欧洲经济委员会国家现在采取行动。我们同意承诺建立国家战略、目标、时间表，以尽可能多地限制或减少二氧化碳和其他温室气体的排放。在大多数欧洲经济委员会国家看来，这一稳定排放最晚到 2000 年，第一步必须是稳定在现有的水平上。上述宣言表明欧洲国家在采取行动方面取得了共识。到 1990 年，许多发达国家开始单边承诺限制温室气体的排放。一些国家甚至在 1990 年前就做出承诺。1989 年挪威和荷兰承诺他们的目标，到 1990 年承诺排放目标的国家和组织有：丹麦、意大利、英国、奥地利、加拿大、德国、新西兰、法国、澳大利亚、欧共体、日本、冰岛、瑞士、比利时。美国虽然宣布了名为《气候变化：一项行动议程》的政策文件，但以科学不确定性和减排成本过高为由，拒绝承诺限制温室气体排放的量化目标。

1990 年 12 月，联合国大会通过了 45/212 号决议，正式成立"气候变化框架公约政府间谈判委员会"。谈判开始于 1991 年 2 月，分两个工作组进行：一个负责减排承诺、财政资源、技术转移和发展中国家的特殊情况，另一个负责有关制度和法律机制的实施。谈判各方既被环境问题的紧迫性，又被政治和经济利益所驱动。谈判委员会共举行了五次会议，前两次会议只解决了程序性问题，从第三次会议开始才进入实质性谈判阶段。谈判方最终形成了以利益为基础的联盟，最后在 1992 年 6 月的联合国环境和发展大会上，由 166 个国家签署了《联合国气候变化框架公约》。该公约规定，考虑到全球变暖的可能性，为防止人类活动对气候系统造成影响，以稳定大气中温室气体浓度为目标，要求各国自身或经相互协商制定出对策，各缔约国要制定并公布温室气体排放源和吸收汇的清单及减少排放的计划，并开展研究、教育、培训和宣传等工作。该公约虽然不是一项全面系统的温室气体控制机制，但为未来的谈判提供了基础和框架。根据该公约的有关规定，在此后召开的缔约方大会上将讨论具体的对策。

（二）《联合国气候变化框架公约》谈判中的国家利益集团

在《联合国气候变化框架公约》的谈判中，国家之间和国家利益集团之间的立场分歧日益暴露。谈判各方既有矛盾和冲突，又有妥协和合作。

在有关谈判的立场上，发展中国家内部可分成三个主要利益集团。

一是由沙特阿拉伯和科威特领导的石油生产国。它们担心减少温室气体的排放会减少世界能源需求并影响其经济利益，因而反对所有对二氧化碳的控制措施。它们指出，在实行任何严格的回应政策前，应将重点放在二氧化碳的吸收汇（主要是森林和海洋）和旨在增加气候知识和减少不确定性的研究工作上。它们试图减缓谈判的步伐，强烈抨击欧共体关于限制二氧化碳的单边动议。

二是小岛国家联盟。它们是来自太平洋、印度洋和大西洋的岛国，其中一些国家国内海拔最高只有 2 米。它们最易受气候变暖特别是海平面上升的不利影响，有些国家则面临生存危机。在谈判过程中，它们组织起来积极表达它们的呼声，强烈要求尽早采取行动减少二氧化碳排放和制止森林砍伐，并要求对它们进行援助，以适应气候变化带来的不利影响。

其余的发展中国家形成了第三个较为松散的利益集团。它们更强调公平问题，坚持经济发展是第一需要，认为发达国家对全球环境退化负有主要责任。在 1991 年 11 月的气候谈判会议上，作为 77 国集团的一个重要小组，44 个发展中国家向大会提交了一个文本作为与发达国家谈判的基础。但这一集团具有更多的灵活性。对它们的每个成员来说，任何减排的承诺是可以商谈的，它取决于发达国家是否承诺向发展中国家进行资金和技术转让。

发达国家内部可分为四个利益集团。第一个集团由那些已承诺稳定排放的国家组成。它们主要包括欧共体国家、北欧国家以及加拿大、澳大利亚和新西兰。其中大多数成员实施了单边稳定排放目标，有些已经减少了它们的二氧化碳排放。许多国家希望通过一项国际协议，将稳定和减少二氧化碳排放的目标以及向发展中国家进行资源转移的承诺包括进去。这一集团反映了许多相互交织的利益和态度。多数国家（特别是加拿大和北欧国家）的环保意识比较强，并对发展中国家的处境表示同情。除了澳大利亚、英国和挪威，所有国家都是能源进口国。不少国家在 20 世纪 80 年代环境问题十分突出，尤其是欧洲和加拿大的酸雨、澳大利亚和新西兰的臭氧损耗问题。另一方面，一些国家采取行动有其经济动因，它们希望通过限制温室气体排放，不仅从改善能源效率中获益，而且在有关产品的市场竞争中获得技术领先地位。

日本的立场有些模棱两可。气候谈判开始时，日本附和美国的立场。但当欧共体赞成一项承诺稳定排放的公约，日本只承诺"尽最大努力"稳定排放，而不是具体承诺限制温室气体排放。日本是世界上能源利用最有效率的国家之一，因而要达到相当的排放目标，其难度要比其他国家大。不过，由于日本经济完全依赖化石燃料的进口，二氧化碳减排被认为能给日本复兴能源保护和实施其他政策提供了一个机会。日本不仅希望通过领先的节能技术在世界市场上获得商业优势，而且试图寻求与其经济实力相符合的国际政治形象。

东欧和俄罗斯等经济转轨国家组成了另一个利益集团。这些国家工业经济中能源利用效率普遍不高，人均温室气体排放则较高。由于处于转轨时期，国民经济出现了衰退现象。这意味着它们大幅减少排放是可能的。大多数东欧国家主要依赖从俄罗斯进口能源，它们支持对二氧化碳的排放进行控制。俄罗斯则越来越靠出口能源获得收入，其立场更接近于石油生产国。在气候谈判第三次会议中，俄罗斯和美国都拒绝为稳定排放确立量化目标，而罗马尼亚则宣布到 2005 年，将该国的排放稳定在 1989 年的水平。这在很大程度上反映了该集团内部立场的分歧。

美国与这些国家的态度有所不同。美国是世界上最大的二氧化碳排放国，占世界化石二氧化碳总排放量的 24%。但美国拒绝确定二氧化碳排放的定量目标和时间表，也反对向发展中国家进行资源转移。美国持上述立场的一个主要原因是美国经济对化石能源依赖程度较高。美国是世界上第二大石油和天然气生产国、最大的煤炭生产国，同时也是最大的能源进口国。其经济发展是建立在廉价能源基础之上的。"美国经济高度依赖化石燃料犹如海洛因吸食者依赖针管。"另一方面，在 20 世纪 80 年代末和 90 年代初，美国对国际社会在气候变化问题上的合作努力并不支持。美国的政策和立场是建立在对经济利益的核算之上的。美国政府认为减少二氧化碳排放会增加企业的成本、影响国民经济的发展。总统经济顾问委员会于 1990 年公布的一项研究对美国的决策产生了尤为重要的影响。该研究估计，如果到 2100 年把美国的二氧化碳排放减少 20%，其成本要在 8000 亿—36 000 万亿美元之间。因此，该报告得出结论："近期的当务之急应是加深理解，为完善的决策建立基础。在这样的基础建立之前，没有理由为减缓温室气体排放而增加经济成本。"美国官员往往引用这一数据为他们的政策立场辩护。在一些美国决策者看来，减少二氧化碳排放如征收能源消费税会损害美国经济。首先，他们认为征收能源消费税会提高能源的价格和产品的成本，从而引起通货膨胀。如果在国际上实施统一的碳税，会引起能源终端产品价格的提高，其幅度要比日本和德国要高。更高的能源价格会使美国的产品在全球市场的竞争力减弱，并对美国的贸易平衡产生负面影响。其次，他们相信限制温室气体排放的行动会引起美国制造业就业机会减少。由于通货膨胀的影响，美国的制造业将转移到其他国家。同时，美国能源部门的就业水平也将下降。美国是世界上重要的能源生产大国，其中煤炭占其能源总量约 35%。如果采取减少二氧化碳的减排政策，煤炭业首当其冲。根据一项研究，如果对每吨碳征税 30 美元，这最终使煤炭价格提高 78%，而石油和天然气价格则只提高 19%。价格的提高会使煤炭业的发展受到极大的负面影响，最终会导致煤炭工人大量失业。

除了上述经济成本，还存在潜在的政治成本。美国人对一般的管制或税收并不喜欢，因此，任何政府只要采取新的控制措施都有可能要付出沉重的政治代价。同时，考虑到美国人对他们的汽车的特殊依赖，"向汽车业征税无疑朝自己的政治之脚上开枪"。另外，强大的工业利益集团，特别是能源生产商和使用商认为减少二氧化碳排放会给他们带来巨大的成本。事实上，气候变化问题与臭氧层损耗问题具有很大的区别。在臭氧层问题上，大型的化学公司最终支持对氟利昂的限制是因为他们认识到自己会生产替代的化学品。一个市场的损失会以另一个市场的兴起而得到弥补。在温室气体问题上并不存在类似的替代品。虽然可以使用低碳或非碳燃料，解决气候变化问题的主要办法不是通过使用替代品，而是通过减少化石燃料的消费。能源生产商因此表示反对。在美国，工业集团组织起来反对减少温室气体排放的政策。来自 60 个美国公司和利益集团的代表在 1989 年成立了"全球气候联盟"，旨在气候变化问题上协调相关企业的立场。在《联合国气候变化框架公约》谈判期间和之后，该组织提出了自己的立场。例如在地球峰会上，该组织的执行主任约翰·拉斯尔强调讨论中一些减排建议会给美国经济带来 950 亿美元的损失，同时将减少约 55 万个就业机会。他们因此完全支持布什政府在这一问题上的谨慎措施。

（三）《联合国气候变化框架公约》谈判中的南北矛盾

南北矛盾是气候谈判中主要焦点。南北矛盾包括两个方面：一是发达国家关于限制温室气体排放的承诺问题；二是向发展中国家进行资金和技术转让的问题。

南北矛盾首先表现为发展中国家对公平问题的强烈关注。南北在人均排放和人口方面存在巨大的不平等。许多发展中国家认为气候变化是发达国家的问题，不仅因为发达国家对它尤感兴趣，而且因为发达国家制造了这一问题。在 20 世纪 90 年代初，发展中国家的人均二氧化碳排放只有发达国家人均的 1/10。南亚次大陆和非洲的人均排放只有美国的 1/20。但由于发展中国家的人口数量大，人口增长速度比较快，它们的排放占全球二氧化碳总排放的 1/4，且有巨大的增长潜力。不过，发展中国家与农业和土地利用有关的"生存性排放"占了相当大的比重。因此，它们认为气候变化问题完全是由发达国家的消费模式引起的。尽管发展中国家对全球环境的日益退化表示担忧，但经济发展和缓解贫困仍是当务之急。不少国家担心其发展问题会因发达国家对环境问题的优先考虑而被忽视，有的国家甚至认为发达国家将气候变化问题纳入国际政治议程的目的在于限制它们的能源使用，遏制它们的经济发展。对大多数发展中国家来说，发达国家只有在承诺向它们进行资金和技术转移的前提条件下，它们才有可能参与气候公约。但许多发达国家指出，在控制温室气体排放方面，如果发展中国家不采取相应的行动，单靠它们的努力则无济于事。

南北矛盾主要集中于资金和技术转移问题上，即发达国家在向发展中国家转移资金和技术方面到底做出何种承诺。发展中国家认为，发达国家对全球变暖负有主要历史责任，且有经济和技术能力解决这一问题，因此，促进发展中国家低污染发展的资金和技术应来自发达国家。这种转移部分是为了帮助发展中国家应对全球变暖，更主要的是为了发展节能技术，从而使发展中国家在减少排放增长速度的同时能保持自己的发展。发达国家在原则上接受了这一立场。

发达国家对资金的分配问题也是争论的焦点之一。虽然普遍认为发达国家对气候变化问题负有特殊的责任，但仍需要决定如何在发达国家间分配资金比例。根据污染者付费的原则，三个参数可以决定各国的责任：温室气体应包括哪些？排放源应包括什么？用什么样的时间参考系来估算排放量？有学者指出："选择什么样的参数对每个国家的相对责任将会有重要的实际影响：新西兰人更愿意将温室气体限制在二氧化碳，因为在新西兰平均每人拥有 20 只排放甲烷的羊。如果仅控制二氧化碳的排放，瑞士人可能不乐意，因为他们排放的大多数是化石燃料产生的二氧化碳。一些新兴发达国家如新加坡也许认为在全球温室气体谈判中将历史上的排放包括进去是合理的。"最需要管制的温室气体是：能源利用中产生的二氧化碳、土地利用中产生的二氧化碳、能源生产和土地利用中产生的甲烷和其他温室气体。

时间参考系问题引起了更大的争论。主流科学家认为，由于温室气体的寿命较长，正在引起全球变暖的物质是过去 200 年中累积排放的。因此，一些研究建议：为估计每个国家对当今温室效应的相对贡献率，应计算各国在历史上的排放量。其中一项研究指出：第一，北美对现在的二氧化碳排放问题负有最大的历史责任；第二，一些现今人均排放量较大的地区如俄罗斯、东欧和亚洲对这一问题负有相对较小的历史责任；第三，重新平衡碳排放要求大多数发达国家适当地减少年人均排放量，但北美国家应大幅减少；第四，随着发展中国家人口的高速增长，其二氧化碳的排放量将不低于发达国家。主要统计方法有两种：一是累计的方法。如果根据过去排放而不是现今排放进行计算，数字将发生很大变化。例如，1990 年西欧的排放量只占 16%，但从 1800 年以来，其总排放量占 26%。同样，1990 年亚洲的排放量占 19%，但从 1800 年以来，只占 9%。此种估算方法成为许多发展中国家领导人的重要谈判手段。二是按人均排放计算，即根据人口比例允许各国排放一定数量的温室气体。因此，超过人均排放量的国家应对低于人均排放量的国家进行补偿。发达国家的决策者反对这种办法，而发展中国家认为这是解决气候变化问题的最公平的方式。

南北争论的另一个问题是资金的管理问题，即应由哪个机构管理全球环境基金（简称 GEF）。20 世纪 90 年代初，国际社会的注意力开始转移到全球环境基金。1989 年 9 月举行的世界银行发展委员会会议上，法国和德国代表首先正式提出建立全球环境基金。在一些发达国家看来，世界银行的参与对成功解决全球性环境问题是至关重要的。GEF 由世界银行、联合国环境署和联合国开发计划署共同创建。该基金主要关注四个具体的领域：臭氧层损耗问题、气候变化问题、生物多样性减少问题和国际水域的污染问题。三个运作组织对实施的项目有其自身的职责：联合国开发计划署协调和管理项目的准备工作；联合国环境规划署在确认和选择项目中提供科技方面的指导；世界银行管理 GEF 的信托基金，并负责投资项目的评估和监督工作。在整个谈判中，全球环境基金受到了发展中国家和环境非政府组织的广泛批评。发展中国家对 GEF 的批评与它们对世界银行根深蒂固的不信任有关。它们认为 GEF 在运作过程中既不民主，也不透明。发展中国家希望GEF 只是"临时性"的，主张成立一个专门机制，管理《联合国气候变化框架公约》下所拨的资金。它们的目的是建立一个直接置于缔约方控制的机制，因而可根据一国一票制规则，而不是根据世界银行的投票程序，即根据资金捐助的比重决定投票权。但发达国家支持利用现存机构，主张由世界银行管理这项基金，同时根据公约的资金援助只能通过 GEF 进行。结果，发展中国家的主张并没有得到发达国家的采纳。

（四）从柏林授权到《京都议定书》

1995 年 3 月 28 日至 4 月 7 日，《联合国气候变化框架公约》（以下简称《公约》）缔约方第一次会议在德国柏林举行。与会各方在一些关键性问题上进行了激烈的争论，各种利益矛盾错综复杂，既有发达国家与发展中国家的矛盾，也有发达国家内部和发展中国家内部的立场分歧。在温室气体减排义务方面，欧盟和美国之间有许多分歧，但它们在要求发展中国家必须承担新的义务方面，意见基本一致，只是程度和策略上有所区别。而发展中国家坚决不同意超越《公约》的义务，对非附件一国家引进任何新的义务。在发展中国家内部，小岛国家联盟要求会议立即进行关于加强《公约》义务的议定书的谈判，石油输出国国家则反对开始对议定书的谈判，因为它们担心新的议定书会对它们的经济造成负面影响。中国代表团对加强《公约》义务持谨慎态度，指出发达国家切实履行《公约》是实现《公约》目标的第一步，在现阶段不能强加给发展中国家任何新的和额外的义务。中国代表坚持反对所谓"较先进的发展中国家"的提法，使一些欧盟国家在谈判后期不再坚持这种划分。在联合执行问题上，部分国家主张这仅限于发达国家之间，而另一些国家认为发展中国家也可在自愿的基础上参与。美国主张发达国家可以通过向发展中国家提供高效节能技术或合资造林，以减少温室气体排放。减少的排放量应计算在投资国的账上还是应双方分享？这是联合执行的关键要素。发展中国家则认为现阶段应排除对抵消额的计算。中国代表主张联合执行不能作为温室气体减排的主要手段，不能通过联合执行将温室气体减排的义务转嫁给发展中国家。

经过反复的协商，会议最后决定到 2000 年为共同执行活动的实验阶段，发展中国家可在自愿的基础上参加，但实验阶段不计算抵消额。会议最重要的成果是通过了"柏林授权"：决定成立"柏林授权特别小组"，进行《公约》的后续文件谈判，为 1997 年底的第三次缔约方大会起草一项议定书，以强化发达国家应承担的温室气体减排义务，但不对发展中国家增加新的义务。会议还确定了全球环境基金继续作为《公约》的临时资金机制，并决定德国波恩为《公约》秘书处所在地。

1997 年 12 月 1—11 日，缔约方第三次会议在日本京都举行，

150 多个国家的代表参加了会议。京都会议旨在根据柏林授权谈判通过一项为发达国家规定 2000 年后温室气体减排目标和时间表的议定书。南北矛盾仍是会议的主要焦点。发达国家提出，气候变化是个全球性问题，应由全世界所有国家参与解决。如果要发达国家在温室气体减排方面做出具体的承诺，发展中国家也必须承诺将来承担限制温室气体排放的义务。而发展中国家指出，发达国家无节制的排放是造成现今气候变化的主要原因。发展中国家人均能源消费很低，其排放是生存性排放，而发达国家是奢侈性排放。因此，发展中国家目前没有责任，也不可能参与减排或限排。

经过反复的协商，会议通过了《联合国气候变化框架公约京都议定书》（以下简称《京都议定书》）。根据"共同但有区别的责任"原则，议定书规定附件一所列发达国家和经济转型国家应在 2008—2012 年间，将其六种温室气体（包括二氧化碳、甲烷、氧化亚氮、氢氟碳化物、全氟碳化物和六氟化碳）的排放量降到比 1990 年水平低 5.2%。其中欧盟将减少 8%，美国将减少 7%，日本和加拿大将减少 6%，允许挪威和澳大利亚分别增长 1% 和 8%，俄罗斯和新西兰保持不变。这一目标的实现意味着到 2010 年，全球温室气体的实际排放量将比没有控制的情况下减少 30%。《京都议定书》还确立了新的减排途径，即联合履行、国际排放交易和清洁发展三个灵活机制。联合履行是指附件一国家通过与另一个附件一国家的有关合作项目来实现减排目的，它是附件一国家之间的合作减排机制。国际排放贸易仅限于发达国家之间进行。根据《京都议定书》的有关规定，如果一个发达国家经过努力超额完成所承诺的减排义务，可以允许它将多减排的限额部分出售给其他发达国家。清洁发展机制是指承担减排义务的附件一国家与不承担减排义务的发展中国家之间的一种合作机制，其目的是既帮助发展中国家实现可持续发展，又协助发达国家遵守减排义务。规定这三种灵活机制是基于世界上不同国家和地区温室气体减排的成本上的差异，通过市场和减排合作使承担减排义务的附件一国家降低履行成本。

《京都议定书》的批准生效需要至少 55 个国家，在 38 个附件一国家之外，至少还需要 17 个非附件一国家的批准。根据《京都议定书》的有关规定，非附件一国家的义务仅限于提交国家信息通报、制订减缓和适应气候变化的计划、加强能力建设等非核心义务，而尚未承担具体的限排或减排义务。促进《京都议定书》批准生效，使发达国家确实在全球减排行动中担负率先减排的责任，并履行其在资金援助和技术转移方面的义务，是符合发展中国家一贯立场的。因此，发展中国家和欧盟一道努力推进《京都议定书》的实施。

然而，最大的阻力来自美国。2001 年 3 月 28 日，美国白宫发言人表示，美国将放弃实施减缓全球气候变化的《京都议定书》，布什总统将考虑通过其他途径来解决全球气候变化问题。布什强调："我们赞同必须减少会造成温室效应的废气排放的目标，不过，我们不接受《京都议定书》中所提出的方法。"从 2001 年 1 月 20 日上台以来，布什政府已采取了一系列"反环保"的政策，废除或推迟实施前任总统克林顿签署的关于控制饮用水中的砷含量、提高矿区环保要求和禁止伐木公司和石油公司在国家森林中筑路的规定。布什上台不久，参议院共和党议员穆尔·科斯基提交了一项能源议案，建议开发阿拉斯加北极野生动物保护区，允许在保护区内进行石油和天然气的勘探、开采，以缓解国内的能源危机和逐渐减少能源进口。布什对此持支持态度。环保界人士认为，布什政府的许多内阁成员，包括他本人，与石油业、钢铁制造业等污染型工业关系密切。布什上台后采取的一系列放宽环保要求的措施，实际上是他在给大选中向他提供过慷慨资助的利益集团以政策上的回报。

布什政府拒绝执行《京都议定书》，根本上还是出于对美国国家利益的维护。布什强调，美国目前需要解决本国的能源危机和经济增长放慢问题，过多过高的环保要求可能会妨碍经济增长，因而不符合美国的国家利益。美国有关官员也声称，执行《京都议定书》将损害美国相关产业，可能导致数百万美国人失业。布什政府拒绝执行《京都议定书》的另一个理由是议定书没有为发展中国家规定"有意义的参与"承诺。布什政府认为，只有发达国家的减排，而广大发展中国家特别是中国、印度和巴西等大国没有承诺具体的减排指标，这对减缓全球变暖是不利的，对美国也是"不公平的"。布什还反复强调，对于全球变暖的科学认识目前尚不充分，有必要从各个方面重新审议气候变化政策。在科学研究上，美国将重点寻找有关全球变暖及不确定性方面的新证据。

美国在减排温室气体问题上的立场倒退在国际上受到了一致谴责。欧盟委员会负责环境事务的委员瓦尔斯特伦指出，在《京都议定书》中，发展中国家依照"共同但有区别的责任"的原则，也承担了控制气候变化的责任。她还强调，当前发达国家的温室气体排放量最大，发达国家不履行减排义务，控制气候变暖就无从谈起。一些环保组织警告说，美国退出《京都议定书》可能会使国际社会多年来为控制气候变暖所做的一切努力化为乌有，使《京都议定书》成为一纸空文。绿色和平组织呼吁欧盟、日本、俄罗斯等继续积极推动京都进程，使《京都议定书》在美国不参与的情况下仍然得以生效。

　　在美国宣布退出《京都议定书》的情况下，国际社会为推动该议定书的生效进行了不懈的努力。到 2003 年年底，已经有 100 多个国家批准了《京都议定书》，其中规定减排国家的温室气体排放量占了 1990 年全球排放量的 43.9%，离《京都议定书》生效的必要指标只有 11.1% 的差距。如果占 1990 年全球温室气体排放 17% 的俄罗斯批准，这一议定书将在没有美国参与的情况下正式生效。因此，这一国际公约能否生效在很大程度上取决于俄罗斯的态度。

　　俄罗斯对待《京都议定书》的态度和立场经历了一个反复的过程。在 2002 年的约翰内斯堡可持续发展世界首脑会议上，俄总理卡西亚诺夫曾许诺将尽快批准《京都议定书》。但在 2003 年 12 月 2 日，普京总统的首席经济顾问安德烈·伊拉里奥诺夫表示，俄罗斯不会批准《京都议定书》，因为这个协议会损害俄罗斯的经济。俄罗斯的能源结构主要以石油和煤炭为主。从长远来看，如果俄罗斯要控制温室气体的排放，就必须花费巨资开发新的能源技术，并要对现有技术设备进行改造，优先发展低能耗产业。对俄罗斯政府来说，当前的主要任务是恢复经济增长，而减少温室气体排放量可能需要付出巨大的经济代价。伊拉里奥诺夫指出，普京总统将发展经济作为工作的重中之重，而批准《京都议定书》将"严重限制"俄罗斯经济增长速度，所以现在俄罗斯不可能批准这份协议。美国以及其他国家是全球温室气体排放大国，但它们却不批准这个协议，在这种情况下让俄罗斯批准《京都议定书》而妨碍自身经济增长是不公平的。支持者却认为，批准《京都议定书》并不妨碍经济的发展。相反，批准议定书可以使俄罗斯向欧洲、日本等国家大量出售多余的排放配额，并吸引外国投资，给本国经济发展带来良好机遇，同时会改善俄罗斯的环境状况。

经过反复权衡批准《京都议定书》的利弊之后，2004 年 9 月 30 日，俄罗斯政府通过了有关批准《京都议定书》的法律草案，并提交俄议会批准。俄国家杜马和联邦委员会分别于 10 月 22 日和 27 日通过《京都议定书》，普京总统于 11 月 5 日签署联邦法令，宣布俄罗斯正式批准《京都议定书》。法令强调，尽管《京都议定书》对俄罗斯规定的减排义务会对俄社会和经济发展造成严重后果，但考虑到该议定书对促进国际合作的重要意义，并只有在俄罗斯参与的情况下才能生效，俄罗斯才做出批准《京都议定书》的决定。按照俄法律程序，俄总统在议定书上签字后，该议定书已经成为俄罗斯的法律文本，这意味着俄罗斯正式批准了这份国际环境保护协议，《京都议定书》将在 2005 年正式生效。俄罗斯舆论认为，俄罗斯政府通过有关批准《京都议定书》的法律草案，主要出于外交和经济上的考虑。批准《京都议定书》的国家，特别是欧盟国家，迫切希望俄罗斯尽快批准这一议定书。俄罗斯将批准《京都议定书》当成谈判筹码，希望借此在与欧盟关于加入世界贸易组织的谈判过程中争得较为有利的条件。2010 年 5 月，俄罗斯与欧盟结束了有关俄加入世界贸易组织的谈判。俄罗斯总统普京在结束谈判后表示，俄罗斯将加快批准《京都议定书》的进程。另一方面，《京都议定书》规定俄罗斯 2012 年的温室气体排放量与 1990 年的排放量持平。事实上，自 1990 年以来，由于经济衰退，俄罗斯向大气中排放的温室气体已经比 1990 年减少了超过 30%。根据《京都议定书》规定的国际排放交易机制，俄罗斯可以将其多余的排放配额出售给需要减少温室气体排放但由不愿意在国内减排的国家，特别是欧盟国家。对这些国家来讲，温室气体减排成本将会大大降低；而通过将排放配额转变成国际商品，俄罗斯也将轻易地获得很大的经济利益。俄还可以通过联合履行机制，促进西方国家对俄罗斯在能源，特别是节能技术领域的投资。因此，从总体上讲，批准《京都议定书》是符合俄罗斯国家利益的。

显然，俄罗斯批准《京都议定书》为国际社会解决全球气候变化问题迈出了关键性的一步，围绕气候变化问题的国际环境外交活动也会因此进入一个新的阶段。

通过以上分析可以看出，国际社会回应气候变化问题的进程大致经历了三个主要阶段：第一是 20 世纪 80 年代中期以前的科学研究阶段。科学界通过国际合作研究，加深对气候变化问题特别是气候变化问题的理解，并建立某些科学共识。第二是 80 年代中期到 90 年代初的政治化阶段。国际社会逐渐将气候变化问题纳入国际政治议程，并为此召开了一系列国际会议商讨应对策略。《联合国气候变化框架公约》的签署是国际回应的最重要成果。第三是从《联合国气候变化框架公约》生效开始到 1997 年《京都议定书》的签署以及此后围绕该议定书的生效和实施问题展开的国际交涉阶段。

国际社会回应气候变化题的历史进程从一个侧面反映了国际环境政治中科学与政治的关系：一方面，全球气候变化的科学研究为国际气候科学界达成有关共识提供了基础，同时为政治家的政治决策提供了相关的科学背景知识，从而为气候变化问题在 20 世纪 80 年代的政治化创造了必要的条件。另一方面，国际社会对气候变化问题的政治回应过程反映了更为复杂的国家集团间的利益矛盾。气候变化和减缓气候变化对各国或国家集团的成本与收益并不相同，各国在谈判中采取的立场主要取决于对这种成本与收益的算计。

可以肯定的是，南北分歧是国际社会回应气候变化问题中的核心问题，但这并不意味着南北内部是铁板一块的，发达国家内部特别是美欧之间的妥协和合作也是确保温室气体减排成功的关键因素。同时，发展中国家内部在气候变化问题上也有分歧，发展中国家内部的分化组合在一定程度上将影响国际气候变化政策的走向。

三、关于全球变暖问题的科学争论

事实上，在关于全球变暖问题，科学家一直存在不同的观点。20 世纪 70 年代初出现的气候"变冷说"一度成为主流。1971 年丹斯加德等人发表的格陵兰冰芯氧同位素谱分析成果表明，地球气候有 10 万年周期变化，其中 9 万年为冷期，1 万年为暖期。按此规律，气候的暖期已接近尾声。日本气象厅朝仓正 1973 年撰文预言，地球将于 21 世纪进入"全球变冷"时期。美国威斯康星大学环境研究所布莱森认为，地球目前正在非常缓慢地进入另一个大冰河期。

20 世纪 70 年代初，在美国布朗大学专门召开的一次"当前的间冰期何时结束和如何结束"研讨会上，学者们举出实例证明地球气温已经在开始下降。他们表示，从暖到冷的变化可以不足 500 年，如果人类不加以干涉，当前的暖期将会较快结束，全球变冷以及相应的环境变迁就会随之来临。会议的两位发起者甚至还向当时的美国总统尼克松写信发出警报。这种"冰期将临"的观点一直持续了 20 年。

关于全球变暖问题，学术界存在几点主要的共识和分歧：

一是对全球变暖现象的认知。以 IPCC（联合国政府间气候变化委员会）为代表的主流认识是，气候变暖和反常气候活动增加是气候变化的两个基本趋势，从科学界已掌握的全球观测资料看，确定近百年全球变暖的总体趋势应是没有问题的。

二是引发气候变化的原因。导致气候变化的原因既有自然的因素又有人类活动的因素，主流的认识是：近代（特别是近百年来）气候变化的主因是人类活动产生的温室气体增加导致温室效应增强所致。另一些学者则认为自然因素是主因。无论争议如何，近百年来全球大气中二氧化碳浓度在增加这个事实是不可否认的。

三是二氧化碳增加与全球变暖的关系。是二氧化碳增加导致气候变暖，还是气候变暖导致二氧化碳增加？相关性是否意味着因果关系？

以普林斯顿大学物理学家威尔·哈伯（Will Happer）为代表的学者认为，二氧化碳只占全球大气总量的 0.054%（体积比），人类活动排放的二氧化碳等温室气体总量不到大气中二氧化碳的 1%。人类制造的二氧化碳根本不会产生温室效应，温室效应主要来自水蒸气。同时全球变暖的怀疑论者提出了两点证据：一是 20 世纪 40—70 年代全球气温出现下降趋势，而同期恰恰是全球工业快速发展时期，也是二氧化碳等温室气体排放迅速增长时期；二是中世纪暖期（950—1250）全球气温比现在还要高，但那时人类活动所产生的二氧化碳并不多，这说明二氧化碳增加与气候变暖不存在因果关系。

IPCC 的报告指出，二氧化碳在大气中停留的时间有 50 年、100 年，甚至 200 年之久。这种将二氧化碳在大气中停留的时间拉长了几十年的假设是全球变暖末日论的重要基础，因为它证明人类活动将大幅提高二氧化碳浓度的推论。但不少科学家认为，二氧化碳在大气中的存在时间至多不超过 5—10 年，因为海洋吸收二氧化碳的能力几近无限。

四是导致全球变暖的主要原因是自然的因素还是人类活动因素的作用。

怀疑论者认为，太阳自身的活动（太阳黑子的周期活动）、地球运转轨道的变化是导致全球变暖的主要原因。他们认为，冷热交替的周期性转换是几千年来全球气候变化的常态。阿拉斯加大学国际北极研究中心赤祖父俊一认为，自小冰河时期以来，全球气温上升幅度一直保持在每百年 0.5 摄氏度。"地球可能仍处于小冰河时期之后的恢复期。"如果他的观点正确的话，完全没有必要将 20 世纪变暖归因于温室气体的排放。既然我们所经历的是自然趋势的延续，那么近来的变暖也就没什么大不了的。澳大利亚阿德莱德大学地质学教授伊安·普里莫（Ian Plimer）在《天与地》（2009）一书用大量图表和数据证明温室效应主要来自水蒸气而不是二氧化碳。他认为，地球是个动态演化系统，现今的温度变化、海平面变化及冰川变化都在历史变化范围内；从冰期的时间尺度看，目前全球大气的二氧化碳浓度仍位于 500 万年以来的低点；地球气候系统最终是由太阳活动、地球轨道、洋流、地球地质活动塑造而成的，人类活动只能在整个气候系统中留下少许活动印记。

还有一些科学家认为，地质学、考古学、历史学和天文学都没有确凿的证据证实人类活动影响并改变了气候演化的方向；现有的全球变暖结论过多地依赖计算机模型模拟的结果，而非实际的观察记录显示。

五是全球变暖对人类社会的利弊问题。

对于气候变化结果的认识，学术界仍然存在一些争议。主流的观点认为，全球气候将对人类社会的发展产生毁灭性的负面影响。但也有科学家不认同这一观点。中国国家应对气候变化专家委员会主任杜祥琬指出，变暖对农业和生物生存环境的影响有利有弊，但持续变暖特别是在短期内变暖过快，可能导致弊多利少。

一些怀疑论者认为，全球气候变暖问题是一个被一些主流科学家操纵的伪科学问题。2009 年 11 月，一名电脑黑客进入英国东英吉利大学的电子邮件服务器窃取了英国气候学家之间交流的上千封电子邮件内容，也由此窥探到过去十几年里气象专家们之间私下的思想交流。黑客把电子邮件公之于众，并声称从邮件中可以看出，这些气象专家研究并不严肃，他们甚至篡改对自己研究不利的数据，以证明人类活动对气候变化起到巨大作用。这一事件发生距离联合国哥本哈根气候峰会（12 月 7 日）还有一周时间。气候怀疑论者还广泛引用另一封美国国家大气研究中心（位于科罗拉多州）的气象学家凯文·特伦波斯的邮件。特伦波斯在这封讨论气候变化的邮件中写道："事实上，我们对现在气温没有继续上升的现象并没有影响。"在其他电子邮件中，一位科学家表达了对质疑其工作的一份刊物的愤怒，另一位科学家则威胁，要把一位对全球变暖持怀疑观点的知名科学家"打得满地找牙"。这次事件引起了气候怀疑论者的兴趣。怀疑者称，这些邮件是他们一直在寻找的确凿证据，证明气候变化科学家在从事不可告人的行为，并对反对者进行人身攻击，同时他们未能应外界的请求，提供某些数据。

从"气候门"事件可以看出科学与政治之间的复杂关系。科学报告和科学话语背后往往有复杂的政治和利益考虑，导致科学的"政治化"。科学共识的达成有利于全球变暖问题的政治解决，但科学的不确定性也为怀疑论者和消极参与者提供依据。

我们在审视科学报告和科学结论的时候，需要关注到科学背后的利益因素。科学家也是人，科学家也是一个利益相关者。国际上有所谓的反气候变暖的集团，也有支持气候变暖的集团。他们背后可能有相关的公司支持，但也有可能有些科学家出于一种严谨的科学精神去研究。尤其是很多反对全球变暖理论的科学家，他们因为反对这个理论，在社会上的地位可能受到影响，比如，在国际会议上没人请也得不到的相应的资金资助。当然也有一部分所谓的石油集团可能资助这部分科学家。科学与政治关系是很复杂的，政治也可能绑架科学，政治家有可能拿科学来说事。但问题在于，科学家的科学结论很难说用投票进行表决。所以有人质疑联合国政府间气候变化专门委员会（IPCC）是否是一个纯粹的科学家的组织，怀疑论者认为这是一个政治组织而不是一个纯粹的科学家的组织。他们认为 IPCC 近年来关于气候变化研究的评估报告带有很大的主观性，它并不是客观的科学结论。而这些报告为联合国关于气候变化治理提供了一个足够强的依据。由于全球变暖以及治理全球变暖对各国的利弊得失各不相同，各国的态度和反应也因此不同。欧盟被认为是全球气候治理的领导者，在欧盟的能源结构中，传统能源占很少的份额，新能源产业很发达。欧盟也可以借助于气候变暖问题，在全球上争夺话语权，同时实现经济转型，而美国恰恰相反。

从这一点来说，全球气候变暖问题不仅是科学问题，同时也是政治问题，是涉及人类社会生存发展、涉及国家经济竞争的一个全局性的全球性问题。

提问与讨论

主持人：好，谢谢。再荣已把这个问题的来龙去脉说得非常清楚，使我们知道全球变暖问题的由来、发展以及根源在哪里，问题的症结在哪里。我觉得你最后的观点也很对，全球变暖问题不仅仅是个科学问题，归根到底还是人类生存和发展问题，关系到我们的幸福生活。

再荣的报告使我也想起了我曾经看过的一本书，那本书叫《人类的起步》。书里提到的这个时间尺度就是你里面没有提到的，但是跟你里面讲的观点是一样，就是说我们看环境的变化、气候变暖，我们到底是用 30 年、50 年、100 年还是 1000 年，甚至上万年、上亿年的尺度看。如果用更长的时间尺度看问题，我们会看到不一样的情景。如果说我们也承认现在我们真的是处在一个变暖期，温度有所升高，但是这个升高到底是因为人类的活动造成的，还是大自然的上千年、上万年，甚至十万年的一个尺度当中的某一段，那就不一样，所以他也是举了很多历史上的生态环境的变迁的例子来说明，就是说我们的尺度是远远不够，我们以人类自身的经历，我们也就是几十年上百年的生命，然后我们用自己的经历来判断气候到底是变暖了还是变冷了，这个是不是科学的。如果放在上万年的尺度的话，我们就看到这是一个大的周期，这个周期跟人类的活动没有关系，地球生态自然环境有它自己的变动的逻辑，所以无关于人类的排放。那么如果确实是这样的话，我觉得它首先也是一个科学的研究，如果它是站住脚的话，我们现在的很多担忧就没有意义了。当然不是说我们可以随便排放，也不是这个意思，而是说人类自身的活动所引起的地球变暖的影响非常小，起码是要小于我们现在的想象。看完这本书我也很有启发，就写了一篇书评，这篇书评后来发表在《光明日报》上，2014 年成为全国高考语文卷的阅读理解考题。所以我觉得首先是一个科学的研究，它到底是不是人类的活动所引起的。如果不是，起码我们不需要那么担心。如果是，那么肯定是我们要下大力气（治理）。但是这个责任怎么区分？你说发展中国家，我们就不发展了吗？我觉得是美国现在看来是有点霸道，已经在很多地方显示出这种霸道。这对我们来说也是一个很好的启示，不管全球变暖与人类的活动有没有关系，尽量减少温室气体的排放，促进环境保护都是个很迫切的任务。非常感谢你从宏观的视野，把这个东西梳理清楚了。

问：徐老师，那我先请教您一个问题。就一句话，不管科学界关于全球变暖是如何争论的，请谈谈您自己的观点。

徐再荣：现在学界实际上有一个共识，就是说近 100 年来的时间尺度看，相对于前一段时间全球平均气温是上升的，这是一个趋势。第二个趋势是，近 100 年来，由于工业化城市化的发展，温室气体浓度也是增加的。现在的问题就是，到底这两者是什么关系？是因为温室气体增加了导致全球气候变暖，还是什么？我个人认为这些怀疑论者从逻辑上来说是没有问题的，值得我们重视。他们认为地球系统是一个很复杂的动态的过程，它不是一个实验室，也不是一个简单的温室。温室里面说可以做实验，可以用计算机模型推演出来的。主流科学家认为，如果照现在趋势继续下去的话，全球气温可能增加 2℃，甚至更多。这都是通过计算机模型推算出来的，可想而知这种预测不确定性因素很多。但是另一方面，我倒觉得中国积极参与减排是对的。参与减排不只是一个温室减排的问题，它同时是一种污染控制的问题。比如，要减少煤、石油等传统化石能源的消费，不仅可以减少温室气体的排放，同时可以减少相关的污染问题，这有利于我们的环境保护，可谓利国利民。有人也认为气候变暖对我们不一定是坏事，控制排放肯定是件好事，但是不能不计代价地进行控制。

有时候一种声音一旦占据主流，它就成了一个政治正确，尤其是当人们把这个问题跟所谓人类命运、全球环境保护这些宏大的叙事关联起来的时候，质疑的声音会被打压，不能在公共媒体传播。但从科学的角度来看，适度的质疑和审视是很有必要的。但现在的媒体很少报道这些怀疑论者的观点，给大家的印象是，全球变暖是普遍的共识，是个不需要论证的问题。

问：徐老师，我有一个疑问，就是在我们看环保问题在很大一种程度上是一种伦理的问题。就是为什么富有的人占有了大多数的资源，而所有的人来共同承担环境污染的代价？这是一个伦理学的问题。但是如您刚才所说，它又是一个国际关系方面的博弈问题。那么从伦理和国际关系的角度看，关于共同但有区别的责任的原则，就涉及一个人类公平的问题。例如二氧化碳的排放是累积的，你先工业化，先消费化石燃料，意味着你累积的排放量肯定多，那么你负的责任肯定大，怎么办？解决的方式就是你首先要减排，你要花钱、花精力要减排，我们后发展，我们责任少怎么办？我先不减排，等我们发展起来再慢慢减排。还有一个就是所谓的可持续发展问题，你不能说竭泽而渔，我们当代人过得好好的，下代人就不考虑了，这也是一个人类问题。

徐再荣：我同意你的观点。联合国还提出可持续发展是以人为中心的发展，我觉得它跟环境保护也并不矛盾。许多环保主义者往往将环境问题简单归咎于所谓的人类中心主义。人类中心主义这个概念需要进一步推敲。是什么人的人类中心主义？有富人的人类中心主义，既得利益集团的人类中心主义，还是多数人的人类中心主义，或者包含下一代人的人类中心主义？它不一样的。这是个很泛化的概念，我们简单拿这个概念批判说环境问题的起源就是人类中心主义，我觉得方法有点不对。比如欧洲现在环境保护得很好，我觉得恰恰是他们更关注人的生活质量和人的发展。只有当人们认识到人要真正过上舒适、体面、自由的生活的时候，他们才更要强调环境保护，强调与自然的和谐。反之，如果只强调生态中心主义为原则，那是否意味着人就是一定要生活到极简，回到所谓的原始的这种状态？

另外，前两天在微信群上流传这么一篇文章：《是人类需要大自然，而不是大自然需要人类》。这句话怎么理解？首先，大自然是什么？人类本身就是大自然不可或缺的一个部分，是整个地球生态系统过程中的一个组成部分，可以说大自然离开人类也不成所谓大自然了。人类与大自然是不能对立起来的，我们强调对自然环境的保护，其实归根到底也还是为了人类，是从人类的利益需要出发提出的。这不是谁需要谁的问题，因为对人类来说，如果说人类都不存在了，那无所谓大自然，也无所谓什么保护。如果没有人类，这地球变成火星一样，这就无所谓有人类与自然的关系了。火星是存在的，但是它干旱不干旱，变暖还是变冷，它实际上对我们地球上生存的人类来说是没有实际意义的，因此我们所说的大自然首先是我们所生存的自然环境。

问：徐老师，我还有一个问题，就是您刚刚说那些怀疑论者，它背后是一些传统的能源财阀在支持，可能那些环保主义者是一些新能源集团来支持。按道理说传统的能源财阀不应该更有实力吗？为什么在这个问题上会被边缘化？

徐再荣：经济实力跟学术主张是两回事。我并不认为这些环保主义者背后肯定有新能源集团支持，怀疑论者背后肯定有传统能源财阀支持。事实上，他们相互都在指责对方的动机，这就是所谓的阴谋论。你提出质疑本来是从科学研究出发的，但别人首先怀疑你的动机，即你反对全球正在变暖的观点，肯定接受了这些化石燃料集团的资助；你支持全球正在变暖的观点，那你肯定受到了新能源集团的资金资助。现在国际主流媒体、政界和环保界已形成了一种关于全球变暖的"政治正确"。在公开场合质疑全球变暖问题，都被认为是"政治不正确"，人们首先会质疑其动机和立场，怀疑论者的话语权也正在被削弱。

事实上，科学家组织和环保组织也是有自己的利益，并非是一个纯公益性的、利他的组织。这些组织和人员需要被关注，需要得到社会的认可，需要资金来支持自己的发展，也需要自己的收入高一点，在社会上有体面的地位，因此他需要借助这个话题得到社会的关注，获得更多的资金资助。这在西方也是一样。

从社会建构的理论来看，全球变暖理论是一个被社会构建起来的概念，而不是单纯的一个科学发现，主要是通过环保组织、政治家、科学家、新能源公司和大众媒体共同构建而成的概念。就像很多其他环保问题一样，这个问题本来早已存在的，为什么后来成了一个社会问题？主要通过科学研究发现、媒体报道、政治决策者参与，把这个问题上升为一个全社会关注的问题。

问：徐老师，我给您提一个问题，在您讲述的过程中我一直存在这个疑问，关于全球变暖问题，实际上是我们人类现在对于未来的一个预测，对于未来的一个结论。而无论是正方也罢，反方也罢，就是那些怀疑论者也罢，他们的论据都是基于过去的事实所得出来的关于未来的一个结论，这中间在逻辑上是否有问题？也就是说，我们没有办法根据过去的趋势，推断明天会怎么样。

徐再荣：我认为，历史上的气候变化是一个时间尺度的问题。不知你们有没有看过股票的价格曲线图？一只股票最近一段时间大涨，你可能认为这超出了正常的范围。如果你把时间线拉长，就会发现一年或五年前涨的高度比本次还要高。我国著名的气候学家竺可桢先生在1972年发表了《中国近五千年来气候变迁的初步研究》一文，将我国在历史时期的气候可以分出四个温暖时期和四个寒冷时期，从仰韶文化到安阳殷墟的 2000 年间，黄河流域的平均气温大致比现在高 2℃，一月温度高约 3—5℃，当时黄河流域有大象生存。根据冰芯得到的气温历史资料表明，在距今约 12 万年到 14 万年之间，地球上也有一个高温期，且其平均气温值要比近 1 万年来的平均气温值还高。的确，我们不能根据过去来准确预测未来，但问题是，只有过去留下的才是确定的。现在大家的预测都是根据过去 100 年、1000 年，甚至几万年的变化趋势来判断，我们不能抛开过去的证据来直接预测未来。记得北大有位大气物理学家说既然是温室气体，那么气候变化就应该是恒定的，不会反反复复的，即使最近 100 年来地球表面温度一会儿热，一会儿凉，哪有在温室里面一会儿热一会儿凉的？所以他认为温室效应理论是解释不了全球变暖问题的。如果把这个理论推翻掉，那么所谓的全球变暖问题似乎就不存在了。

主持人：今天徐教授讲的这个问题之后，明天开始气温就下降了，这有可能是由于人类的干预使温室气体排放减少。通过过去的趋势我们可以预测未来，当然不一定必然发生。既然没有发生，当然就无所谓必然。

问：科学中所谓不确定性，有一种可能性，但是不确定。未来所有的东西都是不确定的。

主持人：对，而且我们知道，温室气体的排放跟人类的活动有关，那么我们现在有了这个意识，我们以后的活动就减少了，必然性就没有了，这个趋势就被逆转了。现在我们讨论的就是将向上的趋势改变。所以存在往上走的可能性，也有可能掉头往下，因为我们的觉悟都提高了。从这个角度上是对的，我们对未来的理解总是要基于对现实和过去的认识，过去、现在和将来是时间方面的，只有从对过去和现在的认识当中才能讲出将来可能怎么样，否则就无所谓将来了。我们学历史也是这样，我们无法肯定苏联哪一年、哪一天解体，但我们可以判断一个趋势，就是这种冷战的状态和苏联的做法是不符合历史趋势的。苏联的这一点也给了我们教训，就是美国不论怎么跟我们干，我们都不能无视全球化，而是要更加投入地推动全球化。这就是我们已经认识到这个问题了。好，由于时间关系，就不再展开了，再次感谢徐教授的精彩报告。

英帝国的环境文化遗产

演讲人：梅雪芹（清华大学历史系教授）

时间：2018 年 8 月 28 日

我们这个研究开展了将近 20 年，如果没有老一辈先生的支持认可，其实我们也没有那么大的信心不断地坚持。今天讲的这个题目，是我这些年做环境史研究之后，对原来的英国史、世界近现代史，包括英国的本土历史和帝国历史再思考的一个部分，属于阶段性成果，可能有一些提法未必适合，或者跟我们原来所说的帝国的东西不太一样，甚至有一些字眼能不能被接受都未可知，比如"帝国的环境文化遗产"这个概念。

我们更多从帝国的维度来看它对近代世界的影响，尤其是其中的破坏性或者负面的一些东西，可能有一些对原来研究的继承，但是也有一些想要拓展和突破的考虑，所以用的字眼跟原来似乎不一样，有一些新的东西。

我想从题目开始分解一下基本的思路，因为这个题目当中包括英帝国的文化遗产、环境文化遗产这样一些核心词，所以我就从这儿理了一下思路。昨天下午和晚上都在做提纲 PPT，想把思路理得更清楚一点，英帝国的环境文化遗产到底怎么认识？怎么研究？怎么评价？评价原则是什么？这个是我们在研究过程当中试图借鉴环境史视角，对我们原本熟悉的题目进行重新研究的基本想法。

在英帝国环境文化遗产这个专题下，首先是英国和英帝国的问题，当然大家非常熟悉这部历史，而英国的历史似乎是可以非常简单地呈现的。

比如对英国的历史做一个长时段的、更大范围的了解的话，那就是从小岛国到大帝国，也就是说整个英国的历史，把帝国作为英国历史的一个有机组成部分的话，那英国从原来的小岛国发展到后来的大帝国，就是它的基本历史状况。

从小岛国到大帝国这样的概括比较适合给公众讲，因为可以简洁明了地去了解这个国家，它的发展状况就是从一个在世界版图上非常小的岛国，后来成为近现代意义上的民族国家。这个小岛国是非常小的，可能相当于安徽省加上江苏省，就那么点大的一个地方。

我们也要从这个"小"来讲起，非常小的岛国的内部历史，大家很多对此都是有专门研究的。英国最后发展成一个世界性的帝国，而且持续达几百年，这在人类历史上前所未有，这个大帝国非常之大，现在则以这个小岛国为中心，我们可以有一个直观的对比。从帝国的角度来说，分殖民地、保护国、保护领等一系列，都属于它的统治管辖范围，这个是我们非常熟悉的。以小岛国为中心，它在整合全世界物质文化等各方面资源，于 20 世纪初达到鼎盛。所谓鼎盛指的是在版图和控制力等各个方面，这之后也开始慢慢衰落，最后解体。但是在它鼎盛的时候，其所控制版图、人口和陆地总面积，都可以用一个"大"字来体现。我们都知道"日不落帝国"这样一个说法，而"日不落帝国"这个说法在英国最早出自马戛尔尼（George Macartney，1737—1806）。1773 年，他针对英国控制的这样大的地域，提出"日不落帝国"的说法。长期以来，非常多的学术力量都在研究英帝国的兴衰，包括英帝国兴起和建立的过程，从第一帝国、第二帝国到 19 世纪、"一战"之后慢慢解体，"二战"之后的变革之风的兴起，之后是殖民地独立。而 1997 年香港回归是英帝国正式解体的标志。解体之后它在世界各地还有一些小的领地，但总之这样一部从兴起到衰亡的历史，长期以来是国际学术界包括英国史研究界的关注点。从维基百科上我们能够快速地了解英帝国的历史，包括基本知识、阶段性发展，以及在阶段性的发展当中一些重要的事件和重要的区域，等等。维基百科现在是知识传播的很重要的力量，之所以能把这段历史说得这么清楚，也得益于这方面研究的丰硕学术成果，对吧？这样，帝国作为一个有机体，也经历了从出生、成长到壮大和最后衰亡的过程。

在 21 世纪的今天，我们回过头再来研究英帝国的兴起发展，尤其它的影响和作用，还是非常必要的。有许许多多的成果，包括对英帝国遗产的总结是一直在做的，只是大家用不同的词。原来更多谈帝国的影响，或者帝国的作用等方面，我今天加上"遗产"这个词。这个词也并不是我的创造，学术界也有人用这个词来谈英帝国的影响。

现在通行的关于英帝国的影响认知，一般从政治制度、经济体制、语言、法律、宗教、建筑，包括体育运动，甚至度量衡和交通规则等方面来看，研究英帝国兴起发展，尤其是解体之后，它的影响体现在哪些方面。政治制度，包括法律方面，是人们谈得比较多的。从英国作为议会制度的母体这个角度，讨论原来的白人移民殖民地，比如加拿大和澳大利亚独立之后的体制，也包括英国全然统治的殖民地，像印度等地方的相关制度建设。不是说它好坏，而是由此评判殖民地所受到的影响，这是客观事实。

经济体制方面也是如此，有很多相关的制度建设。英帝国解体之后，尤其是在英联邦的建设当中，英国原来的一整套制度，公司的运作、金融方面等都得到体现，人们也是通过这个来总结帝国的遗产。语言就不用说了，英语变成实际意义上的世界语言，在人们的交流沟通当中，它的作用不言而喻。后来美国兴起了，建立了世界霸权，对于英语成为世界性语言的推动作用很大。

但是无论如何，美国原来是英国的殖民地，早期美国历史其实是英国历史的很重要的一部分。我们从美国西海岸的西雅图到加拿大，过国境的时候会看到一个界标，这边是星条旗，那边是枫叶旗。界标上面写着"We Share the Common Mother"。美国、加拿大等地方都是在英语语言体系下成长的，英语语言的影响也是英帝国遗产中很重要的一个部分。

另外，宗教、建筑和体育运动也是这样。譬如我们熟悉的印度以及东南亚：东南亚现在正在开亚运会，当中一些体育项目，其实就是英国体育文化的遗产。度量衡不用说了。交通规则也是，以我们的香港为例，它的交通规则跟我们内地不一样，这些都是人们把握英帝国遗产的很重要的方面。

物质的、非物质的都在那里，我们能看得见摸得着，能体会到。所以维基百科上专门有一段话，涉及很多的内容，包括政治、经济、文化、语言，表明迄今为止人们在认识帝国遗产，或者说在谈论英帝国影响的时候，经常会从这些方面去讨论。

但是这样的讨论或者研究，在我看来其实还是不够，或者说其中很多的只是抽象化的板块；文化、语言、建筑都重要，但那都是一块一块的，很多东西需要去细化。通过细化和拓展帝国遗产这个内涵，我们就可以更深更宽地去挖掘。因此在这个意义上，可以基于新兴的学术研究的思维成果和其他各个方面的贡献大胆地提出一些概念，以丰富我们对英帝国遗产的认识，其中我就想提出"英帝国的环境文化遗产"这个概念。

当然,这个概念合不合适,怎么样界定它的内涵,这是一个需要不断认知、建构并达成共识的过程。一开始不一定会得到大家的认可,因为毕竟没有现成的概念——我没有找到一个现成的英帝国环境文化遗产概念,无论是中文的还是英文的都没有。但是我基于环境哲学和环境文化领域的一些研究,还有环境文化学的概念,中外都有,也有文化遗产概念,由此可以发现,不同的领域都在面对大体相似的问题。

这些概念整合起来,可以提出"英帝国的环境文化遗产"这一概念,有一些基本的判断和认识,目前为止我也就只有一个基本的判断,并没有周详的定义,所以今天只是将很不成熟的一些想法提出来,供在座的各位专家批评。

关于英帝国环境文化遗产有一个时间维度,也有一个空间维度,400 年左右的时间,还有那广袤的土地;在这个时空范围内,英帝国历史上的人们认识和利用自然之后留下来的物质和非物质文化。这是我下的简单的定义。不仅是英国人,也包括整个帝国内部其他人群认识和利用自然之后形成的有关物质的、非物质的知识体系,它是在整个帝国内部交流的。

后来形成了人们所谓的生态—文化网络,它在帝国内部交流,所以在这个网络当中有众多的来自世界各地的人的贡献。这里面首先可能是英国人自己去往海外,认识远方山水,并在这个过程当中留下了思考,包括就地利用自然资源以后的一些物质的遗存。英帝国环境文化遗产是指英帝国留下的可以让人们认识和利用的东西,在这个概念下,或者说政治色彩不那么浓的定义下,我所研究并进一步思考的是两大类东西。

这两大类的东西,借鉴有形帝国和无形帝国的概念,或者说物质文化和精神文化这样一些概念，我造了"有形的环境文化遗产"和"无形的环境文化遗产"这两个概念来表述我要去思考和研究的英帝国环境文化遗产的内涵。当然这不够准确，仅供大家思考，尤其欢迎批评。学术研究需要交流，交流之后需要批评，批评才能启发我进一步思考，才能更严谨地表述相关内容。

我之所以用这样的概念，也是受到了斯宾格勒的启发。斯宾格勒在写《西方的没落》的时候，把文明比作一种超级有机体，我借用这个概念，觉得很适合用来比喻英帝国。它也是一种超级有机体，经历了出生、成长和死亡的过程，在春夏秋冬的时序中完成了历史的循环。

这一方面是比喻，但也是实在意义上的春夏秋冬，是无机的环境，以及环境和生命共同体当中有机的东西，也包括一种无形的环境文化。英帝国就是这样一种超级有机体，经历了这样的过程，完成了这样一个历史的循环。

刚才讲它特别大，这也是一步一步长大的，比如说英帝国的领土扩张，从 1815 年到 1921 年，它在全球范围内构建了一个网络体系、一个海运贸易网。原来我们对这个体系的建构和对内涵的认识，是从商业贸易和资源利用在全球范围内运转的角度来认识的，从商业的角度来看待帝国的兴起、发展和衰亡的过程，这是国际学术界一直着力的地方。

的确，英国这个小岛国曾经控制了全世界数百万不同的环境或生态系统，从"丛林"（jungle）这个词就能看出来。这个词不是英语语词，是外来词，来自东南亚，来自印地语，jungle 本身是一个生态系统，丛林不同于英国的森林，与原来意义上的 forest 是不一样的，里面有不同的树种，虽然都是树，但是长得不一样；那里的其他生物也与英国本土的有不同。

从丛林、河流到湖泊，农业用地到山区，各个方面是应有尽有的。帝国在开发这些环境的过程中，为了改善土地，提高土地生产率，更有效地利用资源，也是付出了不懈的努力。当然努力的结果你可以从不同的方面来说，有破坏，也有一些建设，总的来说是通过不懈努力来认识陌生的环境和远方的山水。在这个过程中，为了更好地利用（环境），反过来又积累了各种各样的物种知识，包括对一些物种的改良。其中有非常具体的历史。

将英帝国环境史的年表做出来，就会知道这个过程当中到底有哪些人，哪些事情，哪些物种，在什么时间，因为什么原因，因为哪些人发生了全球范围的大挪移。这里面有很多具体的事实，以及支持的机构、企业和法律。可以说，英帝国引起了人类历史上前所未有的环境变化，这是英帝国对近代世界影响当中非常直观的一个方面，就是改变了大地景观，形塑了世界各地的环境，引起了全球范围的自然秩序重组。

动植物的区系或者生态系统等自然秩序在重组，在这个自然秩序的重组当中，也要讲新的社区建立的问题，包括华人移民社区；世界各地华人社区建设的背后大都有英帝国资源利用的驱动。动植物转移过程当中，以它们为中心，以动物驯化、植物定植或者树木种植为纽带来塑造新的移民社区，这个都属于英帝国的范畴。在近代几百年的历史当中，对全球范围内秩序重组的内涵，国际学术界的研究非常多，从已有的文献或者学术史的梳理，包括我们那个课题当中的英国环境史或者相关内容的梳理来看，国际学术界聚焦于有形的环境，在文化遗产这方面做了非常多的研究，成果也非常丰硕。其中贡献出了很多概念，如"哥伦布大交换"这个概念是我们熟悉的。现在按照小麦克尼尔的说法，克罗斯比在 20 世纪 70 年代贡献的这个概念，今天美国的历史教科书和世界近代史的教科书都不能不讲。小麦克尼尔在"哥伦布大交换"的基础上，还贡献了另外一个概念，就是"库克大交换"——麦克尼尔在给《哥伦布大交换》30 周年版作序的时候，贡献了"库克大交换"这个概念。具体地，尤其指在第二帝国建立时期，英国人发现太平洋岛国并在南半球建立国家之后，欧亚大陆和太平洋诸岛以及澳大利亚的交换问题，更多是侧重于物质方面的，当然也有后面要讲的无形方面。国际学术界聚焦于有形的环境和文化遗产，做了大量研究，贡献了一批概念。而这些概念今天已经成为世界历史知识体系当中有机的组成部分。

我们讲的世界历史或者历史学，其实也是通过一系列名词术语等概念构成的，这也是我们为什么每次考试都要考名词解释，因为它们是历史知识的有机的组成部分，而这样的词是不同历史时期的历史学者或者相关学者研究的结果。在环境史当中，或者说在这样的探讨当中，人们贡献"哥伦布大交换""库克大交换"这样的概念，今天越来越为各个领域所了解，不管它准确不准确。其实有时候一些概念也不一定很准确，但是我们需要这么去做，去了解这个领域，国际学术界有太多的成果，我这里就不具体说了。在这个领域我们也涉及了一些内容，做了十多年的研究，我自己，尤其是我指导的硕士生、博士生在英帝国的有形环境文化遗产领域也做了一些探索。有一些硕、博士（学位）论文涉及这方面的主题，比如茶叶。茶叶这样的物质是我们现在生活当中离不开的日常生活饮品。它原来也是一个物种，是人们驯化的结果，而对英国或英帝国来说，的确有相当长的一段时间有一些人来中国，在福建和其他很多地方，包括到我们老家安徽去调研，攫取茶种，所以就有"植物猎人"这个概念，他们把中国的茶叶从很多地方拿到手，然后运出去，使茶叶在世界的其他地方得以种植和生产。对于这段历史我们有专门的研究，当然茶叶和英帝国不仅是我们在做研究，不仅是世界近代史专业的学生在研究，中国史的学者中也有很多人在做研究，首都师范大学等高校就有相关研究，而这个是我认为的英帝国的一个有形的环境文化遗产。

然后是橡胶。橡胶今天对于世界各地的经济发展和社会运行的影响是非常大的。美国被称为"轮胎上的帝国"，即与橡胶这样一个物种，以及割胶生产的整个过程是息息相关的，橡胶行业后来在东南亚是很重要的行业。国际学术界也有人把英国人获取橡胶物种的行为称作偷盗行径，说"植物猎人"到亚马孙河流域去捕猎橡胶这个原生物种，通过一定的种子采集，再跨洋运输，然后再在新的地方生长。

对于橡胶这个物种本身习性的认知，包括什么样的橡胶种植园应该怎么做，尤其什么时候割胶，哪样的橡胶能够流胶，胶有多少产量，等等，整个这一套知识都是在 19 世纪下半叶到 20 世纪初在东南亚和马来半岛的橡胶种植园反复试验后得到的。不能想当然地认为人们能够找到理想的橡胶树种，因为当时有很多橡胶树种，包括东南亚本土的橡胶树种，是在反复的比较和试验过程中，才发现适于产胶的橡胶树种，因此就有了一整套的知识体系——关于橡胶这个物种的知识体系。

这个知识体系在英帝国范围之内传播，我们专门有研究，我指导了一篇硕士学位论文，题为"橡胶树的大挪移——英帝国的绿色拓展"，探讨的就是橡胶树如何从中美洲到了东南亚，还有世界其他地方；"橡胶树的大挪移"在自然和社会两方面产生了什么样的结果和影响。

目前我正在指导一篇博士学位论文，主题是檀香木。对于檀香，中国人其实还是非常熟悉的，以至于我们在很多酒店中都能看到相关的宣传品，包括我这次在江苏溧阳的酒店，一进去就看到一个宣传品，放了一根免费的檀香，说希望你入睡之前点上，沁人心脾的香味能够有助于睡眠。我还拍了图片，挺有意思。而檀香木树种在不同地方的发现，也是19世纪中叶以来英帝国很重要的一项成果。当然对于檀香的利用，我们从文化和宗教的角度，从几千年前到现在一直在用，但更多是在宗教上，比如佛教利用它。檀香来自印度，后来在澳大利亚的西澳和一些太平洋岛上也发现了，包括檀香山。这个树木的发现和命名，尤其是它对人类的作用，比如医疗作用，其他的包括檀香皂、檀香毛巾、檀香精油等都是历史发展的结果。

我的一个博士生正在以此为题做学位论文。目前我们在广泛地进行资料回溯，相当一部分檀香木的资料是在加州大学伯克利分校，所以我的那个博士生25日去了伯克利，要在那进行一年的学习、研究。我们可能会以"一树一世界"这样的题目来讲这个檀香，尤其要探讨在近代英国人到了印度、东南亚、澳洲之后，它怎么被发现，怎么兴起了檀香贸易，包括在檀香贸易过程中，其他东西比如美洲毛皮是怎么跟檀香联系起来的。

要把这样一个物种与近代以来人们对它的需求，或者它跟各个地方的关系勾连起来，一棵小树和一个大世界。当然，做历史的一定要把相关的时间和史实整得很清楚。因为对檀香木到底是什么样的物种，怎么命名，这中间经历了反反复复的认识。一开始人们不是很清楚，有很多不同的物种混淆的情形，其实檀香是一种半寄生木，檀香的香是心材型。檀香是一定要寄生于其他物种才能更好地生长，另外它需要特别的土壤、阳光、养分，所以实际上檀香能种活的也不多，东南亚的马来西亚是一个得天独厚的地方，而这些都经历了慢慢摸索的过程，不是一蹴而就的。

以上这些都是我们在做的有形环境文化遗产的研究，未来我们还会进一步拓展，有很多方面需要去做。目前我们更多是在植物方面，动物方面以前做过一点点，包括麋鹿，我们是做过一些研究的。2022 年冬奥会的吉祥物中就有麋鹿，最近一些地方在做麋鹿文化，像北京大兴南海子麋鹿苑、江苏盐城大丰都在做麋鹿文化。麋鹿这个物种从发现到后来在我们本土消失，有各种原因，包括我们常说的八国联军的侵略，但在这个过程当中外国的传教士还有一些贵族把散存的一些麋鹿物种收集起来，然后运到英国伦敦郊区的乌邦寺，让它们在那里生长，后来有更多的种群数量。在 20 世纪 80 年代中英进一步恢复邦交的时候，麋鹿就作为友好使者，被我们重新引进，该物种濒临灭绝后又重新引进，再开始兴旺。对麋鹿的这段历史我们有所研究，对其他一些物种的历史我们也正在做研究，但一定要跟英帝国史，或者说近现代史里面相关的重大事件勾连起来研究。

另外一个方面，我把它称之为"无形的环境文化遗产"。无形的环境文化遗产应该说早有研究，但是重视非常不够，而我所说的无形的环境文化遗产，当然还要重申，像前面的概念一样，依然不准确，希望大家批评。我所说的无形的环境文化遗产是指帝国历史上人们对远方陌生自然的认知和知识体系的建构。一开始，人们对远方陌生的山水和自然不太认识，在帝国发展的过程中建立了相关的知识体系，包括语词、观念和其他很多东西，适用非物质的或无形的概念，当然这个概念有时候也不一定很合适，总的来说是指思想观念和知识体系这样一些东西。

我认为，对于帝国的无形环境文化遗产的整理应是双向的，包括英国人对海外世界的认识，同样也有帝国其他地方的人们对英国本土、欧洲大陆，尤其是早期美国的一些认识。这里面有大

量的澳大利亚人，澳大利亚人下一代到英国去，到美国去，他们
看到跟自己家乡不一样的东西之后，也有知识体系的建构。所以
这是宽泛意义上的无形环境文化遗产，这方面的研究是很不够的。
虽然有很多关于帝国的思想或者相关的文化研究，但是它们的侧
重点或者说所强调的，并没有真正就帝国各个地方的自然环境、
环境当中的山山水水和动植物，来思考人们的自然观念，人们对
自然的态度和行为这方面的研究是不够的，非常需要加强，这正
是我们努力拓展的一个方向。

目前在这个领域的研究，我们跟国际学术界前沿应该说是同
步的，或者说大家都处于起步阶段，因此我们有我们的话语权，
可以在国际学术会议或者一些交流的场合去谈想法。后面我还要
说，这正是我们努力拓展的方向，是非常有意思的，也发表并指
导了一些硕士学位论文，我自己也发表了一篇文章，当然很不成
熟，是通过英语中的外来词来看它所反映的自然和文化，对 16 到
19 世纪英语中的美洲外来词的作用做了一个梳理，从一个新的角
度来谈外来词的内涵、作用和价值（《词汇中的自然与文化——
16—19 世纪英语中的美洲外来词及其作用新探》）。这个是我所认
为的无形的环境文化遗产探索当中的一个方面，或者说取得的一
点点阶段性的成果：外来词与物——以英语中来自海外的物质及
其词汇来思考和把握无形的环境文化。

英帝国控制了全球很多不同的环境。在英帝国兴起和存
在的几百年，来自英伦三岛的男男女女穿越浩瀚的海洋、绵
延的群山、低洼的草原、壮丽的沙漠、生机勃勃的雨林，遇见
了在家乡从未见过的陌生异样的动植物、地形地貌和天象。所
有这些自然之物象不仅印入了他们的脑海，而且触动了他们的
笔端，使他们迫切需要新的词语来表达。结果，在享有“世

界性词汇"（cosmopolitan vocabulary）之称的英语词汇中，留下了无数的借自异域他乡的语言并反映其自然之物及其所在地方的词汇。这是非常有意思的。因为这篇文章的合作者是一位英语语言专家，所以我们也很自然地从这个角度来看，在英语语言研究当中，从外来词研究历史，是非常有意义的。

我们在做这个研究的时候，特别要看两部关于英语外来词历史的著作，第一部比较早，是 1936 年玛丽·塞让特森（Mary S. Serjeantson）的《英语中外来词的历史》（*A History of Foreign Words in English*），被认为是最早或者比较早的一部关于英语外来词历史的著作；第二部关于借词的历史，是菲利普·杜尔金（Philip Durkin）的《外来词：英语借词史》（*Borrowed Words: A History of Loanwords in English*），里面不仅仅像语言学界那么梳理到底有哪些外来词，而是侧重说这些外来词是什么时候、从哪里来的，通过哪些渠道，走了哪些路线，最后到了英国或者汇入到英语这个语言体系当中。这样一种历史的研究是非常有意思的。

塞让特森说，1492 年哥伦布和 1497 年卡波特的航行和发现，不仅为英国市场开辟了新的资源，而且为英语词汇提供了新的来源。前面这个是我们都非常熟悉的，或者说我们更多侧重于从这个角度来做研究；后面这个是我们想要加强研究的。所以我就特别整理她的这本书，还有杜尔金的这本书，也包括《牛津英语词典》当中的总结。据《牛津英语词典》总结，1550 年到 1999 年英语中源自土著美洲语言的词汇有 496 个，其中 1550 年到 1899 年有 469 个；此外，还有自 1700 年到 1999 年源自因纽特人的词汇 33 个，其中 1700 年到 1899 年有 19 个（见 http://www.oed.com/timelines 的 "origin" 栏）。此外，来自印度次大陆、中亚和东亚、非洲、澳大利亚土著居民和奥斯特罗尼西亚语／南岛语系的词汇有多少，都有统计的（数据），非常量化。

前人做了大量工作，给我们的进一步研究提供了方便。总的来说，从语义学的角度辨析英语中来自殖民地词汇，即可看出它们主要有这样几类：关于动、植物的词汇；关于物产的词汇；关于文化与社会的词汇；关于地形地貌和气候的词汇。而我们的文章主要讨论的是从16世纪到19世纪来自美洲的词汇的内容，做了大量的统计工作，包括对那些词和名字的由来的辨认，每一个都不是很容易的。总的来看，来自殖民地的词汇是上述这几类，其中关于动植物的词汇最多。而这个是刚才讲的"哥伦布大交换"所揭示的内容。

塞让特森在其著作中梳理的英语中来自新大陆的词汇有169个，反映了美洲的自然世界和文化风貌。我们那篇文章更多讨论的是这个方面，把她梳理的169个词汇，还有所涉及的其他来自美洲大陆的词汇做了整理。在美洲大陆当中最多的来自南美，其次是中美、北美，但是没有南美那么多，都做了分类。她梳理的169个词汇当中，动植物有92个，占所梳理的总词汇的53%以上。之所以要做这个量化统计，是因为我们要通过量化的比例来看它多大程度上反映了当时的情形。动物词汇中有我们熟悉的，也有我们不熟悉的，这些词我反复地查，反复地用，每次再看的时候还是不认得、记不住。可能需要去美洲那边看一看，才能有感觉。比如巨嘴鸟，因为2014年我们去巴西，到市场去看，没看到真鸟，就看到鸟的塑像。我买了一个巨嘴鸟塑像，带回来在家里放着，看一眼就知道它长什么样子，嘴巴到底有多大。美洲的物种的确是在地质时期大陆漂移和分化之后，自我运行演化出它自己的特色。所以西方殖民者在16、17世纪到了这个地方之后，对他们所接触的事物就感到特别惊讶。他们在自己的语言当中找不到现成的词汇来表达，就不得不借用当地人的语言，而那些语言慢慢地在殖民者内部，在英国、法国、西班牙等国的这些人内部交流，然后美洲和欧洲大陆交流，欧亚内部也有了交流，这样慢慢地就成为语言体系当中很重要的一个环节。这里面有很多的节点，有一些起到很大的作用，包括现在正在开亚运会的印尼群岛、马六甲海峡，在这个过程当中发挥了很大的作用。

植物词汇在我们那篇文章的第一句话中就有提到，那时 guaiacum（愈疮木）被认为是英语中出现的第一个美洲印第安人词汇，人们是在 1533 年一位英国翻译家翻译的一部论法国人疾病的书中首次发现它的。还有物产，我们了解得比较多，当然物产如何被认知，尤其是传播开来，其实经历了相当长的历史，土豆即是如此。

我们是从语词这个角度进一步去做英帝国环境文化遗产研究，这方面有许多课题有待拓展。譬如袋鼠，人们对它的认识中有很多神话，包括一些误会，后来得到订正，然后在英语词汇当中积淀下来，这涉及很多的人和相关的一些契机，需要去做研究。从语词的角度我们在拓展。而在无形的环境文化遗产中，因为管理海外殖民地的需要，一些学科的诞生、创造知识体系的机构的出现也是非常重要的。人们比较熟悉的有热带医学，英国有很多的大学和机构专门做热带医学研究。还有森林保护，在东南亚开展得非常多，在印度和其他地方也将森林保护专门作为一个领域。英国人包括法国人对岛屿等环境的管理非常重要，土地调查也是如此。前面讲了他们一直想要改良土地，使得土地的生产率提高，尽可能有效地利用，所以要对它进行调查，包括对澳大利亚干旱土地的调研。在东南亚的土壤调研，也包括在中国的相关调研，是为了开采矿产和矿山的需要。对矿山所在的周边各方面环境的调查，是广义的土地调查中重要的一块。

还有生态学这个学科，我们知道 19 世纪 60 年代有了这个词，到 19 世纪末，这个词的内涵与词本身的拼写都规范化了，对于相关的学科包括生态学会的建立，英帝国有极大的需要，也做出了很多的努力，这方面已有相关的研究，值得参考，可参见佩德·安克尔（Peder Anker）的《帝国生态学：英帝国的环境秩序（1895—1945）》（*Imperial Ecology: Environmental Order in the British Empire, 1895–1945*）。

目前国际学术界在森林保护、热带医学等方面的研究可能比较多，而在土地调查方面，包括国内做澳大利亚史的，像首都师范大学的乔瑜，他们都在做这方面的研究工作。但是还有非常多的未知领域，甚至是空白点，等着人们去填补，或者说去丰富。

另外就是相关的自然文学和艺术的表现，通过小说、诗歌和绘画这样一些东西来呈现人们眼中的异域他乡，留下了大量的文本，这也是我们用来把握无形的环境文化遗产的很重要的方面。相关的自然文学和艺术材料非常丰富，我们要去熟悉在英帝国范围内或者英帝国扩张历史中所产生的这类作品，包括小说、诗歌还有其他大量的文本。目前我正在考察的是威廉·亨利·哈德逊（W. H. Hudson，1841—1922，又译赫德森）的东西，他是一位英国作家、博物学家。为什么对他产生了浓厚的兴趣呢？因为我在翻译《英格兰景观的形成》的时候，看到作者霍斯金斯特别用了哈德逊的资料。霍斯金斯是在分析圈地运动如何影响了鸟类行为的时候涉及哈德逊的。他认为，圈地运动之后，在每年的初夏到盛夏那一段，那些小型的鸟儿附着在闪闪发光的树林上面；在此，霍斯金斯引用了哈德逊的相关描述。然后，我也对哈德逊产生了兴趣，就去查阅他的东西，发现其实他是在南美阿根廷的大草原上成长的。他在自传《远方与往昔》(*Far Away and Long Ago*)中回忆了自已在阿根廷的童年时光，栩栩如生地描绘了当地的自然环境，重构了阿根廷当时的历史文化，使人有身临其境之感。我捋了一下他的著述，了解到他擅长于鸟类研究，并以对南美洲和英格兰农村的自然景物以及家庭生活的细腻描写而著称。他的创作源泉则多来自南美大草原的生活，一生著有 20 多本书，有散文、小说和自传，代表作包括《紫色大地》(*The Purple Land*)、《翁布树》(*El Ombu*)以及《绿色寓所：热带森林的浪漫》(*Green Mansions: A Romance of the Tropical Forest*)。其中《绿色寓所》是最成功的一部，讲述了一位委内瑞拉诗人、博物学家及政治流放者与热带雨林中的鸟姑娘里玛的浪漫故事。

我们可以通过这样的研究来了解跟英国或者英帝国有千丝万缕联系的人们，他们如何认知海外的自然，认知之后如何反过来作用于他们的世界观，然后回到英国本土，对英国本土的环境、社会及其发展有一些看法，尤其是辩证的看法，还有批评，这是非常有意思的。

这里我想说的是，哈德逊在他的自传中渗透和体现了他成长的环境对他的世界观、文化观和思想的塑造。这部自传的名称也是挺有意思的，《远方与往昔》。因为我现在讲的这些东西，如果我最后想把它变成一个小的作品的话，也想用"远方"这个概念，比如说用远方的山水或远洋山水这样的词来概括一种陌生的情形，以及人们触碰之后产生的惊奇、恐惧或者其他什么状态，所以我挺喜欢他用的"远方"这个词。我所以举这样一个例子就是想说，文学作品尤其自然文学小说当中的自然描述是我们把握英帝国的无形环境文化遗产的很重要的对象，这也包括艺术作品。

这里我引用《帝国进程》(*The Course of Empire*)这组绘画作

品来分析问题。这是托马斯·科尔（Thomas Cole，1801—1848）在 1833 年至 1836 年间创作的组画，一共有五幅。他用了"帝国"这个词，我们可以从语义的角度或者直接从所描述的内容来解读他的这个作品。我是在阅读美国学者维多利亚·迪·帕尔玛（Vittoria Di Palma）的《荒原之史》（*Wasteland: A History*）的时候了解到科尔的这组画作的。帕尔玛认为，科尔的这组画刻画了文明进程的消极轨迹，这不啻是一种与"控制自然即可导致伊甸园再生"的启蒙运动幻想相对立的叙事。因此，她在论述"荒野与荒原"（wilderness and wasteland）主题时引用了科尔的这组画。

我们都知道托马斯·科尔是美国很重要的艺术家，是 19 世纪中叶非常重要的画家，但他其实出生于英格兰，1819 年才移民美国。科尔创作这组画的灵感，按他自己的说法，是来自拜伦。拜伦在《恰尔德·哈洛尔德游记》中讲到了人类文明的兴衰，最初追求自由梦想，自由梦想实现了之后，巨大的财富带来的是堕落，反而是不自由。科尔说是拜伦的这样一种思想给了他启发，然后他创作了这组画。一般认为那个时代西方在快速发展，英国已经完成了工业革命，美国在往工业化、城市化的道路上迈进。而美国在西部开发的过程中，有大量的物质财富产生，其背后对自然的利用则带来了很多问题，人们对此有非常多的担忧，并像科尔这样通过绘画的方式来表现人类文明竞争发展或者帝国进程带来的问题。我认为，这也是英帝国的无形环境文化遗产中很重要的组成部分，我们可以通过它来把握我们想要去探讨的对象。

这个组画一共是五幅，第一幅是《未开化状态》（*The Savage State*），想要展现文明人类或者欧洲人、英国人到美洲去开发利用之前印第安人所处的原始状态，也有人把它译成"野蛮"。但画家本人似乎要表现的是，美洲印第安人直接从这样一个海湾来汲取自然资源以求生存，包括采集狩猎的状况，而在一定意义上，从社会史角度来说，也可以把它指代为原始文明。在采集狩猎的时代，妇女主要采集坚果，男子结伴出去狩猎，在这个过程中人们有了一整套的认知自然的知识体系，包括后来从人类学或者原始文化角度所谓的巫术。即便是巫术，实际上对因纽特人来说，人们相信那一套东西，因此他们对欧洲的探险者说，那一套你们认为的巫术能够帮助我们提升自信心，帮助我们更好地克服对灾难的恐惧。所以这个体现了在所谓的文明人到美洲去之前，那个地方土著和自然的互动关系的状态。

第二幅好理解，*The Arcadian or Pastoral State*，就是阿卡迪亚或者田园牧歌的状态。也就是在他上面画的那个海湾，人们开始组成定居的部落，慢慢建设小型的城镇，有限度地去利用自然环境。这个在托马斯·科尔看来是最理想的状态，相当于美国历史的早期，还有独立以后的农业时代，在他看来是人与自然相处比较和谐、不造成大规模破坏的一个时期，所以他称之为悠扬牧歌的时期。

然后文明进一步发展，美国和英帝国进一步发展，达到了一个 consummation 的状态，第三幅画就名为 *The Consummation of Empire*。consummation 这个词有完成和完美的意思，也可指巅峰状态。我昨天看见侯深那篇关于城市的文章《错综的轨迹：在自然中重写城市史》也用了这幅画，她译成"帝国之巅"，我觉得这样译很好。这个时候大体是 19 世纪或者 19 世纪中叶早一点。那时候，英帝国、美国、印度都在发展，英国成为世界工厂，美国的西进运动在红火地开展，很多城市建立起来，包括在原来建成城镇的那个地方出现大城市，所以海湾中人头攒动，然后有更大的城市和城堡，真是帝国之巅。

　　但是，由于发展造成了各种各样的问题，在英国本土、美国及世界其他地方造成了各种各样问题，这位艺术家非常忧虑，他认为"帝国之巅"之后会造成毁灭。所以，第四幅画就名为 *Destruction*。而这个城市或文明的毁灭，因为各种各样的原因被他预言了，包括内战，包括更大的征服，世界范围的帝国征服，我们熟悉的英印殖民政府对印度民族大起义的镇压，诸如此类的毁灭，这个是这位艺术家的组画中的深刻寓意，我们可以这样解读。那么毁灭之后就是一种荒芜的状态，第五幅画就名为 *Desolation*，有城市、田园等种种荒芜，也包括人心的荒凉，造成了孤独这一社会问题。

　　上述这些是艺术家科尔在那个时代对文明和帝国的发展，对帝国进程从兴盛到衰败的思考，是很重要的文化遗产，也是我所说的无形的环境文化遗产，就是英帝国历史上人们对远方的自然认识、利用之后留下的一套思想认知体系，通过各种方式，包括语言的、文化的、艺术的等方式来承载。我们通过这样一些遗存来了解和研究，这里面有很多东西可以去发掘。目前在这一块我们做了一些工作，也是正在努力拓展的一个方向。

　　此外，还有对博物馆的研究，像美国的大都会博物馆、伦敦的很多博物馆，尤其是自然博物馆，很值得研究。因为自然博物馆当中，有动植物，包括很多动物毛皮的展示，还有标本的展示。这些都反映了在了历史的发展过程中，在英帝国内部的动植物采集，然后制作标本加以传播的很重要的节点。所以博物馆作为这样一个载体，是展示无形的环境文化遗产的非常重要的场所。这方面我们本土其实也有大量的研究工作可以做，我们稍微涉猎了一点。原来英国和美国的一些殖民者在中国南部对一些动物进行猎杀，然后制成标本，再往外运，当时也没有什么主权，谈不上国境，运出去很方便。后来是偷猎，但早期其实也是畅通无阻的，这背后反映了多样化的历史，包括在中国本土有很多专门做动植物标本的世家，他们也参与了这个知识体系创造的各方面的工作，是我们有所涉猎的环境文化遗产，包括有形的和无形的。对于这项工作，我们要做实证研究，即要通过资料的搜集，适时地整理和提取各种信息来做这个研究，适度地或者一定程度上去构建那个失去的世界，一个以动植物为中心，人也参与共同塑造的那过去的世界。

所以，包括茶叶研究、橡胶研究、大象研究或者麋鹿研究，还有刚才讲的语言文化艺术和博物馆研究，总之无论有形的还是无形的环境文化遗产研究，都是在做实证研究，而无论哪一个历史领域，实证研究都是要做的。

实证研究也包括分析评价，譬如博士学位论文最后都要谈研究的意义或者价值问题。我们这个研究也同样如此，所以要思考，做环境文化遗产研究，分析的原则是什么？怎么把握评价的这个度？尤其从原来意义上的英帝国史研究范式或框架，到现在对这样一个研究对象——环境文化遗产做分析，该如何继承和发展？这里面有很多需要深入思考的问题。当然对我们来说，首先要避免的，或者说我在指导学生的时候很注意的一个方面，就是要避免简单化的叙事和分析框架。而简单化的叙事和分析框架，无论是原本在启蒙运动以后所形成的线性发展叙事，还是环境史初兴时期呈现的衰败论叙事，在历史研究和分析中一直是存在的，到现在也是如此。

但在我个人看来，无论是描绘那种上升的线，还是描绘那种下降的线，都有一些简单或者脸谱化的倾向。就刚才提及的科尔的那组画而言，如果我们解读的时候简单化地进行叙述和分析，将它作为一个典型来把握文明和帝国的兴衰过程，简单地歌颂田园牧歌，并认为工业革命之后都是毁灭，然后就是荒凉，这也不可能让人完全认同，是吧？因此，这样的一种倾向是我们应该避免的。人们研究殖民和帝国历史的时候，一贯强调土地如何被掠夺、被蹂躏、被耗竭，原本传统文化跟人的关系也被中断。这种叙事或研究成果非常多，在很大意义上或者一定程度上也有其合理性，是吧？但我还是觉得，无论是简单地勾勒上升曲线还是简单地描绘衰败趋势，都是太简单了。我们在做历史研究，包括英帝国环境文化遗产研究的时候，这一点是要避免的。

如果想探寻这背后的更复杂的历史面相，就要去奋力开拓。至于对环境文化遗产的分析，我还得特别提出以马克思主义的双重使命学说为指导，辩证地认识环境文化遗产及其作用，这是我们的指导原则，是不能丢的。对马克思主义的双重使命学说国内有很多的研究，当然这个应该请高岱老师来专门讲，这是他的领域，我也经常向他请教，因为我做的这方面研究，也还是要以这个学说为指导。

有人认为，马克思在那两篇文献中谈到双重使命，仅仅依赖印度，并不能完全说明英帝国或者殖民地的情形。但是我们要从另外一个角度询问，英国在印度的统治是什么统治？我们肯定要明确，英国在印度的统治是殖民统治，所以马克思关于不列颠在印度统治和未来结果的双重使命的说法，当然是我们用来指导英帝国，包括英帝国环境文化遗产认识和研究的很重要的原则，对吧？这是毫无疑问的，一个是建设性的，另外一个是破坏性的。

当然马克思论述的破坏性使命和建设性使命，是有明确内涵的。破坏性，更多指社会结构的破坏，包括村舍的破坏，也即从社会结构的角度谈破坏；而建设性，更多是建设一些像英国本土企业那样的实业，包括工业生产、厂矿、铁路建设等，也即从经济的角度谈建设。这样，从破坏和建设的方面对环境文化遗产加以研究，对它的一些贡献和意义加以认识，一定程度上可以拓展、丰富马克思主义双重使命学说的内涵。

比如破坏性，前面说它更多从社会结构的破坏这个角度而论，说亚洲失去了一个旧世界，还说到要用人头做酒杯才能喝下甜美的酒浆，这样一些字眼非常令人震撼。我们现在从环境文化遗产角度说，前面所说的世界范围之内的自然秩序或者生态重组，有大量的破坏，包括物种本身的灭绝，或者一个物种被带到另外一个地方之后不能适应环境这样一种情形。所以论破坏，我们可以加上对自然的破坏、对环境的影响，这些方面的例子非常之多，尤其通过单一种植这样的农业生产，造成了环境破坏，这样的历史实例非常多：印度也好，南亚次大陆其他地方，澳大利亚，也包括美洲、中美洲都有这方面的事例。所以对破坏性的内涵，可以增加一个很重要的环境维度，有大量的史料文献可以帮助我们来增加这个东西。

建设性的使命的内涵也可以去丰富，这里面比较复杂一点，建设中的破坏或者破坏中的建设的历史图景非常复杂，绝对不是简单叙事分析能够还原的。说破坏中的建设，就以我们研究的橡胶为例做一点分析。1876 年，英国人威克姆（H. Wickham）从亚马孙雨林采集橡胶种子以后费尽周折运回伦敦的皇家植物园种植，然后分种到世界其他地方，尤其是马来半岛。这过程当中有很多的建设，包括对这个物种的认知、相关知识体系的建构，到成功地定植，对一些荒山野岭的绿化，可称之为"绿色帝国主义"。这是英帝国的绿色拓展，有它的作用，包括对一些荒山的绿化，也包括这个物种移去之后，为了开辟种植园而吸引大量的移民，有华人移民和印度移民。这些新的人群，以橡胶种植为主要工作，割胶为一种生存手段，由此促成了新的社区的出现。这个也可以说是建设，或者说是殖民者打破、摧毁原来的社区之后促成的新型社区建设，也是今天马来西亚多元文化的基石。

这样从自然和社会两方面来看，橡胶树的挪移以及种植园的建设应该说都有建设性作用的体现。然而，建设当中也有破坏。有些地方是种在荒山上，这有建设性作用；但有的地方原本有其他的植物或其他的树种，用橡胶树取而代之，对那些被取代的植物以及依赖那些植物生存的人来说，就是一种破坏。所以这是很复杂的，建设中的破坏和破坏中的建设，其图景非常复杂，不是简单的叙述框架能够呈现的。

我们需要以马克思主义的双重使命学说为指导原则，同时要通过实证研究来拓展、丰富其内涵，以便更好地呈现建设中的破坏和破坏的建设这种复杂的历史图景。当然我们在评判的时候、在批判和反思的时候，可能会根据研究主题以及具体史实而有一些侧重，不同的主题研究和文章撰述的侧重点也不一样。比如说我在前面提到的《词汇中的自然与文化》这篇文章的结尾有这样两点结论，是从语言文化和科学研究的角度来谈的，具体结论如下：

第一，16世纪以来来自美洲的词汇源源不断地进入英语词汇系统，使得原本孤立存在的语言文化及事物越过美洲为广大的世界日益了解、熟悉。它们在推动英语语言发展的同时，也作为文化纽带促进了世界各地之间的交往、交流。

第二，如果将16世纪以来新旧大陆之间的商业往来与物种交换看成一种"有形"的交换，那么，上述的词汇交换就显然是一种无形的交换。这种无形交换的产生与发展不仅使得 16 世纪以来的人们对地球上的新物种、新事物有了越来越多的了解，也激发了人们对与之相关的自然和文化的认识与探讨。从某种意义上讲，正是由于有了这种无形交换的存在，才进一步推动了世界各地之间有形交换的发展，推动着科学研究与世界文明进入更加融会贯通的新的阶段。

上述这个作用还是要肯定的，尤其是对世界文明的融会贯通而言。要从这个角度来看英帝国的无形的环境文化遗产的作用。这样，中国的天人合一及一整套的思想文化体系就可以更好地融入世界文明这个领域。这是目前我们要去做的一个工作，在国际社会和国内的一些场合，我们也是这样去宣教的。

人类文明发展到今天，其实陷入了一种大的困境。在这个困境中，生态危机或环境危机是它的核心表征。所以从原始文明、农业文明和工业文明到今天我们建设生态文明，国际社会也好，国内社会也好，大体上都汇入到可持续发展和生态文明建设大势之中。在这样一个阶段，中华文明当中一整套的对人、对社会、对自然的认知体系，尤其是天人合一和中庸的思想体系，作为一种无形的环境文化遗产，如何汇入世界文明发展的大势？我想，这是我们做相关研究时应思考的问题。这样的思考，对当前我们的生态文明建设方面的工作有特别的意义。我们也是从这样一个角度来看待与英帝国的环境文化遗产相关联的问题。

在英帝国扩张过程中，我们的国土被卷进去，受到极大的影响，遭到了破坏，造成了很多的问题。但同时在这个过程中，中华文明对自然认知的知识体系和思想观念也通过英帝国扩张中的很多节点被国际社会所认知，由此儒家那一套认知观念作为环境文化当中很重要的一块也为国际社会所认识。从皇帝和朝廷的天人感应理念，到知识阶层的相关环境观念，到科学领域的探索，中华文明当中这一整套的思想和知识体系，在今天的后现代或者后工业这样一个时代，越来越为西方学术界和国际社会所认识和重视。这也是我们在做环境文化遗产研究的时候要去认识的，是我们的这项研究的一个意义所在。

在这个领域，有很多佳作值得参考。其实我的研究一方面是搜集原始文献来思考问题，另一方面是受到了学术界众多成果的启发，所以既有我的原创性思考，包括英帝国环境文化遗产这个词和概念的提出，也有很多的借鉴。借鉴则来自方方面面，主要是文献阅读：读文章，读书。最近读的书有约翰·麦肯齐的《自然的帝国：狩猎、资源保护与帝国主义》(John M. MacKenzie, *The Empire of Nature: Hunting, Conservation and Imperialism*, Manchester and New York: Manchester University Press, 1988) 和《帝国主义与自然世界》(*Imperialism and the Natural World*, Manchester: Manchester University Press, 1990)，还有理查德·格罗夫的《绿色帝国主义：殖民扩张、热带岛屿伊甸园与环保主义的起源（1600—1860）》(Richard H. Grove, *Green Imperialism: Colonial Expansion, Tropical Island Edens and the Origins of Environmentalism, 1600–1860*, Cambridge: Cambridge University Press, 1995)、威廉·贝纳特等人的《环境与帝国》(William Beinart and Lotte Hughes, *Environment and Empire*, Oxford: Oxford University Press, 2007)、佩德·安克尔的《帝国生态学：英帝国的环境秩序（1895—1945）》以及前面我提到的一个概念来源的那本，即毕以迪等人主编的《生态—文化网络和英帝国：环境史新论》(James Beattie, Edward Mellilo, and Emily O'Gorman eds., *Eco-cultural Networks and the British Empire*,

New Views on Environemtal History, Bloomsbury Academic, 2015）。以上所谈的内容也是在阅读参考这些著作后的基础之上进一步思考的结果。

前面一再强调，我的这些研究还非常不成熟，从概念本身及其内涵理解，到一些具体的研究，包括研究方法和问题思考，可能都还不成熟，但无论如何还是愿意跟大家做一个交流，供大家批评指正。谢谢大家。

提问与讨论

主持人：这个讲座把环境史研究的一些特点充分呈现出来，她结合了自己多年来的研究，包括指导研究生教学实践，来说明英帝国的环境遗产。实际上从梅老师的讲座里，我们就对环境史研究什么应该有一些认识。梅老师在讲座里大量地提到植物、动物物种交流的自然环境，所以我们知道做环境史研究一定是与自然有关系。

同时梅老师刚才在讲座里也提到了，我们借用了一些新的概念，比如说生态—文化网络，还包括超级有机体，实际上就是环境史总是把我们研究的对象作为自然与文化共同组成的一个系统，这个系统可以说是一个网络，也可以说是一个有机体，在这个系统里各种自然的因素和文化的因素相互影响，所以从梅老师这个讲座大家就知道，我们以前做的社会史、政治史的研究，还有经济史的研究，实际上和环境是有非常多的关联。

还有，梅老师今天讲得比较典型，是因为俞金尧老师设计的课题主要是想谈近 500 年来全球生态环境，我理解可能就讲资本主义扩张带来的这种变化，这种变化是对社会秩序和文化秩序的一种重组，同时也是对自然秩序的一种重组。所以通过梅老师的讲座，我们对环境史有更多的认识。就我来说，我也一直比较关注环境生物，通过听梅老师的讲座，我自己觉得也有蛮多启发。

梅老师在很多文章和成果里是有原创性思考的。我记得很多年前，梅老师就提出了环境史研究，包括上下左右的历史，都是梅老师提出来的。我记得当时提出这个概念的时候，梅老师也是提出一些新概念，可能不成熟，但是希望引起讨论。在环境史学界，梅老师提的概念慢慢被接受了。梅老师今天提到的有形的、无形的环境文化遗产，我相信也会引起大家的兴趣和讨论。

问：世界史有政治，有经济，包括阶级斗争、战争、革命，但是确实也有许多要从人类命运共同体来观察，比如说环境问题就是不分国界的，但是环境问题怎么形成的，可能还有各种各样的因素，环境、移民、犯罪的问题等，确实值得我们关注。

我最近还注意到这两天跟生态有关的就是非洲猪瘟，现在没有疫苗，而中国又是世界头号养猪大国，一旦扩散了，有非常大的经济影响，它就不是一个生态文明，因为现在这三个不同的发病地址能追踪到黑龙江的猪瘟确实是从俄罗斯来的，但是连云港的猪瘟从哪儿来的？这个就是一个网络的世界，人的沟通越来越多，哪里都这样，可能在不起眼的情况下，哪个外国人就带进了猪瘟病毒，所以我听梅老师讲座非常有启发。

当我们谈到环境问题，现在往往联想到环境污染，其实环境问题绝不仅仅是污染问题，它有很多其他方面的，比如我有一个最大的感受是本来我以为梅老师会有一些摄影图片作为例证，而梅老师用的是绘画，包括今年出了好几本书，以大英博物馆的植物或者动物绘画为主题的书，卖得都很好，可见社会普遍也有一种关注。所以我刚才听梅老师的这个介绍，觉得确实可以启发开拓思路！

从环境的角度或者我刚才说的其他角度来切入其实是大有可为，而且俞老师的想法也有道理，他跟学科同仁最近有好多磋商和座谈，环境史在本所也算是新学科，也比较有开拓意义。比如说张老师做的烟草，烟草很多时候没准就跟环境有关系，包括现在人类的发展怎么改变了自然选择。现代生物学研究说非洲大象现在普遍比 100 年前牙齿小了很多，为什么？只有小牙齿的大象才能生存下来，大牙齿都被人给打了，这就是人类干预导致环境生态的变化。我自己非常愿意学习。

梅雪芹：非常感谢。刚才您说的那个我没用摄影图片，因为我今天没有特别强调环境问题，包括环境污染和生态破坏，我不是从那个角度，而是从环境文化，包括语言和文学作品的角度来谈的，所以就没有特别去呈现污染那方面的东西，包括照片。

问：我倒觉得这种题目首先是方法论的问题，这个题目巨大，材料简直是无限，那就是没有办法掌握，那么怎么在这么大的材料中来服务于题目，这是最大的问题。所以我觉得首先咱们做历史，历史学首先是一门科学，好多人恐怕不太赞同这个说法。我一直是这么说。

比如，我在考古学大会上说过，就是人家问我说考古学生最缺什么？我说是科学素养不足，很多人就生气，他说你们这个搞历史的相关学科中间还有比我们更科学的吗？但是他们确实问题也很大。我们也是有这个问题。我们在中国学术界一直分不清楚什么是事实判断，什么是价值判断。在国外，从很小的时候就告诉你什么是事实，什么是观点，这两个是不同的类。

观点没有统一的判断标准，但是事实是有统一判断标准的。我们有一套科学方法大家都使用，比如斯大林死于某年某月某时，我们可以进行判断，有一个共同的标准，比如说脑死亡等。但是斯大林死的时候对苏联和整个世界有什么影响，属于价值判断。这两个之间没有共同的判断标准，因人而异。

所以这牵涉到梅老师刚刚说的那个东西，在这么多的材料当中，比如说绘画，关于这种绘画，怎么拿它来论证你的观点？其实不光是要证明。我经常给学生说，一个好的论文，关键不是说有利的证据，还要应付反对的证据，而你只有把这两个方面全部吃透了，你的东西才能站立得住。

中国学术界尤其史学界和国外比差距很大，并不是观点上。观点上我们有马克思主义，有新时代思想等，谁都比不过，但是最重要的是价值判断，比如说我跟汪所长有些观点就不太一样，大题目可以搞，但是大题目首先从资料开始，从语言开始。这个不光对学术界有影响，对整个中国的思想界都会有影响。这种工程真的是对后世会有巨大帮助。你刚才说的命运共同体当然很好，但是这种东西相对来说太少了。我们现在有具体研究，比如环境、移民，你刚才的发言高屋建瓴，比我们高大上得多，但理论到实际就是文献的问题。梅老师的题目是"英帝国的环境文化遗产"，题目非常大，这个题目是环境和文化之间的关系，在英文中间是什么？在汉语中间环境和文化之间的关系是什么？

上述这些都要下大力气。刚刚小高说的一句话我不是非常赞同，就是动不动就说我们是提出了一些观念，自己也没有把握就投入到学术界让大家来反应。我觉得尽量不要做这种事，至少我自己有把握了，才拿给别人看，一定是这个样子。从基础开始，就是从语言、概念、材料、逻辑开始。比如说刚刚梅老师有两个总结，关于语言分析的总结文章，其中有一句话我就不是太看得懂，就是"原本孤立存在的语言文化及事物"。这个话我在中文中就不太懂，显得原本孤立存在，分析结果与作用，其实相对来说从逻辑关系上说应该先是作用，然后是结果。这也是一个有逻辑关系的东西。总的来说在历史研究中，首先不谈主义，要谈的主义唯一一个就是科学主义。

我们要用材料语言和逻辑的方法达到我们的目的，这个是最重要的。在这个之后才谈主义，因为主义属于价值判断的东西，就是每一个人有每一个人的价值判断，没有共同标准，怎么把两者分开？历史学如果说不让人家认同你，它是一门科学，而结论是科学结论的话，谈什么主义都没有用，都没有力气，这个是最重要的。

梅雪芹：我觉得您讲得非常好，启发我们进一步思考，从方法角度切入，我觉得很对，其实做研究是要有方法的。对于历史研究，常识是要去搜集史料，从具体的实证切入，这是最基本的。我今天讲的是一些思考和交流，但具体的思考也是基于各种各样的实证研究，包括很具体的材料搜集，我们做了大量的文献整理工作，包括建数据库，一条一条史料的梳理，一个一个史实的查考。最近要着手翻译前面提到的《荒原之史》，这部著作从温斯坦莱那时候的文献当中查考人们怎么去利用荒地，是什么观念在起作用，为什么要有那样的掘地行动。作者在分析这些问题时都是从非常具体的史料以及人们已经熟悉的史实出发，再进一步拓展并提出一些概念，这是历史研究的常识。

历史是不折不扣的科学，但同时我也同意，历史作为一个艺术，可以从语言文化各个方面去表现。因此这样一个人文科学，其研究是因人而异的，您用您的方法，我有我的方法，但大家共同基于史料，是毫无疑问的。我不是做历史哲学的，但是在史料研究的基础之上，不能没有历史思想或者说历史的观念，而这个思想或观念通过什么加以呈现？有时候可能会通过一个语词。这个语词我们要继承，但是也要大胆去创造，什么时候能说它是成熟的？

包括谈人的利益，人是什么？从亚里士多德到现在定义的人是什么？能讲清楚吗？环境是什么？自然是什么？你能给它百分之百完美的定义吗？但是这个并不影响我们再继续思考，基于时代，基于各方面，其实这个是并行不悖的。而讲座当然还是要考虑多个方面。我完全可以就讲狄更斯的那篇《鲑鱼》。对此，我做了一个专门的研究，写了一万多字的一篇文章。狄更斯在《一年四季》这份文学周刊上写了这篇文章，上来第一句话就说，我们每天习惯于坐下来，吃丰盛的晚餐，但是周围食客从来没想过你吃的那一块牛肉到底来自哪里，中间要投入多少劳力、多少资本把它制作出来。

我们都要做文献回顾，这样才能了解历史上各个时代人们到底怎么想，这个工作是基础性的。在这个基础之上我们还有更多的思考，包括对英帝国史和世界史的宏大思考。所以其实是并行不悖的，我们其实是一致的，不是不讲方法，不是不要文献，而是要回到历史学本身，看语言和史料，包括一些定量分析。

问：我想请教你们非常具体的问题，您刚才说的一本书叫《绿色帝国主义》，我特别想知道"绿色帝国主义"是从什么角度，这是一个正向的判断，还是一个负向的判断？

梅雪芹：有时候我们底下讨论，绿色帝国有时候更多还是从正面来评价它。我引一下别的学者的总结，殖民者到海外，尤其是一些岛屿殖民地认识到环境的脆弱，然后兴起了要保护环境的意愿，通过政策、法律和具体的研究机构来实施保护。在这个基础之上他们又受到影响，驱动他们对于本土环境的保护，所以"绿色帝国主义"应该来说是从正面角度的判断。一般理解帝国主义的概念比较倾向于一种扩张，所以我也开始思考"绿色帝国主义"有没有这种绿色原教旨主义的含义。照您这么说，很多人也有环境原教旨主义，把环境抬到一个至高无上的地位。其实作者还不是这个角度，只是思考殖民者怎么认识海外的陌生环境。

问：梅老师，我想请教的问题是您怎么处理两类资料，词汇这个很简单，但绘画数量巨大，那么怎么去处理资料？

梅雪芹：根据研究对象需要，做一些跨学科拓展，其他也是如此。比如说环境有关，在绘画当中，我也有一些理论方面的思考，包括画家当时的意图，我现在用的其实还比较简单，现在比较时髦的有一种所谓的图像证史或者大数据，对不对？这个呢，我们现在是这样想，分门别类，有动物的绘画，有植物的绘画，有生态系统的绘画，都需要去做。

刚刚讲了很多，从英国到美国，但其实我是把美国作为英国的一个延伸的。我的考虑是，第一，可能要从史学理论的角度，在彼得·伯克所谓新文化史的图像证史的基础上，沿着他的思路做更进一步的思考。第二，可能要根据自然环境本身进行分类。第三，可能要进入到作家的世界，去看他为什么要用这样的东西，比如说莫奈用"日出"形容伦敦的雾，但他是从赞美色彩斑斓的那个角度来看伦敦雾的。所以不能说莫奈的那个雾反映的是污染，它不是污染。在他看来，是通过情景把色彩斑斓的世界记录下来，是以一种很欣喜的心情去接受的。所以，要进入到作家或者画家的思想、心灵或者精神领域等各个方面。

因此，这方面其实有很多的工作要做，通过这样一个点切入进去之后，跟相关的一些方面，包括语言材料方面都联系起来考虑。

南太平洋地区的中国资源边疆与生态资源变迁

演讲人：费晟（中山大学历史学系教授）

时间：2019 年 3 月 15 日

我要先解释一下自己研究的缘起。我其实是做澳大利亚历史出身的，当年是个机缘巧合，我被送到澳大利亚国立大学进修去了。我去的时候是 2010 年，待了几个月回来。中国人去澳大利亚学习历史学确实是很少见的，对方也很吃惊。澳大利亚的历史学界在国际上还是有点影响力的，但他们确实没有想过有中国人愿意来搞什么澳大利亚的历史问题。直到今天，澳大利亚国立大学的历史学系和其他欧美国家大学的历史系也不太一样，或者说我觉得那里对种族主义的余毒肃清得还不够。因为他们的历史系里只有搞本国史和欧美史的，所有其他涉外历史研究，就是包括做中国史还有其他地区历史的，都放在亚太研究院。明明是历史学者，却不在历史系。或者可以这样假想，就是我们中国大学的历史学系只有搞中国史的，其他的搞世界史的放到人类学那边去了。

但是这样的制度安排让我在学习上也收获一个好处，就是我去那边学习，接触的都是他们主流学界本国史的研究者。澳大利亚的中国人很多，但是我反倒没有太多机会跟那边的中国史同行有交流。在澳大利亚，我的选题是淘金热历史，也就是研究澳大利亚矿产业最早是怎么奠基的。

淘金热主要在墨尔本一带。随着研究的推进，我发现澳大利亚学者对我感兴趣的点不是淘金热本身，而是不停地提示我说当年有非常多的中国人曾经来澳大利亚淘金。我开始也没当回事，因为习惯上说在中国做世界史的不太涉足中国的问题，对吧？你们不要因为我是中国人，就要我去研究中国的移民史。但是我在田野调查中，包括环境史涉及的一些田野考察过程中，发现华人移民这个问题还真不是小事。这个问题之前确实没有什么当地人研究。我们国内对澳大利亚并不了解，学界也不太研究澳大利亚的华人史，而澳大利亚学界又仅仅把中国移民的历史当成他们本国史的边缘问题。可我一去（历史遗址）看就发现不对，光墨尔本周围方圆 200 公里的地区，仅仅是官方统计，华人移民数量的历史峰值曾经达到过 5.4 万人。5.4 万人听起来不多，但是澳大利亚当时那个区域全境人口不超过 40 万，40 万里有 5.4 万个中国人的话，就是很显眼的事了，所以后来我的博士学位论文仍然没有做涉华问题，但是我就留了个心眼，有关华人的材料我都搜集并保留。那么现在开始慢慢地消化，就看到华人在当地怎么参与它的自然资源开发，然后以此为一个节点展开研究。因为澳大利亚淘金热爆发在 1851 年，我就往前延伸看之前中国人怎么会去到澳大利亚，不可能莫名其妙突然间就能去；然后往后延伸看接下来他们又干了什么，因为淘金热完了以后不可能 5.4 万人全都回来，他们是融入澳大利亚社会了，还是说怎么了。我做的是环境史，就想着能不能通过澳大利亚环境变化的问题看华人的历史作用。

此外，澳大利亚这样的国家很关心环境问题，除了因为一些当今世界共通的问题比如气候变化问题，还有一个很重要的出发点，就是它始终是个靠开发自然资源发展的国家。研究它的环境史问题很多时候跟殖民主义时代就开启的资源开发的历史，然后这两年尤其跟英帝国史的问题紧密联系，所以我想从英帝国框架下的国际移民这个视角切入。我今天讲的就是这样一个机缘巧合中延续下来的议题。

我主要讲三个内容。

第一个是对华贸易和南太平洋资源开发的联系问题，其实就是中国和那边的联系怎么建立起来。这个问题几乎没有人关心过，之前也没有人搞清楚过。大家都知道，我们对南太平洋地区的了解，不论哪个学科都几乎是空白，所以要先看看中国怎么与那里建立了联系。

第二个就是中国移民如何开始开发那里的内陆资源。对华贸易是一个很重要的契机，但是到淘金热之后就不是了。因为我们的联系不再只是一种贸易的问题，而是说我们的人直接过去了，中国人直接过去开采人家的资源了，然后对当地造成了什么样的影响。

第三个就是与华人移民相关的、对南太平洋地区的资源开发是如何转型的。一开始是简单的劳务输出型，参与当地资源开发，之后，主要是在19世纪80年代后，淘金热基本结束了，矿业开发这个热潮过去以后，留下的部分华人移民也积攒了钱财，形成了一个在当地扎根的所谓澳大利亚华人移民群体。这样一个群体诞生以后，他们如何重新开发当地自然资源？因为他们有资本，也就不再是一个普通打工仔的身份。他们会在什么样的情况下继续推进资源开发？他们涉足的行业又对澳大利亚等地造成什么影响？然后对中国与南太地区的关系又造成了什么样的影响？

我这里要用到一个这两年我个人比较接受的概念，就是所谓的"生态—文化网络"概念。它是环境史研究里面一个偏文化角度的研究新视角，是澳大利亚和新西兰学者率先提出的，我也参与了这方面的研究和讨论，它指的是什么呢？它关心的是各种贸易通道、征服以及各种治理活动是如何促进意识形态、有机物以及商品在英帝国领地内外迁移的。它受到沃勒斯坦的现代世界体系理论，即所谓核心和边缘地区结构图景的影响，但它主张的是打破所谓核心的概念。它并不把西方或者欧洲或者任何地方当成必然的中心，它只关注在特定的一个物质或文化交流过程中，这个中心可能是什么。那么这里面涉及一个交流平台，比如近代对华贸易网，那么我们通常认为西方殖民主义者与资本家是这个网络的一个重要张罗者，但不一定是核心。

总之，生态—文化网络强调的重点是"联系"。它就看特定物质的流动，如何带动文化的或物种的一些交流，并且导致各地原生文化，或者是所谓主流文化发生什么样的变化。显然，除了现代世界体系理论对它有影响之外，还有一个非常重要的理论对它有影响，就是环境史学脉中有一个非常重要的理论——克罗斯比的"哥伦布大交换"和"生态扩张主义"的理论。这个理论根据哥伦布跨大西洋航行的历史发展起来，是说不同的大陆之间相遇了以后，它们的生态体系会交流，物种之间它都会交流的。我受这个理论启发，也想看看中国跟南太平洋地区之间的交流情况是什么样的，这种欧亚大陆与南太平洋的交流在学界被称为"库克大交换"。因为库克船长不是跨大西洋航行，他是环太平洋的航行，所以导致了这样的一个交换。

"生态—文化网络"的理论我大致先稍微介绍一下，然后开始下面的论述。我刚才说要讲的三个内容带有一种时间阶段上的顺序，当然并不是说它们是截然分开的，一个阶段结束才是下面一个，并不完全是这样。不过相对来说，不同内容的高潮有阶段性，有一个时间上的接替性，我们一个个来讲。

　　大交换本来指欧亚大陆跨大西洋跟美洲大陆进行一种生态—文化交换，而在库克船长航行之后，它变成了一个真正意义上的全球范围的交换，欧亚大陆出现了一个与跨太平洋航线有关的交换，尤其是南太平洋岛屿和澳大利亚、新西兰这些所谓的新大陆，欧洲殖民者抵达这里比抵达美洲新大陆还要晚，所以说适用于哥伦布大交换理论分析的很多东西也可以放置到库克大交换中来。库克大交换也是一种补充，使全球的跨海洋网络成了一个真正完整的体系——本来是西半球最受关注。库克之前，北美洲跨太平洋到东方的航线是有的，就是"大帆船贸易"的路线，那么库克之后，中国往澳大利亚方向的海路最终也就通了。

　　航路通了，第一个后果就是市场的需求能够加大释放和传递，一个地方的市场需求开始对一些更远方的原材料生产产生影响。这个本来是贸易史或者殖民史关注的问题，但是我这里想特别强调，中国市场需求的这种传递和放大，可能造成何等程度的海外自然资源开发的变化，包括可能导致一些意料不到的后果。

　　第二个我研究的就是直接的移民，人员的直接交流，又会造成什么环境变化。

　　第三个就是技术和文化知识传播的国际生态影响。在上述过程中，我们有很多科学知识，还有文化知识，包括涉及很多环境知识的风水观念，这些知识输出之后，对当地的环境和社会产生了什么样的影响。

　　最终要实现的就是理解一种全球交流视野下环境的整体变迁，以及世界不同地方的环境变迁是如何相互联系互动的。感觉好像很遥远的一个地方，其实它的环境改变可能跟我们也有关系，这是我们研究的一个基本设想。

　　另外还要说明一下，所谓的南太平洋地区，大概要包括澳大利亚、新西兰还有一些岛国。请大家注意，澳大利亚和新西兰从自然地理上看其实挨得并不近。我们一般总觉得澳大利亚、新西兰是挨着的，其实不是的，你从墨尔本飞到奥克兰可能要将近四个小时，不比北京和广州之间距离短，到南太岛国就更加不要说了，非常遥远了。夏威夷有时候也被归到南太，如果用政治地理的范畴看的话，地缘政治上会把它划到南太，我们的研究也可能会涉及。

无论如何，这必然是一个涉及海洋问题的研究。今天讨论的地方，宰制性的环境要素是海洋，很多问题就是从海洋资源开发引起的。

我们怎么会注意到中国和跟南太平洋产生联系的历史呢？专业领域较早提出相关观点的是加拿大华裔学者余全毅（Henry Yu）。他说在鸦片战争前，或者说广东移民大量出境前，太平洋盆地已经出现了一个以广州口岸为中心的物资流通圈，所谓的海洋亚洲以广州和澳门等地为重镇，但影响是全球性的，至少已经波及北美。尤其是"中国皇后号"来广州贸易之后，通美国的商路正式建立起来。包括东南亚航线的更不必多说，马立博（Robert Marks）教授的研究里面也说得非常多了。总之余教授等认为太平洋区域在 19 世纪已存在一个"广东人的太平洋"。尽管南太地区的航路不很清楚，但他说从逻辑上看也应该在形成，因为从 18 世纪后期远洋航海条件看，不可能说只存在北太平洋航线，毕竟"南方大陆"即澳大利亚已经被探明了。那么我们顺藤摸瓜，去调查什么时候南太平洋也被卷入了这个网络呢？找航海日志的时候终于发现了线索。最早的考证来自新西兰学者，澳大利亚的也有，还有包括我和厦门大学的冯立军、中国海洋大学的朱健君等学者，都对中国通往南太方向的航线有一些实证研究。

这些航路研究也得到了贸易史研究中一些物资流通记录的佐证，就是在 18 世纪 90 年代到 19 世纪 30 年代左右，当时广州口岸有两样东西的贸易直接涉及南太平洋地区。第一个就是海参，第二个就是檀香木。对南太平洋的海参贸易其实是东南亚海参贸易的一个延伸。本来我们捞海参早就涉及东南亚了，西文里最早有相关的记录，就是外国人注意到中国人在捞海参这个事，大概出自荷兰人。最早记录或是在 1756 年，他们已经注意到中国驱使东南亚的原住民去捞海参了。当时的西方商人想掺和进来，但又没有太大力量融入，就只是把这个事记录下来。有趣的是英国人也记录了这个事，但也没有力量参与进来。因为 1756 年的时候刚刚爆发七年战争，英国没有足够兴趣和精力关注这么小众的商品，他们都搞不明白海参到底是什么，只知道中国会进口这些东西。所以海参产业，基本上还是华商在推动原住民捕捞，最终从东南亚海域拓展到南太平洋。最早的确证是 1782 年的航海记录，我们发现澳大利亚殖民地在 1778 年建立以后，从这里出发的航海记录已经提到供应中国的海参捕捞波及了澳大利亚北部。当时殖民航海家弗林德斯（Mathew Flinders）进行了环澳旅行，在澳大利亚北部撞上了捞海参的望加锡渔民。那这个捕捞有多大规模？我们现在的研究可以确定的，就是 1803 年弗林德斯最终正式出版的记录里说，他遇到六艘望加锡驶来的船。望加锡是今天苏拉威西岛的一个重要商贸据点。在新加坡兴起之前，它是中国海参贸易的一个重要节点。他说望加锡驶来的六艘海参捕捞船，光在北澳地区从事捕捞已经超过 20 年。然后这些船到过澳大利亚六七次，又说同海域还有 60 艘海参捕捞船，干制的海参据估测达到 600 万只，根据我们从中国的进口记录里面能查到的数据倒推，发现澳大利亚北部海岸海参年产量在 5000 石左右。"石"是清朝的一个计量单位，我没办法具体换算。当时好像 60 斤算一石，关键这个单位清朝改过几次，我还没最后确定这个时候的石相当于多少斤，我只能保留原计量单位，然后依西方的记录是"只"或者"吨"。大概学界比较公认的是，中国海参市场 1/4 的需求已经靠北澳出产的海参满足。

为什么会是澳大利亚北部？通常我们认为你在印度尼西亚一带捞海参，就有可能越过赤道，因为往南航行，自然会抵达澳大利亚北部。还有一种更大的可能性，就是在经过几十年捕捞以后，东南亚海域高品质的海参基本上就枯竭了，你必须顺着海岸往海参更丰富的地方走。这样的情况下就抵达了澳大利亚北部沿海。显然，中国市场与南太平洋地区产生联系，是一个东南亚海参捕捞活动在地理上扩展的结果，它逐步从澳大利亚北部的沿海开始，又慢慢向同纬度的海岛地带扩散，包括斐济等岛国。很明显，海参产量受到一个生态瓶颈的限制，因为一个地区的海参采着采着就没了，它需要一个种群自我恢复的休养期。

澳大利亚北部的海参断断续续生产着，一直到 1907 年才最终停止，但是在 1880 年的时候，澳大利亚已经出台明确的政策，要求必须限制捕捞海参的船只进入，要收税了。之前造成的生态问题已经比较大了，但澳大利亚殖民地北部的治理能力很弱，一直也没有明确管理政策。另外一个，更多的记录显示，比如说斐济的海参贸易在 1828—1835 年达到顶峰，年均产出是 35—70 吨，随后就急剧凋零了。再次复兴是 1842—1850 年，在斐济海参业垮掉之后，新喀里多尼亚的海参捕捞兴起，在 1864—1873 年的时候，悉尼出发的船经过新喀里多尼亚首府装卸海参的规模达到顶峰，再接下来是巴布亚新几内亚的南部海域。那一带虽然离中国更近，但是因为暗礁很多，传统的航船怕出事，捞得比较少，到

1873—1885 年左右，航海技术进步使得捕捞海参没什么大的风险了，航船就敢去捞了。

从这些记录可以看到，海参的捕捞有两个特点：首先是供应链在地理上不断扩大，沿着赤道热带海域扩散，呈岛链式扩散；另一个就是它的产量显然受生态承受力限制，不可持续，资源枯竭了就只能转场。这就可以看出中国市场需求的生态影响如何在南太平洋地区传导和扩大起来。

当然，事实上中国人没有直接抵达这里，中国要素的影响还是间接的，主要是驱使东南亚人改变了这里的生态。我们可以看到海参主产区就是望加锡，而澳大利亚航海家记录到的是其北部沿海。澳大利亚北部总体是非常荒凉的，炎热干燥，无人或罕有人定居，连土著都很少，所以这一带管控是很弱的。换句话说，即便中国与澳大利亚建立起生态联系，也不意味着中国的影响已经整个在南太地区释放。况且这里的海参种群不稳定，产地不固定，最终捕捞量不确定，要在中国市场上进行贸易的话，相对不会一直很显眼。

只是我们还需要注意，海参贸易带来的生态冲击不仅是对海参种群的，也有连锁的环境影响。因为难以保鲜，海参在捕捞以后需要迅速干制。大量干制海参会导致两个后果，一个是疯狂开采海参产地附近的沿海森林，以燃烧木材烘干海参。像当时有记录说美国商人建设的烘干房有 100—120 英尺长，而烘干海参动用的人工包括 100 人去砍柴，200 人去捞，然后 50 人负责一直烧火。当时斐济西部的一个被原住民叫作"Vita Levu"的大森林，基本上被砍光了，这是西文记录里可查的。

接下来，在海参产量不稳定的情况下，殖民者也在琢磨说，我们从这些地方还能找到什么打开中国市场呢？鸦片战争前，西方人在对华贸易中一直为这个问题头疼。而在南太地区建殖民地，慢慢也要面对这些方面的挑战。

于是这个时候，澳大利亚又具有了新价值。大家知道，澳大利亚殖民地在建立若干年之后一直是囚犯殖民地，导致了非常大的财政压力。英国殖民当局觉得殖民地要维持下去，光靠母国这么输血，实在负担太重，那能不能允许澳大利亚开发特产搞对外贸易呢？当时在远东贸易中拥有垄断性地位的东印度公司不同意。于是当局跟商人采取了一个交易，说哪个商人愿意替政府运囚犯到澳大利亚去，或者运输日常补给物资到澳大利亚殖民地，回程的时候让英国官方送一张一次性的特许状，可以参与东印度公司控制的对华贸易，从东南亚运也好，哪怕从澳大利亚空返到东南亚，装上货再去中国也行，可以不受东印度公司制裁。在这种情况下商人也不愿意空船去东南亚，刚好1792年殖民地当局报告说发现新西兰海域出产海豹皮，可以卖到中国。

原来在1792年左右，澳大利亚这边已经发现广东的毛皮市场需求在不断扩大。此前库克船长在最后一次环球航行中丧命，但有记录说明他的助手带船队经停广州时，卖掉了一些在南太平洋海域收获的海豹皮，价格喜人。那么澳大利亚殖民当局就决定调查清楚，南太这一带，包括澳大利亚和新西兰，英国能控制的所有殖民地，是否像北美西海岸一样盛产类似的毛皮产品。尽管当地没有发现海獭这种重要毛皮动物，但发现毛皮海豹非常丰富。位于新西兰和澳大利亚之间海域的诺福克群岛就分布着大量海豹。1792年殖民当局鼓励当地一个退伍军人去试采海豹皮，发了一个特许证，当年就收回4500张毛皮。那么慢慢就发展到1798年，也就是五六年之后，大家就发现做这个生意越来越能挣钱，开始以股份公司的形式在当地组织海豹皮生产与贸易。到1799年的时候，最大公司的一条记录说一季当中，大概是四个月左右，其捕捞的海豹皮是 1 万张。这项贸易就这样火起来了，然后这成为打开中国市场的一个比较稳定的新产品。因为相对于海参，捕猎海豹是在岸上进行的，更方便。而且由于这些地方的毛皮海豹之前根本没遇到过人类，所以完全不知道怕。当时的记录显示的是什么呢？ 1802 年一条法国海军记录显示，在澳大利亚东南部外海巴斯海峡捕捞海豹时，简直是一场对海豹的毁灭性战争，用不了多久你就会听到它们灭绝的消息，因为海豹没见过人，就像排队被处决一样等着被杀掉。我们现在的考察主要是依靠当时悉尼最大的一份报纸的记录，在 1829 年的时候，它记载了 19 世纪头十年的情况：悉尼港发出的一艘船，短程内——指的就是到新西兰，一年中收到的海豹皮在 8 万—10 万张左右，然后从出口角度上讲，就是从 1804 年到 1809 年，慢慢地要往远洋走，这说明新西兰一带的海豹数量在减少，尽管还有，但捕猎者必须扩大巡航范围。1804 年到 1809 年是一个小高峰，大体上一艘船能猎到的海豹皮维持在每年 25 万张。

我们统计商船进出悉尼港的记录，其中有直接标明是专运海豹皮的，而最后到中国的船只，在 1792 年到 1804 年之间有 81 船次，其中还有些是和杂货一起运的，不光运海豹皮。所以我们没办法知道究竟有多少海豹皮被运走，但是很快我们从另外一个方面就可以测算这个量，因为广州口岸有进口记录，还有英国伦敦口岸也有记录。广州口岸价格低的时候，海豹皮会被运到伦敦进行一定初加工后再转卖到广州去。就是说毛皮不一定直接卖给中国，可能先卖给伦敦制成帽子或者皮具以后再输往中国。通过不同学者的统计，大概可知的 1788—1833 年送进伦敦和广州口岸的海豹皮，从南半球来的，包括可能从印度洋来的，总共是 623.5 万张，最终流入广州的是 403.9 万张。来自澳大利亚、新西兰及附近岛屿海域的皮是 140 万张。那就可以想象，这种贸易对海豹物种的伤害有多大。到 19 世纪 30 年代的时候，当地的商业捕捞整个就灭绝了。商业灭绝的意思是，可能种群还有，但不值得去进行商业采捕了。

多说一句，捕猎海豹，也意味着中国市场需求对南太地区自然资源开发的驱动，已经从檀香木和海参这样热带海域的资源开始往高纬度寒带地区的海洋资源转向了，我们对生态的影响就又逐步扩大了。

关于捕猎海豹的生态后果，还要考虑到当时保存和运输风干毛皮的技术问题。这里面的损耗率是非常高的，因为毛皮要防虫蛀，还要完整，它才能卖出好价钱，所以实际上被杀死的海豹远远多于贸易记录中的毛皮数量。说当时每获得四张有商业价值的海豹皮可能需要干掉六到七头海豹。此外，捕杀海豹的方法也是非常凶残的，要保证毛皮完整的方法，今天被认为是极度不人道的，就是拿棍子敲死，或者水平高一点的，拿锥子直接戳脊梁骨。就是这样几百万几百万头地杀掉它们，所以最后海豹皮产业的生存期比海参还要短暂得多，但是海豹皮商业开发的密度很大，而且作为大宗贸易品远比海参抢眼。

还要强调一点，采捕海豹皮和海参还有一个不同，因为海参捕捞大体上还是中国商人在那推动捕捞，洋商最多是局部参与，而海豹皮捕猎在生产和运输环节，完全是洋商主导，以美国和英国的势力为主导，法国没有太多参与。这个事情上法国人手上没怎么沾血，也就反映了在当时太平洋贸易网发展过程中，英国与美国的影响力越来越占主导地位。在 19 世纪 30 年代后，海豹捕猎出现非常大的衰落，还有一个非常讽刺性的原因，原来除了海豹本身种群减少、灭绝的因素，当时鸦片贸易的价值迅速上升。鸦片贸易起来以后，因为利润高，人们不再愿意拿船去遥远的南太平洋运海豹皮，所以海豹皮贸易衰落也有偶然性。麦克尼尔有一句话，在"Of Rats and Men"这篇文章里他说："很有讽刺性的是，鸦片贸易的兴起挽救了南太平洋相当部分的生命。"毋庸置疑，鸦片贸易是一个罪恶的事情，但是从生态角度上讲，它客观上可能挽救了海豹这类动物的生命。因为西方商人就是要找能在中国市场上挣钱的东西，不择手段。所以说，尽管海豹皮贸易的需求跟中国市场刺激有关系，但是造成的许多悲剧，还要由殖民主义和洋商的贪婪掠夺负责。这些历史也提醒我们，产生现代生态保护观念是人类社会理性进步的表现。

在这一部分我再补充谈一下檀香木，因为它经常和海参、海豹皮放在一起运输。檀香木和海参的典型性是差不多的。檀香木这个事情我没有太多研究，不过还是稍微提一下，因为它和海参贸易几乎同时进行。西方殖民者当时在能控制的南太平洋群岛逐一搜罗檀香木，在大概 19 世纪 30 年代以前就先后砍完了斐济、马克萨斯、夏威夷和瓦努阿图群岛的檀香木。反正就是一个岛的砍完就换一个岛再砍完，跟海参捕捞差不多，然后木头和海参都用大杂货船运走。檀香木是植物，最终也商业性灭绝了。1894 年通过西澳大利亚港口珀斯出口的檀香木都很细小了，说明当时已经没有大木头了，连小木头也砍了。因为檀香木长得非常慢，砍完以后很难恢复。海参和檀香木被认为是一个性质的商品，但海参是海洋产物，檀香木是岛屿产物。这两个都属于热带地区资源开发，殖民者其实在这一带的统治都还很弱，没有真正直接占领，这些地方是有原住民定居的，列强还没有去宣誓主权，但是已经通过直接和原住民交易或者坑骗手段开始砍树木了。

所以总结一下，当时所谓南太平洋地区对中国的贸易，具体说它是什么政治性质的主体我还在思考，不纯是殖民地，反正在列强看来就是个尚没有明确归属，但地理上和经济上是值得操控的地方。

我们中山大学有个叫周湘的老师，她是最早专门研究广州口岸毛皮贸易的专家之一，包括研究清代中后期流行穿皮草的风尚是如何南渐的。清朝贵族穿皮草是一种身份象征，有钱人时髦就穿这个。这个需要毛皮贸易支撑。当时的人不知道海豹皮从哪里来，他们不关心这个问题，关心的就是皮草够不够。18世纪中后期的时候，连广州那么热的地方也已经流行戴皮帽以及带毛皮的服饰，它代表一种时髦，我非得要摆上这个谱才能证明我是有身份的，有点钱都会置办这个，所以皮草市场需求就在增长。

用完整的、厚的毛皮做裘衣，次等毛皮就做帽子和饰品，反正我能了解到的大概是这样一个状况。这再次说明了一个问题，就是中国人没有到南太平洋，但其实通过世界市场体系以及海洋贸易网络影响到那里。总之第一，中国与南太平洋地区的生态联系建立起来了。第二，这种贸易网络在扩散的过程中，西方或者欧美的势力是在不断壮大的，这也再次证实了滨下武志先生的观点，这不是一个简单的冲击—反应模式，西方是一个逐步参与、融入并扩大自身在贸易网中主导权的模式。这个过程是具有明显生态后果的，我们从有限的材料都能看到一些端倪。可惜很多材料算是孤证，因为当年的记录里，一大段文字中可能涉及生态环境要素的，就一两句话。比如当时的人不太关心到底毁掉多少森林，杀了多少海豹的，只管挣了多少钱，但是我们要把这些材料整合起来，证明其中的联系。在19世纪30年代之前，这些资源边疆大体上可以概括为贸易主导的中国在南太平洋地区的生态足迹。在热带地区，几乎没有海豹分布，它们主要在温带和寒带海域。对南半球来说，就是越往南越多。其实现在看跟中国有关的南太平洋海洋资源开发进程，是从东南亚海域到赤道附近的南太平洋海域，再到高纬度海域，再往下就到南极了，这又是另外一回事了，就不好说了。反正北纬 60 度左右和南纬 60 度左右的海豹都被猎得差不多了，大体上第一个阶段也就完了。

下面开始介绍我研究的第二个阶段，是 1850 年前后开始的，是以大规模的人员物资交流为标志的，而不是依赖贸易，是中国人直接卷入当地自然资源开发和生态扩张。这里面的一个重要节点是 1851 年在澳大利亚爆发的淘金热，之前 1848 年加利福尼亚已经首先爆发淘金热了，这两个淘金热几乎是同时期的事情，就差了三年而已。对全世界来说，可以称它们为环太平洋淘金热，因为 19 世纪 60 年代中期，淘金热又蔓延到新西兰，19 世纪最后十年又蔓延到阿拉斯加，所以它是一个环太平洋的事件，让中国人与海外黄金产区发生联系。

前面说了，淘金热之前澳大利亚殖民地财政有困难，要发展盈利产业，海洋动植物的生态瓶颈限制很突出，那陆地上能发展什么呢？就是牧羊业，比矿业更早奠定了澳大利亚的经济基础。牧羊业意味着大量的圈地和荒地开发，产生了大量的用工需求。从 1848 年开始，中国厦门的劳动力就开始去支援澳大利亚畜牧业了。这方面的研究已经比较成熟，比如江苏师范大学张秋生先生的很多成果就可以直接引用。在 1852 年之前，厦门已经输出 3400 多人到澳大利亚去了。为什么要厦门人？一个是厦门人被认为能干，还有一个原因是从环境角度看，在西方人的记录中说，华南地区的人口有一些特点，就是很适合到炎热的地区做工，工人们在田里操作的时候甚至不戴帽子都没关系，中国人比马来人还不容易受热病的侵袭，所以就想利用中国劳工去澳大利亚。我们一般觉得中国劳务输出，就是因为中国人吃苦耐劳，看来还不是那么简单的。1853 年厦门总领事给英国的报告，说有这么一个考量，就是华南本来就热，他觉得澳大利亚应该也热，华南人口能适应。总领事想错了，澳大利亚不是他想象的那种热，当时英国殖民者对澳大利亚内陆的了解也不深。澳大利亚沿海一些地方是比较温暖宜居，他们就以为整个大陆就都不冷。其实澳大利亚大部分地方主要气候特点是干燥，温差特别大。当牧羊业大扩张时，除了需要牧羊人，还有一个任务是清理牧场要砍树，这都是很枯燥乏味的辛苦工作。大部分欧洲的殖民者不愿意从事这种工作，结果19 世纪 30 年代开始有雇主计划在新加坡招华工，未遂。1848 年的记录显示，新加坡和厦门同时开始招人了，华人就成批来澳大利亚了。1851 年澳大利亚淘金热爆发，则意味着澳大利亚内陆开发从牧羊转向了采矿，毕竟黄金更有吸引力，大家都认为自己会发财。其实后来发现真发财的人并不多，但是当事人的心理就跟买彩票一样，总觉得 500 万奖金能轮到自己头上。这样澳大利亚不断加速吸引移民进入，慢慢就不急缺劳动力了。在 1852 年之后，这个消息传到了中国，尤其是通过英国船只上水手或木匠出身的珠三角华人，通过香港把消息带回家乡。广东人就开始取代厦门人，主动移民澳大利亚。

最早在 1852 年下旬就有中国人批量出现在澳大利亚矿区的消息。有记录显示，一个叫本迪戈（Bendigo）的大矿区出现了 1500 个华人。当时那个镇吸引了很多淘金者，但人口总共才 8000 人，突然来了 1500 个中国人，报纸上肯定就记下来。华人劳工来澳大利亚不是契约工的身份，还是一种自由移民，未必是被拐卖出国，和去美洲的"猪仔"还是不同，叫"赊欠船票制"。简单地说，就是我借了钱去买一张能到澳大利亚的船票，然后我赚了钱把账还了。从工资统计上看，这个确实还是合算的，因为澳大利亚和新西兰当时的工资收入应该是珠三角同期类似人均收入的五六倍。

当然珠三角当时还有从内部挤压出人口的因素。当时它已经面临鸦片战争后传统产业的破坏以及生态衰败问题，自然经济开始受到冲击，中国近现代史的研究者已经做得很透彻具体了。当时出现移民潮跟口岸开放以及地方经济的凋敝有很大关系。而对澳大利亚、新西兰来说，它们当时又缺劳力来开发。比如到1865年的时候，新西兰南岛爆发淘金热，但矿区自然环境特别恶劣，淘金者都不愿意首先去那里，宁可先去竞争更激烈的澳大利亚。于是新西兰殖民当局就担心人口外流从新西兰往澳大利亚跑。南岛当局就说，能不能邀请澳大利亚的华人矿工来新西兰采金矿，反正是挖金矿，结果就来了1500人，这些人又成为新西兰第一批华人。所以新西兰华人移民最初是被邀请来的，不是什么苦力。

随着淘金热不断扩散，中国移民在南太平洋立足点不断扩大，几乎所有发现过金矿的地方都出现了华人。当然这中间有较大的时间差。在1851年前后主要是澳大利亚东南部。先是悉尼附近的大分水岭一带有金矿，另一个就是它南面的维多利亚殖民地，以墨尔本为中心，也是淘金热最核心的地区。它的黄金产量在19世纪50年代占到全世界产量的38%，加利福尼亚的产量在19世纪50年代占全世界的41%。就这两个地方，出产的黄金接近，总计占了当时全世界产量的79%。大概到1861年的时候，维多利亚华人已经达到至少4.5万人，悉尼所在的新南威尔士殖民地一度说有2万名华人，以男性劳工为主。大矿区华人的比例会更高，有矿区记录甚至显示男性居民有1/4是华人。

还有最极端的案例，是一个今天还存在的镇子，叫阿拉拉特

（Ararat），完全是中国人建的。澳大利亚曾经试图抹掉华人移民的历史印迹，说华人没产生过什么影响，但是这个城市是抹不掉的。华人直接参与了南太平洋地区内陆腹地矿产资源边疆开发，造成了黄金源源不断流向中国的情况，这个是可查的。更关键是它带动了华人活动范围持续向澳大利亚大陆内部挺进，19 世纪 70 年代后淘金热的影响就更明显，然后还会波及新西兰。多说一句，新西兰方面保留的华人淘金者历史记录非常完整，因为新西兰长老会不停地往中国派传教士，看这些华人的家乡是什么样的，追踪记录非常详细。1865—1951 年间所有他们在中国以及金矿区拍到的跟中国有关的活动，包括日军侵占广州的照片，都有留存。总之，这时期华人移民的影响已经通过采矿活动深入内陆了。

那么除了产业领域，华人淘金移民还有什么影响呢？我们发现生态影响也很大，至少在两个层面上存在。第一个就是有一定的冲击性与破坏性。采矿对原生态的破坏性表现得很明显。而华南地区的移民来做矿工，和欧洲那些工业革命之后愿意移民到澳大利亚淘金的人传统生计不一样。许多珠三角华人移民的农田水利技术是超一流的。因为淘金是需要大量用水的，但澳大利亚又比较干旱，水源不是随处有，淘洗黄金有难度。结果在引水方面，华人占了大便宜，他们引进了一个在澳大利亚被公认的设备：百叶水车。这设备在新西兰、加利福尼亚也有，其实也是华人的技术。比如加州矿区的水车，就是从中国华南引入的脚踏水车和百叶水车，后来又散播到澳大利亚和新西兰。

水源相对有保障之后，中国淘金者就喜欢采用集体大规模淘洗作业，结果可能造成了比欧洲淘金者更明显的环境破坏。华人工作细致，反复淘洗矿土，消耗水比较厉害。当然黄金淘洗也就做得非常彻底。当时说一块地方让中国人淘过后，基本上其他人也不用开采了，颗粒都不剩，不会有遗漏的。可这样的作业，对土壤结构的破坏也就特别严重，反复的淘洗把土壤腐殖质全给毁掉了。然后慢慢还引进了引流槽引水技术。就是一个木槽，搭得越长越好，从高处斜着搭下来，然后把矿土扔在水槽高处位置，拿水冲它，那么根据重力的原理，水和泥浆就往下流，流了以后重的物质肯定一开始就留下来的，越轻的就流得越远，然后冲完之后就根据水槽留下的固体颗粒，挨个捡黄金就行，这种技术也说明华人引水的能力很强。

所以说华人淘金的方式虽然和欧洲矿工本质上差不多，但造成的环境影响可能在局部范围内更明显，一定程度上更多破坏了当地水系和水体。我们在当地档案馆找到了 1857 年的一个非常有趣的记录，绝对是中国人的创举。用一种欧洲人不会用的工具，就是竹竿。它把竹节打通连接起来，成了运水的脚手架，拿这个东西架住桶提水。这完全是当地欧洲移民做不到的。所以后来很多听证会说，中国人搞的地方动静就特别大，环境破坏明显。当然当时不是从环境角度批评的，就说中国人开发的地方，狼藉的程度更高，大概是这个意思。这是一些负面说法，但是我们认为这是一种技术的应用，实际上是在华南常见的引水技术向国际传播了。这就是所谓的一种破坏性影响。

但第二个层面上，也是我们更关注的，其实是一种建设性影响。我们环境史研究问题，不是只讨论破坏的问题。因为把一种生态或者环境改变以后，建立的总是一种新的生态体系，只要还能维持特定要素的继续生存，仍然可以认为这是一种生态的新发展。不能只看人类活动破坏环境的一面。比如我们说城市环境的出现，这种新的人居环境有缺点，但某种意义上讲城市很伟大，毕竟这么小的一个区域内支撑这么多人口的生存，而且不管怎么说，就业的丰富性、生活便利程度等也还是更好，所以人为造成的生态变化未必是坏事。

那么在澳大利亚和新西兰的生态变化中，我们认为华人在什么方面有积极贡献呢？首先是对荒野地区的生态恢复过程有贡献，影响是非常直接的，就是蔬菜种植业和其他的农业种植活动。你想，这么多人在挖矿，往内陆走，补给就是大问题。粮食可以靠远程运输，但是新鲜食物的补给怎么办？当年没有维生素片什么的，缺了就会出现严重的问题，比如败血症，矿区又不卫生，所以需要新鲜的蔬菜果实。欧洲矿工难以自足，因为他们当中原本就没有太擅长种植业的，于是华南移民就承担了这个工作。现在的研究发现，华人并不是说要为满足欧洲人市场才做农业，其实他们很大程度上是要自给自足。不过，由于菜种得好，当地人也喜欢，这就形成了一门生意了。但凡矿区在扩张，种菜需求就在变大，而土地又不适合种菜。所以华人会干什么？第一，平整土地和松土，就是把土地变成田地。第二，引入了中国传统的有机肥追肥，屎尿是一部分，还有一个绿肥。有一个记录显示，华人社区有菜农，会专门走访各个营地，包括洋人的营地，收集肥料。华人社区的头领要求麾下矿工把生活垃圾和粪便堆到指定区域，然后再利用，否则要罚款。然后考古学也证明在相当一部分农业区出现的华人定居点，没有蓄粪池和有机垃圾的淤积痕迹，就是说这些东西被及时用掉了。

所以说华人移民的农业活动使得矿区土地生态恢复了。其次的贡献在于引入了一些新作物，1883 年新西兰的矿区委员会报告说，中国人带来的就是小心翼翼保管着的中国芜菁的种子，我之前都不知道有这种东西。

芜菁是可以吃的，然后还引进了枸杞、豆芽、豌豆、青菜，这是当地没有的，这种物种也被带到澳大利亚。然后澳大利亚矿区华人营地里今天还发现了野化的小葱，或者说是水葱，说明华人可能种过葱，因为这也不是澳大利亚或者欧洲人传统吃的东西，还有包括矿区的柚子树，当时是作为重要的审美植物引入的。因为南半球季节和中国相反，柚子树刚好是在寒冷季节开花，于是对淘金者们来说，荒芜的地方出现那么一抹绿色，也是感谢华人的。这方面的评价都非常高，我就不逐一说了，反正中国人的蔬果种植技术是得到认可的。当时华人菜农担个菜筐去卖菜，有一个专门的名词叫"Hawker"，一说华人菜贩来了，就是说好蔬菜到了。像维多利亚殖民地，当时的一个农产品展销会上记录说，全州 1/4 的番茄都是华人提供的，而且优质，他们种不出来。所以今天说的第二个阶段，中国因素在南太地区产生生态影响，一个是矿产开发，一个是农田恢复，还有一个就是水利技术传播，这对我们华人的海外形象都有一定影响。

下面讲第三个阶段，就是在这种特定的资源密集开发高潮过去之后的事情。大家知道，今日澳大利亚、新西兰呈现出来的景观，给人的感觉整个就是大农村。它确实就是一种现代农、牧、矿复合的生态体系。这种生态不是这里的原生态，而是现代人累积改造的结果，在 19 世纪末才最终确定下来。这个演进过程中，中国的因素或者说定居下来的华人移民有没有发挥作用呢？可以发现华人，尤其是有相当的资金实力的华人起了不少作用。如果追踪一些档案，还有一些当时的报刊记录以及产业部门的报告，就可以发掘出这样的事实。

首先是华人资本对金矿贫矿的开发。淘金热高潮的时候，以个体矿工淘洗矿土，寻找大块黄金发横财作为普遍的作业原则和目标。但是黄金含量比较低的矿土怎么处理，大家当时就没有管，因为大家都盯着富矿。但是在富矿开采完的情况下，就要考虑贫矿怎么开发了。要让单位黄金产量低的矿土盈利，只能够通过加大淘洗总量来实现，那这时候光靠人力挖和淘洗矿土就远远不够。你要大量投入机械设备，还包括要粉碎一些石英伴生金矿，因为它不是以单质形式存在的黄金，是不容易采出来的，所以必须要结合资本采用工业机械。现代的这种冶金厂式的矿业企业就发展起来了。在这个过程中，投资开发金矿贫矿成为相当一批有熟练矿业经验、又攒起一定资本的华人的选择。他们采用的两种主要采矿方法都剧烈地改造了当地的生态。一种是液压冲刷法，就是大型高压水枪冲刷矿山；另一种是河床淤泥淘洗，就是用挖泥船挖河床。这是很晚近才装备的，19 世纪 80 年代到 20 世纪 20 年代都使用。加州也用这个，但是在新西兰变得特别流行，因为这里相对不缺水。有一个记录描述说，1885 年华人投资一个水渠工程供应水枪冲刷金矿。这是个扩建工程，首先要改变一条天然河流的河道，搭 21 公里长的管道，引水到山谷里面，光管道造价就1500 英镑，然后冲刷和淘洗同时作业。华人矿工开展这样的作业，要同时投入 16 个人，实际上就是冲走一座土山。水从龙头里射出来，快速冲刷掉土山下层的切口。从底下开始冲，人为制造一种塌方出来，然后上层表土整块脱落后顺着水道冲水，让黄金分散到各处再让工人淘洗。一时间，采掘面上岩石轰然而下，山下是近百个塞得满满当当的运矿土的木车。采掘面有 75 英尺深，开采的时候感觉地表都在移动。工程量这样惊人，可以想象对环境的影响会是什么样的。还有一个更典型的，比如在澳大利亚维多利亚高地，澳大利亚板结的土壤比较多，土层里沉积的贫矿比较多。这种水力冲刷开发，比从前砍掉树、挖几个坑淘金造成的生态冲击实在大多了。

第二种作业对象是河道里的淤泥。这里面也沉降了很多黄金，包括历史上金矿开采完后存下来的渣滓，还包括河床自带的黄金。那怎么干呢？华人投资造了一种叫"dredging"的设备，就是所谓的挖泥船。它能够通过大铲斗，把河床的泥巴大面积挖起来，然后进行机械化淘洗。

这个机器是中国人的发明，欧洲人有类似的工具，但华人把它嫁接到船上，然后在河里面挖。这装备是新西兰最早生产出来的，然后传到澳大利亚，不过在澳大利亚和加利福尼亚没有广泛应用，因为干燥，没有那么多河流。但是以此为模板，挖泥船日后出现了非常多的变种。这属于一种反向传播的技术，它不是一个从旧大陆传到新大陆的技术，而是新大陆的人为了适应当地条件改良发明出的新东西，再传播回技术最早的发源地。澳新矿区水比较丰富的地方出现了这种船，但是它在全世界也传播开了。

这种工业开采的投资规模大到什么程度？新西兰的矿业资本家一次就集资了 7.2 万英镑，发起募资者是一个叫徐肇开的华人。他募集的 7.2 万英镑被认为是发行了新西兰第一只矿业股票——因为他通过股票股份公司形式募资，然后搞大工程的开发。这对当地整个水域的生态影响之大不难想象。时间关系，我就不多描绘了。

然后华人资本投资的第二个产业是单一种植业。比如在昆士兰，当时这里的开发很难，因为是热带地区，欧洲移民不太愿意进去，又想推动热带经济作物单一种植。结果我们看到珠三角移民商人的网络可以解决这里的开发问题，即它通过在殖民地城市里的华人零售店分销农业种植园产品，形成产销一条龙服务，让开发变得有利可图。华人投资并承担热带地区的生产，然后销售是另一部分华人，结果华人产业链掌控了当时从整个澳大利亚东部到斐济的最大宗的单一种植业之一——香蕉种植。有些香蕉种植园的规模大，需要修铁路来运货。这是澳大利亚热带最重要的人造新景观之一。1888 年之后昆士兰和斐济的香蕉是卖到整个澳大利亚以及南太地区许多地方市场的，商人可以挣很多钱。关键之处在于，华商还成立了几个公司，专门种植、运输和出售香蕉。涌现了所谓的四大商业家族，都来自今天广东的中山市，通过这种方式攒钱，然后又投资开百货公司。比如这四个家族里面最有代表性的两家，马家和郭家，最后干了一件什么事情呢？在 20 世纪 20 年代的时候，把上海外滩、南京路商业街发展起来了，因为他们扎堆在那里开办的大型百货公司形成了新的风景。到今天还存在的，比如永安百货等。想想看，上海南京路四大百货公司其实来自南太平洋的香蕉种植园，先施、永安、大新、新新四大公司的资本源于华商种香蕉卖水果。

而在新西兰，除了前面提到投资过矿的徐肇开，还有更厉害的案例。新西兰北岛一个叫塔拉纳基的地方是比较冷的山区，一个叫周祥的广东移民在那里定居以后发现当地木耳长得非常好，于是就开始搞木耳贸易。当地经济本来是非常凋敝的，新西兰没有澳大利亚那么多矿，还爆发了殖民者与原住民毛利人之间的毛利战争，争夺土地所有权，冲突不断，结果周祥去了以后就说，别打了，都给我摘木耳吧，一起改善经济。当时的一个地方档案显示，他雇用白人移民和毛利人都去采木耳。然后他把木耳运到广东出售掉。他的木耳出口业发展到什么程度，就 1880 年到 1920年，新西兰对华主要出口物资就是木耳，然后价值是 401 551 英镑。这一带本来是山地很多，发展经济不容易，而开发木耳使得当地经济发展得非常快。然后接下来他想干的事情就是发展乳制品行业，因为他发现新西兰的牛奶质量很好，但是又缺乏投资。

因为周祥在新加坡待过，在澳大利亚也待过，他有见识，于是在新西兰建立了第一个现代化的黄油厂。现在我也没法确证这个是否真是最早，但至少是最早的之一。

他怎么干的呢？他在林区南部推动牛奶养殖，然后还引进了新技术。今天全世界所有的大型奶制品生产都要采取所谓分散供奶的模式。这个模式在新西兰最早诞生，叫"share milking"，这也是华人率先参与创造的。就是奶源不是靠一个养殖场来提供的，这样没法扩大规模，也没法抵御一旦发生病虫害就可能造成的灭顶之灾。周祥就在加工厂周边地区选定奶农，我投资你们养奶牛，你们供应奶。然后周祥生产的黄油比较特殊，主要供应的是英国市场还有澳大利亚市场，他把黄油的名字命名为"Jubilee"，"Jubilee"是千禧的意思，可以翻译成"禧年"，指英国女王登基典礼那一年。这种命名就是为了打开英国市场，搞一个好像皇室都很喜欢的那种品牌。周祥利用了当时刚刚兴起的远洋冷链运输，就是冷冻运输船来给海外供货，结果他把这个产业扩得非常大，使得当地经济发展得更快，包括当地的基础设施建设，几乎全是靠他投资然后建起来的。

周祥推动发展起来的乳制品产业也造成了相当的生态压力，他事先是不可能预料到的。第一个就是大量的养殖奶牛需要扩展牧场，导致大量砍伐森林，当地森林被毁坏得非常严重，而且后果就是木耳没了。但对他来说，黄油和奶制品可能更重要。另外一个比较麻烦，就是把林区的树砍完之后，突然发现一个问题，沿海没有了林木，出现了海水倒灌问题。乳制品生产造成的生态影响这么大，这片区域森林居然慢慢全部消耗了。最后当地人临时补种一些引入的灌木类树木，但是又造成了一种物种入侵的危险，因为外来的灌木疯长了。

还有一个生态影响就是畜牧乳业大量刺激了进口物资。因为牧业发展需要草。养牛用的牧草，光靠原生草是不够的，要培育优良牧草然后大面积播种才行，但肥料又不够了，尤其是磷肥，结果要大量进口磷肥。其实整个澳大利亚、新西兰牧业发展都需要进口磷肥，从哪里来？瑙鲁，这里盛产鸟粪。澳大利亚、新西兰的畜牧业和农业发展，大大加剧了太平洋岛屿鸟粪的开发。去瑙鲁挖鸟粪石还是要依靠华人移民劳工。所以你就看，生态联系是一环套一环的，一个个开发就都出来了，中国人还都卷入了。所以说我们华人实在是相当地能干，能动性十足，我们之前的研究都太低估了中国市场和华人移民的国际生态影响力了。

我最后再总结一下，我们前面说资源边疆开发背后有一种跨海洋的生态—文化网络。之前只是说生态影响，那"文化"怎么理解？这里的文化（culture）主要是指相对于自然（nature）的社会性建构。第一个就是文化和生态都发生了一种传导性的影响。它导致整个南太平洋地区，包括采海参、砍檀香木、捕猎毛皮，这些贸易对原住民社会的影响非常大。比如在夏威夷等地，直接导致当地的权力与社会结构变化。因为围绕檀香木开发形成一个巨大的产业后，大家都不种地了，生计都围绕这个产业展开，比如提供补给品和当伐木工，粮食生产变得不足。又比如海参捕捞使得东南亚人前所未有地跟澳大利亚北部的原住民产生了交流，到今天仍然有这样的一个裙带关系，印尼南部的人和澳大利亚北部原住民有通婚的，亲缘关系就非常近了，这是一个间接的生态影响。再有一个就是我们环境史研究比较多的疾病传播的后果。比如通过贸易和资源开发，原住民接触外来人口，北半球的许多疾病，比如流感，还有霍乱这样的东西就传到了原住民部落，全社会生活方式都变化了，这是前面所说第一个阶段表现突出的方面。

　　第二个阶段主要的文化变化，就是华人文化的外传与交融。一方面中国的传统技术与文化可能高效地融入了当地很多经济、政治与文化生活，也引发了一些争议，导致了华人移民可能因为所谓破坏环境或公共卫生等问题而遭受污蔑和排斥。我在一篇文章里其实提到过，非常有意思的事情就是个别广东来的矿工在很艰苦的内陆环境中，在没有后勤补给的情况下，会吃小动物维生，比如说吃兔子、老鼠或者是鹦鹉，有些欧洲移民就觉得恶心了，大做文章。第二就是觉得华人可能会传播疾病，尤其是在麻风病区，一般人不敢进去，但华人不怕，华人把麻风病区兔子吃掉的记录也是有的。当然麻风病不一定通过消化道传染，吃兔子也不一定有问题，但观感很刺激。

　　还有随着在悉尼城里面唐人街景观的发展，欧洲移民对密集定居的华人社区有很多种文化想象。澳大利亚的欧洲移民普遍喜欢在郊区开展田园牧歌式的定居，很典型。所以说这也和密集定居的华人社区产生了一些文化理念上的冲突。还有包括在新西兰矿区出现的风水问题。一方面华人是讲风水的，有传教士记录说有些建筑的设立，包括有些商店讲究选址朝向，和欧洲人考虑的就不一样，另一方面就是砍伐木头、挖矿的时候，欧洲人说你们讲风水，那不要破坏，你们怎么干得那么厉害。当时一个记录里说，华人在这种事情上讲风水主要是针对故乡的环境，对新西兰的风水会造成什么样的影响他们考虑不了，这样也可能会出现一些意外纠纷。尤其是围绕水源使用的问题，因为虽然我们用水效率高，但用水的总量也就大，会引发一些纠纷，这都为后面反华舆论造势制造了口实。但要说清楚，19 世纪欧洲移民社会排华种族主义产生具有必然性，是当时这些移民社会打造新国家认同的必然结果。但上述这些琐碎矛盾会成为排华正当性的重要依据，甚至在议会辩论中都成为炒作的理由。

第三个阶段比较大的影响就是华人商人资本运作的后果。对当地主流产业的发展有影响是肯定的。华人资本让传统经验技术融入一个高效的资本主义化的生产过程中。比如以周祥为例，我刚才还少说两点，他是第一个在生产黄油过程中发明降温技术的人。当地工厂没有冰箱条件，怎么降温？他通过打深层的地下水，然后用管道、用泵把水抽上来，然后用强力风扇去吹，制造冷气。深层地下水比较冷，抽上来以后在空气湿润度比较高的地方蒸发，使得生产的黄油凝固性更好，保质期更长。1927年周祥转让他的商店，做了一个广告，我们能找到这个记录。他一共开了三个店，在当时已经引起了很大的关注，而且他卖东西在主流报纸上打广告，说明规模也不小，不是小生意人简单接手就行的。另一方面，我们可以看到这样的华人，他们能融入澳大利亚和新西兰当地的上流社会，联系还很紧密。所以可以说，华人移民在白人社会未必是被排斥的，一些华人因为来得也早，然后地位也比较高，在当地影响非常大，像在澳大利亚的矿区也是如此。当然这些人只代表了一小部分华人的命运。

还有一个事情值得一提，就是文化遗产的问题。非常有意思的案例就是澳大利亚本迪戈的复活节庆典，全城是以舞龙的形式来庆祝的。它至今保留了全球最大最长的一条龙，那里有个大金龙博物馆。当地每年庆祝西方的节日，但是要舞龙，这已经成为澳大利亚一个特色文化遗产。想想那个场景，复活节嘉年华，洋人在那舞龙。这个地区10万多人口里，曾经前后聚集有3万多华人，于是留下这么深的一个文化印记。

总之，就中国跟南太地区的关系史而言，我的研究的第一个意义是，历史案例非常好地展现了全球发展和生态环境变化的联系，或者从全球生态一体化的角度上看，这是一个非常经典的生态交流故事。这个时间段大概从 18 世纪末到 20 世纪初，看起来是西方全球扩张的一个高潮阶段，包括英帝国处于维多利亚时代，这个时候全球生态联系都在加速，而中国也在其中也扮演了重要角色。另一方面，可以看到全球生态的变化，是牵一发动全身的，南太平洋地区也不例外。传统上我们研究自然资源开发，往往都集中在热带地区种植园，围绕棉花、甘蔗这样作物的全球史研究已经很多了，但是往南太地区走会发现它的这种涟漪形的生态影响，以及阶段性演替的自然资源边疆开发活动。伴随殖民统治以及殖民地跟中国关系的变化，我们能更好地理解地球最偏远的角落如何被逐步整合到一个大的历史进程中。

第二个意义，我还在考虑如何去表述和评价，要比较审慎一点，那就是近代以来中国市场的需求、中国的人、中国的经验，可能对全球生态造成怎样的影响。和一些政治史设想的中国融入现代世界的过程不同，中国跨越汪洋的、不同领域的国际嵌入度与影响力很早就已显现。中国融入世界是一种史实，也是一个现实，我们这么大的一个体量就放在那里，它对全球资源供给的需求，给大众消费市场也好，给相关产业再加工也好，都很大，那么如何去理性理解我们需求的复杂国际性影响也是研究者的一份使命。

另外在一些传统的历史叙事中，近代中国面临的似乎是一种衰败化、边缘化的窘境颓势。但其实我研究的这些案例显示出来的是，面临全球化变局，国人不仅不那么消极被动或者全面落后，甚至有一些国人特别是移民海外者，能极大发挥自己的能动性，产生了跨国性的影响。这个真不是为了吹捧而吹捧。在一些殖民地，尤其我们不太了解的殖民地，有成功的华人移民建立起很大的影响力。那我们对全球生态和文化的影响，从间接的海产贸易到直接去采矿，从移民带去中国的技术，到形成具有原地创新能力的华人资本，对当地整个社会和生态变迁的影响都可圈可点。

再有一个，就是环境史自身的历史解释途径上，我们觉得传统上西方学者总是在讨论，比如英帝国史的研究，总是觉得南太平洋世界的殖民主义变化包括环境的改造，都是西方因素推动的。其主要内容就是欧洲移民和当地原住民的互动，不管是冲突对抗抑或交融。但是也要看到，这类变化互动从来都是多元文化的。既然是个开放的国际移民地，它的多元文化从一开始就存在，并不是说突然间发现了一些所谓的少数族裔。多元移民的共生发展是一个需要长期整合的问题。在西方中心视角对互动主体的关注之外，还存在其他主体，华人移民群体就是一个很典型的代表。

第三个意义在中外关系史层面上。那就是我们的研究可以证明近代中国跟南太平洋其实早就存在联系，这个联系不仅早于鸦片战争，甚至在 19 世纪之前，就已经辐射到南太平洋。所以中国跟南太平洋地区虽然地理上看起来很遥远，但其实联系还是很紧密的。直到今天我们还很需要这里的矿产和农牧产品，包括新西兰的奶粉等。这些联系其实是有一个历史延续性，不是一个突然的结果。中国是离不开也没有必要离开外部世界的。

提问与讨论

主持人：很好。谢谢，谢谢费晟博士。费博士的报告确实是非常好，我是第一次了解到南太地区跟中国的关联有这么密切，而且这么广泛和复杂。以前我们就知道这是英国的事，是跟英帝国有关的事，跟我们没啥关系，以为就是移民什么的，也都是某一方面的局部参与。现在看来，联系其实非常广泛，而且是早在淘金热之前我们已经有这么多的联系了。而且尤其是你刚才讲到上海的永安百货，南京路的这么多最重要的商业机构都是跟那边有关。所以我是觉得这个影响是远远超乎我原来的想象的，而且你刚才说的毛皮，因为我也已经想到了华南地区那么热，即使他们有些人是赶时髦的话，那也不是每个人都能穿戴毛皮的，我估计进口的毛皮大量地还得往北方来。尤其是北方地区，所以贸易的线路如果拉长的话，你把中国国内的贸易线路，联系到南太平洋的毛皮最终的去处，追溯一下，可以说你这个研究真就是一个比较广泛的全球范围的网络。我听了以后，感觉特别新鲜，因为这些内容是新的，想法思路也是以前从来没有听过的，一下子就被你打开了。确实是非常好。而且我刚才一边听你讲，一边就在想我们设计的课题，你现在这个思路跟我们现在想的特别吻合，就是命运共同体。就是说你生态环境到底是怎么样，一个地方的生态呢，破坏也好，改变也好，怎么影响到全球。所以我是觉得你这个跟我们设想的思路很吻合。非常好，而且你总结的生态维度和文化维度的几个考虑，我觉得也是非常完整，我自己听后是非常有收获的，我们再次向你表示感谢。我先跟你讨论，你刚才讲到一个叫"库克大交换"，这个词是你说的呢，还是就像哥伦布大交换一样，已经是被学界广泛认同的一个概念？

费晟：用得比较少，但确实已经是学界认可的了。尤其在欧美学界相对比较常用到。约翰·麦克尼尔是个环境史学家，担任过美国历史学会主席，他在克罗斯比的《哥伦布大交换》再版的序言里面就这么写，专门讨论界定了一下库克大交换的意义。因为克罗斯比在《生态扩张主义》里已经把考察扩展到新西兰和澳大利亚了。然后这个麦克尼尔还专门解释了库克船长航海导致的一些新的跨太平洋的物质与文化交流。但国内确实是好像用得还少，这个地理方向的研究也确实还很弱。

这个概念也不光说亚洲和南太。因为还有一个向度的研究，关注澳大利亚和加利福尼亚的联系。因为淘金的关系，这两个地方也有生态交流，美国西奥多·罗斯福总统时代推动的很多环境治理经验也跟澳大利亚的一些交流有关系。这广义上也可以算到库克交换里面。还有一个最近研究比较多的，就是研究桉树的全球流动的问题，也用库克大交换这个概念。因为桉树大家知道是澳大利亚原产的，但今天作为一种速生造纸原料，在中国也广泛种植，加州也非常多，在泰国、南非等环印度洋地区也种了很多。

问：之前开会的时候，就听费晟做过这个领域的学术发言。他的英文是非常好的，去年在北大的一个会议上给我留下很深的印象。今天实际上我是第一次这么比较详细深入地听他介绍自己的研究。费晟人很年轻，我和付成双联系比较多，在聊天的时候我们都非常看好费晟。我觉得从今天他的讲座来看的话，印象特别深的是，他的视野非常开阔，真的就是全球史，比如说像一个生态—文化网络，就是非常典型的全球史概念。还有我觉得可能更多的感受是，比如说讨论中国与南太平洋地区的生态与经济联系，实际上是有一个基本的框架在的。我们听起来很新鲜，是因为我们国内对澳大利亚、对太南太平洋地区，我觉得基本上没有研究，而现在像费晟做的就是非常典型的南方环境史研究。我们说的南方环境史主要是指全球南部的环境史。

还有一个我非常认可的是，因为你在做全球环境史的时候把中国的因素加入进去。我觉得一旦把中国的因素加入进去的话，我相信费晟的研究就会非常引人关注，比如说在国际学术界大家就会非常关注中国人的事情，比如说华人对全球的经济建设、生态环境变迁方面发挥了什么作用，我觉得他们会对此有印象的。所以我自己感觉费晟这个研究非常有前途，希望你能不断有这种新的作品问世。还有一个的话，我觉得费晟的研究实际上非常好地展现了什么是环境史，什么是全球环境史。他提到一个问题，我想请他单独谈一下。我觉得生态—文化网络这个概念非常重要。当然在麦克尼尔父子写的《人类之网》里提过，我不知道这个概念是他们首先提出来的吗？你可以待会儿就谈一下这个问题。我们讲环境史的时候，一旦讲网络，我们就知道它非常复杂。费晟谈的生态变化，我觉得主要是通过经济开发活动、通过贸易，就和生态变迁联系起来。在我们环境史里头有一个很重要的概念，叫生态足迹。就是说我们可以追溯每一种商品，它是怎么生产的，它的消费最终流向哪里。通过追逐一种商品的流动，可以了解世界经济之间的这种相互联系，发现一种复杂的影响。还有一个，我觉得对我们了解环境史会有一些帮助，尤其是对我觉得不熟悉环境史的人可能会有一些帮助。就是你知道环境史里头有一种叙事模式非常流行，叫衰败论，英文一般是用"deterioration"这个词，至少在美国环境史学界非常流行，所以大家一谈，觉得好像环境史就是谈这个问题，当然我们讲的实际上是经济开发这种层面上的生态影响，确实破坏性因素比较多，但同时我觉得就像费晟今天强调的，我们华人实际上对当地的生态建设有积极作用的。实际上这个可能对认识环境史是有帮助的，而且目前比如说在环境史学界，比如美国环境史学界，他们可能叫"以生态恢复学为基础的研究"，探讨人除了破坏整个生态以外，还如何参与生态建设。我想请你再就生态—文化网络这个概念的提出情况，给我们介绍一下。

费晟： 这方面比较有经验的研究，您肯定也知道，主要是蔗糖和棉花，这两年做得已经非常出色，还有烟草、咖啡之类的。休斯在《什么是环境史》里面说的那种，环境越来越坏，一代不如一代。高老师说到好几个重要的东西，那么有一些可能是比较狭义的环境史才会界定的词。我们环境史总给人一种感觉，好像总是在关注负面的东西、消极破坏的东西，其实不是这样的。它更多关注的是一种变化本身，也不见得新的就不好。反正是一种变化的结果，变成一种新的状态罢了。还有一个词，我多说一下这个"eco-footprint"，生态足迹。我昨天见北师大的贾珺老师，他对此也提供了一些意见，说我用这个"eco-footprint"是有问题的。我用这个概念和高老师您一样，但他说从生态学的角度上说，"eco-footprint"指的其实是一个生态承载力的问题，生态足迹大或者小是衡量承载力的。比方说我养一个城市，要耗多少木材，什么能源供应，这就造成了足迹，这是生态学提出来的。而我们用的"eco-footprint"其实讲的是从一个地方到另外一个地方，你跟踪某个东西的流动过程，你可以看到它从最远端的到最近的状况，一路留下来什么痕迹，我们用"eco-footprint"。贾老师指出的是这个词的初始含义，严格意义上的内涵，很对。但我觉得用这个词来描述我说的那种情况可能更形象，但与原本意思有出入了。我觉得我跟你的意见更接近，我觉得还是可以用这个词，我们就需要多加一个解释，这不是严格的生态学、自然科学的概念。

你问的关键问题在生态—文化网络。我借用这个概念，其实也跟我研究的困境有关。因为只做国别意义上的澳大利亚环境史是有大问题的。这个国家不要说中国人不关心，从国别史的角度上讲，确实没有多少政治经济上的重大典范性事件。这确实是一个问题。所以我就开始换了思路，就是我只有把它纳到某一种全球联系的网络里面，看它的影响，才能发掘出它特有的价值来。

环境史给我提供了一个很大的帮助，我还不是从麦克尼尔那里了解到这个生态—文化网络的概念，其实是从英帝国史研究中得到启发的。因为它早年叫英国殖民史，但是殖民史有一个大的问题，就是你把殖民地当成一个客体看，我研究欧洲怎么开发殖民地，那对当地人来说到底经历了什么重大变化，然后这种变化的内外因素在哪里，然后难道只是殖民地变化，宗主国自己不因此发生变化吗？对这些问题，一些传统的殖民主义史没有回答好。所以说就在新近英帝国史的讨论中，以澳大利亚、新西兰以及美国一部分学者带头，采用生态文化网络概念把英帝国内的跨国史整合起来。

但我个人觉得您刚才的建议非常重要。您提到麦克尼尔说的生态—文化网络，这是真正全球性的，远远超过某个具体帝国的。不过这里面的内容，我觉得关注点应该是一样的。环境史的兴起，不意味着传统的研究、既有的研究就不重要了，或者说是我们要绕开传统研究，并不是这样。我恰恰觉得所有历史学研究，包括我们环境史研究，其实要有一些洞见，就是"insight"。要产生洞见的话，就要回归一些基本问题，就是到底人和人之间怎么交流的。不管你从哪个角度去看，最终要归结到一种共同分享的层面上才会有比较大的意义。澳、新的情况是符合英帝国这个范围中生态—文化网络的架构的。

另外一个，早就有学者强调说，网络里面要去中心化，这是对沃勒斯坦等人说的。要去中心化的，那英帝国里，中心是不是英国就不一定了。就是在这个网络下，我们不关心英国是不是中心。英帝国只是搭了一个框架，局部切一块，看哪个地方是中心。在某一个具体事务上，某个地方可能就是一个中心，但它可能在另一个领域就不是中心。它只看关心几个考察的节点间流动的是什么。有物质性的，有文化性的，特别还有知识性的，就是知识传播这方面也有概念或者经验的流动。所以说真正的问题在使用概念的过程中，是否真的结合了合适的议题，把我们传统研究经济、政治这些社会建构的资料和想法同生态变化的现实结合起来。同样观察一个事件，在政治经济层面以外的生态上面的影响是什么。通过这个方式来强调一种联系性。

那么刚刚我说的有三样东西，一个是路，一个是商品，还有一个就是其他有机物。商品和有机物是分开讲的，就用这个词"organism"（有机物），看它的流动。这很有意思，因为它不一定是专指有商业价值的有机物。我还没想好他们为什么不用"species"（物种）或者其他词，用的就是"有机物"。我估计矿石可能就算无机的，毛皮又是有机的。

还有就是人。所以我觉得这个词比较不走极端。因为我很害怕某种生态中心主义的论调。有一些激进的态度，环境伦理学或社会学里面有一个观点我觉得问题很大，就是把人完全等同于自然界普通的要素之一。它不觉得人有什么特别的，当然我不知道我是不是对它的理解存在偏差，反正我的思考肯定是不想往那个方向去发展。历史学最看重人，既有的、传统的研究很重要，里面重视人。我早年读您的一些作品的时候，我觉得您恰恰对美国环境史以外的领域了解很深，才能写一些文章。

问：我觉得是这样。可能实际上环境史这里头有叫生态中心的，人类中心的，实际上我觉得学界的这类理解中，环境史可能还是以人类为中心。我觉得既然是历史，环境史是历史学的一个领域，它一定是以人类为主体的，然后比如说我们谈这种环保运动，我们为什么就强调我们要保护自然，最终也是对人类有意义。不管是在环境史学界，或者在环保运动里头，环保人士里，都有极少数的人非常极端，在女性主义、种族主义的讨论里面，也有的很极端。这个扯远了，但是您的那个问题很好，我回去要把麦克尼尔的概念再琢磨一下，应该怎么再表述一下，因为我总觉得就事论事的描述，没有一个理论上的最终理想指向，我觉得还是有很大的问题，框架就搭不起来了。

费晟：这个我非常同意，我跟一些环保活动者说，我们天然有一些共识，但是我对偏执的活动分子不太感冒。

问：我现在也有个想法，一方面你是从中国视角来看环境问题，我觉得非常好，就像刚才小高说的。可能西方人不会注意到这个问题，但同时就是说因为你很少讲到英帝国，因为毕竟新西兰、澳大利亚或者是南太平洋这些地方多是英国的势力范围。就是说英帝国在整个过程当中的作用，你今天可能是没法展开了。另外因为你刚才讲到英帝国史研究中有一些人要求去中心，对吧？去中心当然也是一个思路，但是我是觉得始终还是要有个主导的，就好比说我给你提了第一个问题，就是谁对华贸易？总还是有个主体吧，我们这边是华，是一个国家，你以后再说国家里面的商人、华人，对吧？那么你说贸易对应的很多对象都是一些原住民，实际上环境都已经是在英帝国的控制之下了，所以英帝国在这个里边的作用、中国的作用、原住民的作用，几方面都能够表现出来的话，恐怕这个图像会更完整。我们现在看到的是中国人起了很大的作用，但我相信对南太平洋的生态环境发生变化起主导作用的一定还是殖民者。

费晟：一定的。涉及一些根本的殖民政策，对开发的项目、管理的对象之类，肯定都是殖民者来决定的。我也提到一些，但今天稍微说明一下，强调英帝国的影响，在澳新的环境史研究里是一个传统。问题是它的英帝国里，外来者经常只有欧洲人，然后就没有其他外来者的历史角色，全是白人跟原住民的故事，所有的故事都那样展开，所以我今天为了讲中国人，就把这个层面的东西给略掉了。

问：有机会再请你讲讲。因为你说中国和澳新之间，或者具体来说是广州、厦门与那边，实际上有个中间地带是东南亚。海外华人大量都在东南亚，那么我在你今天的讲述里边，就没有发现东南亚在这个联络当中，就是说在中国和澳新的联络当中处在什么样的位置。因为那个地方跟我们地理空间上正好是隔着东南亚，还有就是说华人在东南亚本身就已经很多了，对吧？移民的话首先移到东南亚，所以东南亚相当于一个桥梁。在这个过程当中，东南亚的华人又起了什么样的作用？淘金的华人移民，你说一开始有1500人去了，然后1500人可能从大陆一下子就过去，但是在这么好几万的华人当中，东南亚的华人他们是怎么样参与的？因为正好从地理空间上讲它就是介于中间嘛，我想我们肯定是绕不过东南亚。在向南太平洋施展影响的过程中，它会起很大的作用。

费晟：这个真是不了解，我之前都没有想过。不过尤其我研究的这一段，因为有了香港以后性质就很不一样了，东南亚真的可以被绕掉，因为香港可以让人从珠三角直接过去，都不过新加坡了。我看过那个船的航线。但是您说的真的很重要，在广州长期一口通商，香港也没割让的时代，比如广州人能不能直接到澳大利亚，还真不一定这么顺利就能过去，还是需要很多东南亚中介的。对的，您说的内容太重要了，这个提示很好。我下一步研究还真是需要关注。

问：谢谢，我想再问一个问题，我觉得这个问题你应该比较了解，实际上去年俞老师说他想做一个全球生态环境史项目的时候，最初让我推荐一些书目。我当时考虑因为自己实际上做全球生态史很少，所以当时我就和麦克尼尔、唐纳德·沃斯特还有毕以迪（James Beattie）联系了，我就给他们三个学者写了信，他们都推荐了一些书目。

费晟：我这多说一句。我介绍的研究里面，涉及新西兰的相当一部分内容就是毕以迪挖出来的，可以算为我的研究打了一个前站，包括木耳这些事情。他很值得期待，成果很丰富，你听他聊天，真的也是有水平的，还勤快。

蔬菜种植这个领域本身，其实相关研究还不是很多。最专业的研究还不是他做的，是一个叫安德里亚·盖诺（Andrea Gaynor）的学者做的。她在西澳大学，就是做澳大利亚蔬菜种植业起源。毕以迪也做，但他主要是做采矿史。还有一个叫艾米丽·欧戈曼（Emily O'Gorman），跟我来往很少，但是她的相关研究也出版了。

还有，其实搞法属北非殖民地史的，我觉得有一些思路值得关注。就是北非当时的环境改良和法属非洲帝国的整个规划有惊人的相关性。比方我遇到最夸张的一个研究课题是说，殖民者打算把地中海水给引到撒哈拉沙漠去，然后都铺设了多少条管道了，说准备的渠道都修好了，还有荷兰人在非洲怎么想办法恢复农业生态，然后可以种东西以后供应欧洲。我外语能力太有限，所以了解有限。还有南太岛国的，涉及鸟粪石开发，可能您也认识，格里高利·库什曼。

问：我就想请教你刚刚提到的澳大利亚人口方面的问题，从环境史这个角度，可以提到文化网络吗？跟环境史相关的，和环境文化相关的，为什么到后面华人越来越少，今日的比例很少，你也讲到文化上的冲突，还有对环境的不同理解有分歧，是吧？

这是第一个问题。第二个问题就是说在鸦片战争前后，在对华贸易里面，靠南太毛皮贸易赚钱和北方毛皮贸易的衰落有什么关系。

费晟： 对，其实北美是最早产毛皮的，北美的被开发得差不多以后才会波及南太。它肯定是一个从利润角度讲边际效益最大的地方开始。所以恰克图的毛皮贸易走下坡路以后广州毛皮贸易起来了，南半球寒冷水域的毛皮资源被开发了。而在恰克图做毛皮贸易主口岸的时候，南半球还不重要。

问： 当时华人密度和占总人口比例是什么样子？

费晟： 海外华人占当地人口的比例，澳大利亚华人人口密度问题，一个很大的特点是，也可能和大部分海外地方一样，华人最终聚集到城里去了。在局部范围内华人高密度定居，占人口比例很高，但绝对数量上看起来不大。我后来反应过来，比方说中国某个少数民族虽然总人口不多，但是在特定聚居区占人口比例高。

美国工业化时期的环境问题与环境保护

演讲人：张红菊（中国社会科学院世界历史研究所研究员）

时间：2019 年 5 月 28 日

我的讲座题目是"美国工业化时期的环境问题与环境保护"，这是一个比较大的题目。前几年我们做了一个关于美国环境问题与环境政策研究的课题，我主要负责研究从 19 世纪到进步时代这个时期的美国环境问题。今天的讲座主要是对我做的这段时期的环境问题的一个比较概括性的了解。这个题目比较大，一方面有助于我们对美国工业化时期的环境问题和环境保护的状况有一个比较概括性的了解和总体的把握，另一方面正好也呼应了我们上次学科座谈会上提出的，希望研究一些比较重大的现实问题。

首先我们需要了解的是美国工业化时期指的是哪段时间，因为学界关于美国工业化时期存在一定的争议，对美国工业革命开始的时间和完成的时间都有争议。美国工业革命开始的时间，有的人认为是美国独立战争时期就开始了，有的人认为是 18 世纪 90 年代，还有人认为是第二次美英战争以后才开始。我们这里采纳的是美国工业革命开始于 18 世纪 90 年代这一看法，就是联邦成立之后美国很快就开始了工业化进程。它有几个标志性事件。一个标志性事件是 1790 年塞缪尔·斯莱特仿造英国的阿克莱特式水力纺纱机在罗德岛建立了第一座水力纺纱厂，标志着美国工厂制度的开端。还有一个重要的标志性事件，就是 1793 年伊莱·惠特尼发明轧棉机，解决了棉花脱籽的难题，从而解决了棉纺织业发展的瓶颈，对美国经济发展产生了极为深远的影响。这是美国本土的发明，标志着美国工业革命的开始。

关于美国工业革命完成的时间，我们现在认为是在 19 世纪 90 年代美国基本完成了工业化。有几个指标来考察。

一个是工业总产值，美国的工业总产值在 1879 年首次超过农业产值，在国民经济中占据主导地位。1894 年美国的工业总产值达到 94.98 亿美元，跃居世界第一位，当时相当于英国工业总产值（42.63 亿美元）的两倍多，德国工业总产值（33.57 亿美元）的近三倍，法国（29 亿美元）的三倍多，接近全球工业总产值的 1/3。

第二个指标，从工业增长率来看，从 1870 年到 1900 年美国的工业增长率达到 7.1%，超过世界平均水平，即 5.8%—6.3% 这个水平。

第三个指标，从几个重要工业部门产量看，比如它的钢产量、生铁产量、煤产量和石油产量。美国的钢产量 1890 年是 428 万吨，居世界第一位，1913 年达到 3180 万吨，占世界钢产量的 40%；生铁产量：1900 年达到 1401 万吨，居世界第一位，1913 年达到 3146 万吨，相当于英法德三国之和；煤产量：1890 年美国煤产量是 1.43 亿吨，居世界第二位，1913 年达到 5.6 亿吨，占世界煤产量的 1/3；石油产量：1890 年达到 619.3 万吨，居世界第一位。从上面几个指标可以看出来，美国在 19 世纪 90 年代基本实现了工业化。

伴随工业化的进程，是城市化的实现。1920 年美国城市人口超过农业人口，城市人口达到 5415.8 万，占到总人口的 51.2%，基本实现了城市化。

这就是今天讲座涉及的主要时期，美国工业化时期。美国大概用了100年的时间，从18世纪90年代到19世纪90年代基本完成了工业化。城市化稍滞后一点，往后延伸一下，到进步时代。这一时期是美国经济发展、大陆扩张、工业化城市化实现的时期，也是美国崛起的关键时期。那么，在这一时期，美国的环境状况如何？存在哪些环境问题？有没有发生过严重的环境污染和破坏事件？美国人的环境观念是怎样的？政府和社会公众有没有对环境进行保护？存在经济发展与环境保护的矛盾吗？带着这些问题，让我们进入正题。

我主要讲两部分内容，第一部分是19世纪美国对自然环境的破坏及反思，第二部分主要是讲一下它的环保实践，所取得的成就，主要在哪些方面取得了成就以及局限性。

一

第一部分，我讲一下19世纪美国对自然环境的破坏及反思，主要有三方面内容：人类中心主义自然观；工业化、城市化和西部开发中的环境问题；美国人环境意识的觉醒与环保思想的形成。

（一）人类中心主义自然观

首先我们看一下这段话：

神说："我们要照着我们的形象，按着我们的样式造人，使他们管理海里的鱼，空中的鸟，地上的牲畜和土地，并地上所爬的一切昆虫。"

神说："看哪，我将遍地上一切结种子的菜蔬，和一切树上所结有核的果子，全赐给你们作食物。"

——《旧约全书·创世记》

这段话反映了基督教世界关于人与自然关系的看法，首先体现了人与自然关系是对立的二元论，再一个就是上帝从创始之初就赋予了人类管理世界上一切生物的权利，人类有控制自然、利用自然为自己所用的权利。这就是基督教世界持有的人与自然关系的观念，就是我们说的人类中心主义自然观。

这种观念对后世产生了深远的影响。关于人与自然的关系，主要有三种观念。一种是以人类为中心的观念，人在环境中居主导和中心地位，人类能控制和支配自然。一种是以生态为中心的观念，比如说原始社会的时候，人类敬畏自然，视自然为神灵，把自身看得很渺小，到了现代，发展成生态中心主义的自然观。再一种就是人类和自然互动平衡的观念，比如我国古代讲的"天人合一"。但是在西方，在基督教世界，基本上长期以来占据主导地位的，就是人与自然关系对立的二元观念，人是要控制和利用自然资源、支配自然资源的这种观念。

到了近代，随着近代科学技术的飞速发展，人文主义的复兴，极大增强了人类征服自然、改造自然的能力。科学技术的进步，使人类征服自然、改造自然的能力增强了。人文主义的复兴，人的主体意识得到极大加强。这样就进一步强化了人类中心主义自然观，基本上形成了一种比较强势的人类中心主义观念。例如，近代英国科学家培根就信心十足地宣称："神赋予了人类支配自然的权利，因此，人类要克服懒惰，彻底利用自然！"现代哲学之父笛卡尔也认为人类是自然的主人和立法者。

这样在 17、18 世纪来到北美大陆的移民，无论是早期到达的清教徒，还是后来到来的各国移民，他们面对一片非常广袤富饶的土地，在开发和征服这片大陆的过程中，进一步强化了他们已有的基督教世界的环境观念，形成了一些新的极端看法，然后逐步发展成为最为典型的人与自然对立关系的环境观，即绝对的人类中心主义自然观，人在自然环境面前是毫无异议的强势支配地位。这成为在美国历史上很长一段时期内占统治地位的环境观念。他们认为北美大陆的自然资源取之不尽、用之不竭，完全为我所用。

美国具有得天独厚的自然条件，这是它得以发展和崛起的一个基本条件。美国在经济发展和西部开发过程中资源浪费巨大，环境破坏严重，对自然的掠夺式开发贯穿了美国西部开发的始终。如有的学者指出，"19世纪美国开发利用森林、草原、野生动物和水资源的经历，是有史以来最狂热和最具有破坏性的历史"。

19世纪美国对自然资源的开发主要有以下四个特征。

第一，是对土地的巨大浪费性。欧洲移民来到北美，面对的是那么广袤无垠的一片大陆，他们就认为这里有的是土地，可以说是无穷无尽，取之不尽，用之不竭。托马斯·杰斐逊就曾说："我们有无限广阔的土地期待着农民去耕种。……而最需要重视的是劳动力，因为土地是充足的。""土地是充足的"这种观念几乎渗透在每一个移民心中。这导致了不断地开发荒野，毫无节制地使用和浪费土地。移民开发土地的情况经常是：先开垦一小块土地，用环剥法或焚烧的方法简单地清除地面上的树木，环剥法就是先把树干上的一圈树皮剥掉，等待树木逐渐死去，将树桩和树根留在土里，然后在空地上种植几年小麦或玉米等，待肥力消失后，就开垦另一块，而让先开垦的土地休耕；几年后休耕地上长满了杂草和灌木，又回过头来再开垦这块地，直到所有的土地地力耗尽，他们再迁移到更远的地区，去开发新的土地。所以说 19世纪，美国开发、利用土地的方式十分粗放，非常浪费，很多都没有得到充分利用。

第二，是对自然资源的巨大破坏性。

由于移民开发土地的方式非常粗放，就需要不断补充新的土地才能维持一定的生产能力。这样就需要不断地毁坏森林、树木、草地，开垦出新的土地。首先是移民点周围的环境遭到巨大的破坏，而随着移民点的不断扩张，对环境的破坏也在扩大。北美大陆的自然环境很快就发生了巨大的变化。

在自然资源中首先遭到破坏的是森林。移民焚烧森林开荒、修建房屋、冬季取暖都需要大量的木材。在 1850 年之前，美国在取暖、照明、动力等方面所需要能源 90% 以上都来自木材、来自树木。而随着铁路时代的到来，修建铁路需要大量的枕木，这样铁路行业就成为木材需求量最大的一个行业。据估计从 19 世纪 70年代到 90 年代，铁路消耗了美国木材年产量的 1/4 到 1/5。随着西部开发的进行和经济的发展，建设用木、工业燃料用木和加工工业的木材消耗量也都大幅增加。伐木业在 19 世纪一直是北美最重要的一个行业，它带动了无数锯木城镇的兴起，留在后面的则是被伐光的一片光秃秃的空地。到 19 世纪末北美大陆的森林只剩下了不到 1/5。美国的原始森林面积从 8 亿英亩减少到了不足 2 亿英亩。

森林的砍伐破坏了水源的涵养，导致了严重的土壤流失。根据美国水土保持局的估计，每年美国的田野因风吹和水流冲刷而损失的土壤足以装满环绕地球 18 周那么长的现代货车。到 19 世纪末期的时候，美国有 1 亿英亩的土地因水土严重流失而毁坏废弃，2 亿英亩土地水土流失严重。

　　随着森林一道消失的还有原来丰富的动物资源。有的动物遭到了毁灭性的屠杀，有的丧失了栖身之所无法活下来，最终导致动物的数量不断减少，大量珍贵的动物灭绝或濒于灭绝。首先遭到屠杀的是珍贵的毛皮动物。比如海狸、鹿、野牛，由于疯狂的灭绝式大屠杀，导致了这些珍贵的毛皮动物在多处灭绝。在哥伦布刚发现美洲大陆的时候，美洲大陆约有 6000 万头野牛，到了 19 世纪末美洲的野牛已经不足百头了。其次，一些对殖民点具有威胁性的动物，或者可以作为食物的动物，遭到了毁灭性的屠杀。其中最具代表性的是狼、旅鸽等。19 世纪初，北美旅鸽约有 20 亿只，迁徙时的壮丽场面令人赞叹。然而，仅仅过了一个世纪，它就在美国大地上绝迹了。在 19 世纪的美国人心目中，土地、森林和野生动物是不值钱的。美国野生动物保护专家威廉·霍纳德指出，人们的无知使美洲失去了对人类最有用的 95% 的鸟类和哺乳类动物。

　　再一个资源破坏巨大的行业是采矿业。当时盛行的是水力采矿法，它对环境极具破坏性，高压水龙头首先冲洗矿脉上面覆盖的沙石和表土，然后再进行开采，这样被水流冲刷下来的沙石和泥土，随着废水流进河道，使河流沉积物增加，造成水质污染严重，水中鱼类绝迹。1852 年开始在加利福尼亚使用这种采矿法，采掘率仅 50%，大概有 50% 的金沙都被水流白白冲走了，资源浪费严重；各矿业公司还把淤泥和碎石倒进小溪河谷、掩埋植物及庄稼，使大自然失去生态平衡。在加利福尼亚的中央谷地，水力采矿所冲刷下来的沙石在有些山谷中堆积高达 100 英尺。无论是加利福尼亚金矿的开采，还是蒙大拿的露天铜矿的开采，还是在后来石油的开采中，都存在着巨大的浪费。1859 年在宾夕法尼亚发现了石油，在石油开采过程中同样有管理不善和过度开采问题，油井喷发起火、天然气渗漏事件频频发生。而且在原油运输的过程中也非常浪费，原油最初是通过敞口船只通过水路运到匹兹堡后加工冶炼，在船只开动之前，所装运的石油就有 1/3 漏掉了，到达匹兹堡前，在运输的过程中间又有 1/3 漏掉了。可见资源浪费之巨大。

第三，具有前所未有的扩张性。在一个世纪的时间里，美国从大西洋沿岸的长条地带扩张到太平洋沿岸，跨越北美大陆，扩张的速度也非常快。

第四，浓厚的种族优越性。美国人征服自然的过程，同时也是征服印第安人的过程。白人认为印第安人是尚未开化的野蛮人，他们对上帝和基督教浑然不知、未能有效地开发和利用土地，也没有土地私有的概念和制度。因此他们认为印第安人对土地只有实际的占有权，不存在合法的所有权。在白人眼里，印第安人与森林里出没的野兽没有多大差别。普利茅斯殖民地总督威廉·布拉福德就声称：他们所定居的地区是"美洲一片广阔无边、无人居住的土地，十分富饶，适宜定居，找不到任何文明居民，只有一些野蛮残暴的人出没其间，而这些人与这里出没的野兽并无多大差别"。欧洲殖民者对印第安人的土地名义上进行购买，实际上是强占和蚕食，把印第安人不断地驱赶，驱赶到西部自然环境恶劣的地方，导致印第安人人数骤减。直到 1924 年，美国政府才承认印第安人为美国公民。

（二）工业化、城市化和西部开发中的环境问题

美国工业化过程中不仅造成自然资源的严重浪费和破坏，还带来了严重的环境污染和环境问题。这集中表现在随工业化而崛起的各种工业城市之中。在内战以前，美国的城市规模一般都不

大，城市功能主要表现为商业功能，19世纪七八十年代美国工业化、城市化蓬勃发展，催生了大批的工业城市，在这些城市里面污染越来越严重，居住条件恶劣，城市结构混乱，公共卫生设施严重不足，城市环境问题非常突出。当时工业城市的污染主要集中在以下两个方面：

一是水污染严重。在当时的技术条件下，工厂要求建立在临水的地方，因为工业生产中需要大量的水供应蒸汽锅炉和作为冷却水，而且河流和运河还是最便宜、最方便的排放污水污物的场所，交通运输也方便。当时城市很多都建在临河、临湖地带。芝加哥和密西西比河两岸的城市都是工业化污染的典型。比如说芝加哥作为加工工业和屠宰工业中心，当时在芝加哥的工厂直接把屠宰场的废弃物倒入了密西西比河，让密西西比河冲走，这样就导致城市饮用水源的污染，引起传染病。19世纪美国一些城市时而暴发传染病，1832年纽约暴发的霍乱就一下子夺去了5000多人的生命。蒙特利尔也暴发过霍乱，两周之内就有800人死亡。

二是生活和工业垃圾污染问题突出。在美国大多数城市，年人均产出垃圾大概是0.5—0.75吨。纽约市当时的垃圾产量，有人通过计算说，"如果把全年的垃圾堆放在一起，这将是一个边长达1/8英里的大垃圾堆，可以轻松放进140个华盛顿纪念碑，其重量相当于90个'泰坦尼克号'"。作为当时主要交通工具的马匹是一个可怕的污染源，纽约市的大街平均每天要被浇6万加仑的马尿，倾倒250万磅的马粪和搬运40具马的尸体。19世纪80年代，纽约市每年有1.5万匹马死亡，直到1912年，芝加哥每年仍大概有1万匹马死亡。这些马匹的尸体就被随意丢弃在城市的露天阴沟里面，任其腐烂发臭。

城市的烟雾污染也很严重。美国的能源结构，1850年的时候是以木材为主，占 90.7%，煤占 9.3%；到 1900 年，煤占到了 71.4%，石油及天然气占 5%，木材占 21%。整个 19 世纪都是以煤和木材为主要燃料。19 世纪后半期，煤作为燃料更适合工厂和工业化的需要，煤迅速地代替木材，成为工业时代最受欢迎的燃料，这更加剧了空气污染的严重性。在美国的城市像匹兹堡、圣路易斯、芝加哥、堪萨斯等，煤是生产生活的主要动力来源，煤消费量非常大。1900 年左右，圣路易斯每年工业、公用事业、商业、铁路、轮船和居民炉灶及取暖设备消费的煤约有 400 万吨。城市烟雾污染严重。美国钢铁城市匹兹堡被称为"烟雾之城"，匹兹堡有很多钢铁厂，比如轧钢厂、碎煤厂，每天每时都在喷大量的煤烟。1895 年的《匹兹堡报》写道："一面新的国旗挂上两三周就变成了黑色。"匹兹堡居民甚至认为，在这种环境下谁还会想建造一个新房子，因为新房子几个月之后就会变得肮脏不堪了。

在烟雾笼罩下，城市的树木也在劫难逃，很多被烟雾杀死。有的城市近 1/3 的树木都被烟雾杀死，不能很好地成长。另外还有一种污染，就是噪音，噪音不仅会损害人的身体健康，而且影响生产效率，影响周围居民的生活。但是当时由于人的认识有限，对噪音基本上采取了容忍的态度，还没有太认识到噪音污染的危害，甚至认为噪音是繁荣和进步的象征。

（三）美国人环境意识的觉醒与环保思想的形成

下面我们介绍美国人对环境问题的反思，主要是讲环境意识的觉醒和环保思想的形成。面对日益严重的环境污染问题和资源浪费，美国一些有识之士开始进行反思，重新审视人与自然的关系，思考物质文明丰裕富饶与精神世界和谐健康的关系，呼吁政府制定措施来保护环境，由此引发了美国人环境观念的逐渐改变。

这不仅仅是美国的情况，其实在大西洋彼岸的欧洲，由于工业革命开始得更早，环境污染问题也早早出现了。欧洲工业革命带来了物质财富的迅速增长，也带来了废气、污水和大量的工业垃圾，尤其在英国的城市，环境问题非常严重。首先对这些表示担忧和不满的主要是艺术家、作家和诗人。他们受到浪漫主义思潮的影响，歌颂、赞美自然，肯定自然的价值。例如被称为"浪漫主义之父"的法国哲学家、文学家卢梭就首先提出"回归自然"的口号。

在18—19世纪的欧洲、美国，浪漫主义成为一种潮流，出现了一大批浪漫主义诗人、作家、艺术家，例如英国诗人柯尔律治、华兹华斯，德国的费希特、谢林、歌德、席勒，美国的爱默生等，他们写下了大量反映和描写"自然"的诗歌、散文和其他文艺作品，在这些作品中，"他们谋求一种隐喻以把好的纯朴的自然状态与（假设的）邪恶的人为行动和科学工业世界的败落及世界观相对比。因此深入我们头脑的自然观念原本是浪漫主义话语的一部分以及对肆无忌惮的机器与工业系统对所有自然的东西的入侵和破坏的批判"[1]。18世纪英国思想家怀特是近代西方系统表述生态思想的第一人。其代表作，1789年出版的《塞尔波恩的自然史》是英美自然史学说的奠基之作，也为现代生态学的研究提供了最早的有代表性的观点。浪漫主义对自然的认识，虽然缺乏严密的科学的论证，但是基本上还是符合生态学原理的，这些作品的传播，对环境哲学、环境伦理学的诞生起到了一定的推动作用。

下面我们介绍美国的几个代表人物。

在19世纪上半期，美国出现了一批浪漫主义作家，他们以欣

---

[1] 〔美〕查尔斯·哈珀：《环境与社会——环境问题中的人文视野》，肖晨阳等译，天津人民出版社，1998年，第46页。

赏的目光歌颂和赞美自然。面对边疆拓殖中出现的环境破坏，他们反对在自然面前的功利思想，坚持为了精神利益而保护美国的荒野。这些人成为呼吁保护自然的先驱。拉尔夫·沃尔多·爱默生、亨利·梭罗是其中最著名的代表，影响最大。

拉尔夫·沃尔多·爱默生（Ralph Waldo Emerson，1803—1882）是一个自然作家，也是美国超验主义哲学的奠基人。主要作品有《论自然》（*Nature*，1836）、《美国学者》（*The American Scholar*，1837）。在《论自然》中，他认为自然是美丽的，并赋予植物、动物、花朵以生命；爱默生还要求人们尊重自然，因为"人是堕落的，自然是正直的"。除对自然的认识和赞颂外，爱默生关于自然的最重要贡献是其将美国文化与自然联系起来的思想。1837 年 8 月 31 日，爱默生在剑桥镇为全美大学生荣誉协会发表了题目为《美国学者》的演说，提出要建立美国自己的本土文化，就要向大自然获取灵感。爱默生从人与自然关系的角度将美国的独立精神加以阐述，并将美利坚民族与美国土地紧紧地联系在了一起。这篇演讲，被后人誉为美国知识界的《独立宣言》。

亨利·梭罗（Henry David Thoreau，1817—1862），1817 年 7 月 12 日生于美国马萨诸塞州康科德镇，1862 年逝于康科德镇，毕业于哈佛大学，享年仅 45 岁。1845 年春，28 岁的梭罗在波士顿康科德镇附近的瓦尔登湖湖边建起了一个木屋，在这里独自生活了两年零两个月，过着与自然融为一体、自给自足的简朴生活。他每天观察自然的变化，观察瓦尔登湖周边的环境景物，一年四季的变化，观察朝晖夕阴的变化，观察这里的各种飞禽走兽，对自然和世界进行深入思考。后来依据这段经历，写出了他的传世名作《瓦尔登湖》（*Walden*，1854），这也是生态学的一个名著。梭罗一生虽然短暂，但留下的作品很多，才华横溢，一生共创作了 20 多部散文集。除《瓦尔登湖》外，还有《种子的信仰》（*Faith in a Seed*）、《缅因森林》（*The Maine Woods*）、《远行》（*Travel*）、《荒野孤舟》（*Canoeing in the Wilderness*）等。

在其代表作《瓦尔登湖》及其他作品中，梭罗留下大量赞颂自然和谐美妙、鞭答人类虚妄无知的激情文字，提出了崇敬生命、保护荒野，强调自然的整体性和相互联系等主张，梭罗相信，"人可以通过认识自然来认识自身"，"自然在人与上帝的沟通中起着重要的中介作用"。自然是有生命的，它不因人的存在而存在。梭罗还呼吁人们对自然资源进行保护，呼吁保护荒野，他说我们所谓的荒野其实是一个比我们的文明更高级的文明。健全的社会需要在文明与荒野之间达到一种平衡，因为文明人可以从荒野中找回在文明社会中失落的东西，就是一种敬畏生命的谦卑的态度，所以他提出了国家应该保留一定荒野的主张，认为用这种方式可以使荒野保存其自然和原始状态，从而使文明的美国人有机会领略荒野的美感，而这恰恰是文明生活不可缺少的方面。这样梭罗就把浪漫主义自然观推向了一个新的高度，为生态中心主义的伦理学奠定了一个基础。梭罗坚持人类必须学会使自己去适应自然的秩序，而不是寻求推翻自然或者改变自然。梭罗的思想中有自然中心论的成分，其主张成为日后荒野保护运动的思想基础。

乔治·马什（1801—1882）是第一个批驳美国自然资源无限丰富的神话，第一个提出美国人应当改变他们的思想和习惯的一个远见卓识之士。1864 年出版代表作《人与自然》（*Man and Nature; or, Physical Geography as Modified by Human Action*）。在这本书里，马什指出"人类改造自然的权力应等同于他应承担的责任。反之，就会对人类的幸福，实际上是文明的生存构成最大的威胁之一"。他通过历史上的数百个例子解释了土壤、水与植被的关系，批判了美国人对森林的态度："事实上，公共财富在美国一直没有得到足够的尊重。同时，还有一个事实是，几乎每个成年人的脑海中，木材在这个国家都是那么不值钱，以至于连那些拥有私人林地的人，几乎无须争辩，无论在哪儿，也会对那种对他们真正有所损害的行为让步。"马什的这本书被称为是"环境保护主义的源泉"。19 世纪后期有关资源保护的文章差不多都引述过马什的观点，他唤起了人们对美国自然资源遭到严重破坏后果的注意。

约翰·缪尔（John Muir，1838—1914）是继梭罗之后美国著名的主张保护荒野、保护自然的一个环境保护主义者。缪尔 1838 年出生于英国苏格兰，11 岁的时候随父母迁移到美国威斯康星州的一个农场，在帮助父亲打井、耕地、播种和收获粮食之余，缪尔总是利用一切机会到森林中去，以幼稚的童心饶有兴趣地观察林中的飞禽走兽。这里独特的自然环境使他萌生了对大自然的兴致，从小就热爱自然，对他产生了很大的影响。后来上了威斯康星大学，但是读了两年半就不读了，开始出去徒步旅行。缪尔的足迹遍布北美大陆，向北到达五大湖区、加拿大、美加边境一带，向南到达墨西哥湾，到了古巴和巴拿马，然后跨越巴拿马地峡，沿着西海岸旅行，到达加利福尼亚的内华达山脉。

他一边旅行一边靠打零工维生，做过收获工人、驯马人、牧羊人、木材厂的工人等。一边靠打零工维生，一边到人迹罕至的荒山野岭去探索和研究自然。他称自己是"一个无可救药的山野之人"。他意识到美国工业化、城市化带给人们的并非简单的物质文明，在城市化的高速进程和快节奏、高压力的生活环境下，人们需要寻求心灵的慰藉和归宿，而能给予人们如此享受的只有原始的、未经破坏的自然，大自然能给予人们无限的美的精神享受和心灵的慰藉，并从中汲取前进的力量。

这里分享一个故事，是缪尔自己经历的一个关于兰花的故事。缪尔在五大湖区美加边境旅行的时候，有一天已经傍晚了，太阳马上就要落山了，他在一个沼泽里面前进，这个时候他已经筋疲力尽，饥肠辘辘，非常气馁，忧愁在天黑之前走不出沼泽地。他忽然看到在他前面，在沼泽里面有朵兰花盛开着，他就想在这个荒无人烟的地方这朵兰花盛开得这么鲜艳，它显然不是为人而开放的，而是自在的。

缪尔从盛开的兰花获得精神的启迪和升华，也获得了一种力量，兰花激励他勇敢前行，终于在天黑之前走出了那片沼泽地。兰花的际遇对缪尔来说十分重要，促使他的认识升华。缪尔的作品也很多，我们后面还要讲到。他除了写作，还身体力行，做了一些环境保护的实践活动，例如发起成立塞拉俱乐部，呼吁设立一个国家公园，被称为"美国国家公园之父"。他有一本书是《我们的国家公园》，文笔非常优美。缪尔是思想和实践都比较丰富、丰满的一个人。

吉福德·平肖（Gifford Pinchot，1865—1946）是林学家、自然资源保护学家。平肖毕业于耶鲁大学，后来到欧洲进修，在德国学习森林保护，后来把保护森林、林业作为自己的志趣和爱好。1898 年出任美国农业部林业局局长，从此开始了他的政治生涯。在他的领导下，美国林学会和耶鲁大学林学院于 1900 年先后建立，并于 1903—1936 年间任耶鲁大学林学院教授。

平肖的主要作品《为保护自然资源而战》（1910）使其自然资源保护思想进一步理论化。他的自然资源保护思想主要观点有：主张既要保护自然资源，又要使用自然资源，既要防止资源枯竭，又不能保留不动以致制约经济发展。因此，他主张对自然资源进行科学的利用和管理；倡导实用的科学林业，培育新树种，适当采伐以维护国有森林，以满足当代和子孙后代的需要。平肖的功利主义保护思想成为 20 世纪美国资源保护运动的基本原则，一直延续到当代。平肖对美国的环境保护做出了理论和实践的贡献，他还是罗斯福总统最得力和最信任的科学顾问。

西奥多·罗斯福（Theodore Roosevelt，1858—1919），美国第 26 任总统（1901—1909 年在任）。他曾热衷于自然史和生物学的研究，喜欢荒野和森林，非常关心美国当时国内的自然资源状况和浪费及破坏的情况，痛恨一切掠夺和滥用国家资源以及损害国家利益的行为。

罗斯福把自然资源分为可耗尽资源和不可耗尽资源；提出必须保护林木和生物多样性；充分利用水资源为最大多数人谋福利；自然资源应视为公共所有；反对垄断，制止浪费，主张"有计划有秩序地开发资源代替对眼前利益的胡乱争夺"。罗斯福的自然资源保护思想集中体现在他 1901 年向国会做的第一篇总统咨文中，在这篇总统咨文中有 1/4 的篇幅阐述了他长期以来形成的有关自然资源保护的政策和主张。主要包括：一是强调保护自然资源的目的不是纯自然的绝对保留，而是为了经济的持续发展；确立自然资源保护的最高目标和准则是全体人民和整个国家的共同利益、福利和幸福；强调资源浪费危及国家繁荣的基础，资源的开发和利用必须综合地、有计划地进行。再一个是强化政府管理的作用，要改变联邦政府在自然资源管理中职权分散和效率低下的状况，实行专家管理等，这是罗斯福的主要主张。罗斯福在总统任期内实施积极的自然资源保护政策，明确提出以发展、持续、公平和效率为指导原则，以森林保护为中心环节，对水、土、森林、牧场、矿产资源和野生动植物资源，甚至包括文明古迹都进行了全面保护。罗斯福自然保护的实践可以说是掀起了美国现代环保运动的第一个高潮，也取得了很大的成就。罗斯福也因为他具有的这种非常先进的现代环保理念，从而成为现代美国的开端。

从以上几个人物的介绍中，我们可以看到他们思想的联系和区别。其中，梭罗和缪尔的思想是一脉相承的，他们两个人的思想是：保护自然的目的是为了自然美。为了纯自然的保留，他们的思想因此被称为自然保留主义，是"preservation"。"preservation"和"conservation"，这两个词都有保护的意思，但是在环境保护方面这两个词是有区别的。而且我们现在也有不同的翻译，能明显体现出这两个词的区别。一个是以梭罗和缪尔为代表的自然保留主义，主要是强调自然的价值，他们认为保护自然就是纯粹为了自然，而不是为了人类的使用，是一种生态中心主义；再一个就是以平肖和罗斯福为代表的资源保护主义，认为保护自然是为了更好地利用自然，最终还是为了人类的需要，不是为了保护自然的体系而保护，而是为了人类的社会发展，为了人类的社会经济体系的发展，为了子孙后代更有效、长远利用来保护的，平肖认为自然资源应该"科学的管理、聪明的利用"，这是他提出的一个口号。

我们可以看出自然保留主义和资源保护主义的联系和区别。虽然两者都强调自然资源保护的重要性，但是价值观和保护目的却截然不同。这是 19 世纪后半期，在环境保护的过程中涌现出的两种环保思潮，同时也是两种环保路线，可以说一直延续至今，现代环境保护领域也存在这两种思潮的延续，在实践中也有很多的争端和分歧。这两种思潮的区别，我们可以再从一个小故事来认识一下。平肖和缪尔是同时代的人，他们两个人是好朋友。有一次他们两个去大峡谷旅行看到一只毒蜘蛛，平肖就要把这只毒蜘蛛给杀死，缪尔当时就制止了，说它和我们一样有平等的生命权利，平肖对此就表示很惊诧。从这个小故事可以看出来他们两个人之间理念的区别，后来他们也分道扬镳，走向了两个阵营。

二

第二部分，我讲一下环保实践的成就及局限。主要讲以下四个方面内容：政府环境管理部门的建立及其变迁；民间环保组织的成立；环境资源价值分类评估机制的形成和发展；环保成就及局限。

（一）政府环境管理部门的建立及其变迁

美国保护自然资源，首先要保护的是土地资源，它的广袤的土地。随着西部开发的深入开展，政府对环境进行管理与监控的部门也逐步建立起来。最初涉及土地管理的部门有国务院、陆军部和财政部三个部门。其中，国务院根据协议通过与外国政府和印第安人部落进行谈判来解决土地获得问题。陆军部主要是解决新开辟地域的安全和勘察，以及工程测量和建设问题。财政部解决国有土地的测量和处置问题以及税收。1812 年，国会在财政部之下成立综合土地办公室（General Land Office, GLO），将三个部门的国有土地管理职能合并，设一名专员负责。但这种合并仅仅是管理职能的改变，而不是法律和政策的转变。综合土地办公室后来划到内政部之下。值得注意的是美国的陆军工程师团（U. S. Army Corps of Engineers），它是负责民用水资源管理的，这是美国环境管理机构的一个特点。因为陆军工程师团成立的初始目的是建设军队的防御工事。对水资源的管理开始于 1812 年战争期间对新奥尔良河道和港口的管理。1824 年美国国会通过了第一个水资源法，即《改善俄亥俄河和密西西比河航道条件法》（也称"河道和港口法"），授权陆军工程师团疏浚密西西比河及其支流俄亥俄河。从此，该团开始负责全美河道整治和港口建设，并负责国会设立的水资源发展项目的实施。这是因为当时的航运项目具有军事和商业双重价值，且军事价值更为突出。

内政部和农业部是 19 世纪中叶建立的最重要的环境管理部门。内政部（Department of Interior）是 1849 年成立的，主要负责管理国家的内部事务。该部合并了综合土地办公室、专利局、印第安人事务局、军人养老金保障局的职能，并进一步扩大到包括人口普查、领地管理、西部公共土地开发、特区监狱管理和灌溉系统管理等职能。内政部之下有几个机构，一个是综合土地办公室（1812 年成立），一个是地质调查局（United States Geological Survey，USGS，1879 年设立），再一个就是国家公园管理局（National Park Service，1916 年成立）。随着国家公园的设立，国家公园管理局又划归内政部之下，所有的国家公园都归内政部管理。内政部在以后的发展中逐步成为负责美国自然资源方面的行政、政策和法律事务的联邦政府管理部门。

农业部（Department of Agriculture）成立于 1862 年，当时主要职能是帮助美国农场主掌握最新的农业技术和市场行情，收集各地成功的农业生产经验，及时向全国推广。1862 年《莫里尔法》规定把土地赠给各州以支持其创建州立农学院。这些学院成为农业部重要的农业教学、科研、技术援助的机构，促进农业科技教育和农业机械化。1889 年农业部升格为内阁部，职能扩大为负责支持和提高美国的农业生产水平，支持乡村社区的健康发展，保护农业、林业、牧业资源，帮助美国农、林、牧业产品拓展海外市场。

1881 年国会在农业部下专门设立林业处（Division of Forestry），主要负责全国森林资源的管理。后来林业处升格，成为林业局（Bureau of Forestry，1901 年），后来又升格成为林业服务局（Forestry Service，1905 年，或译为林务总局），它的第一任领导人吉福德·平肖就被称为"Forester"，这是一个敬称，体现了平肖在这一领域的地位和所受到的尊敬。国内在研究中对这几个机构的名称翻译有点乱，一个是"division"，一个是"bureau"，一个是"service"，体现了其不断升格、发展的一个脉络。农业部下面还设立了渔业委员会，后来发展成为渔业局。但是长期以来，内政部和农业部的权限，包括政策有一些冲突的地方，而这种冲突和争执，在 19 世纪下半期一直存在。这是我们对 19 世纪美国环境管理部门的一个了解。

（二）民间环保组织的成立

19 世纪陆续成立了一些民间环保组织。这里简要介绍几个：

纳塔尔鸟类俱乐部（Nuttall Ornithological Club）：1873 年由一些科学家发起成立，1883 年从中分出美国鸟类学者联盟，向社会宣传保护动物的重要性，很快成为影响最大的动物保护组织。

奥杜邦协会（Audubon Society）：主要也是保护鸟类的，1886 年在宾夕法尼亚州和马萨诸塞州成立，接着在各州不断建立组织，1902 年成立了全美总会。约翰·詹姆斯·奥杜邦（John James Audubon，1785—1851）是美国 19 世纪上半期的博物学家、鸟类学家，也是著名画家，以画鸟出名。他父母都是法国人，他在法国长大。拿破仑第一帝国时期，为了逃避兵役来到了美国。奥杜邦从小就热爱鸟类，热爱自然环境。移民到美国后定居在宾夕法尼亚州的米尔格鲁夫。这个地方至今还有奥杜邦的住址保存。

他每天跑到森林里面去观察和绘制鸟类。在 19 世纪上半期，虽然照相机已经发明了，但是比较笨重粗大，很难用于鸟类的摄影，所以当时人们对鸟类的认识主要是来自艺术家的绘画。奥杜邦擅长绘画，他每次观察鸟类后，或做成标本，或绘制出来。他出版了几本画谱：《美洲鸟类》是他的成名作，还有《美洲的四足动物》和《北美野鸟图谱》。奥杜邦画鸟非常精美，惟妙惟肖。当时人们认识鸟类和鸟类的保护，主要是来自他的画作，所以他对鸟类保护、动物保护起到非常重要的作用。后来奥杜邦的名字几乎可以成为环境保护和野生动物保护的一个代名词。奥杜邦协会就是以他的名字来命名的，其实奥杜邦本人和奥杜邦协会并没有什么关联，协会创立时奥杜邦早已经去世了，但协会创建者格林奈尔是奥杜邦太太的学生。时至今日，奥杜邦协会已经拥有 50 多万名会员，是美国最具影响力的环境保护方面的社会团体之一。协会的目标是保护鸟类，保护人类生活免受污染、辐射、有毒物质危害以及维护生物多样性。奥杜邦协会对野鸟的年度调查已进行了 100 余年，学会同时还出版了《奥杜邦杂志》(*Audubon Magazine*)，该杂志于 1887 年创刊，是世界著名的鸟类科学期刊。

美国林业协会（American Forestry Association）：1875 年由园艺师约翰·阿斯顿沃德领导在芝加哥成立，即后来的美国森林协会。1894 年协会创办杂志《美国森林》。

布恩和克罗基特俱乐部（Boone and Crockett Club）：1887 年西奥多·罗斯福与自然学家乔治·B.格林奈尔联合一些户外运动爱好者成立，提倡保护大型狩猎动物，并鼓励保护森林和国土，创办的刊物是《森林与河流》。

塞拉俱乐部：或译作山岳协会。1892 年由约翰·缪尔在加利福尼亚州旧金山创办，并成为其首任会长。一直发展到现在，塞拉俱乐部有会员上百万人，分会遍布美国。俱乐部开始时的目标是呼吁建立冰川和雷尼尔山国家公园（Mount Rainier National Park），说服加利福尼亚州的立法机构把约塞米蒂山谷交付给联邦政府，以及挽救加利福尼亚的加州红木。俱乐部的宗旨是：探索、欣赏和保护地球的荒野；实现并促进对地球的生态系统和资源负责任的使用；教育和号召人们来保护并恢复自然环境和人类环境的品质；运用一切合法手段完成这些目标。

美国有识之士通过组建各种各样的俱乐部、协会等，把热心环境保护的人士组织起来，宣传环境保护的意义，影响大众舆论，并且对国会和政府进行游说活动，从而影响政府决策，从而达到环境保护的目的。美国的民间环保组织影响很大，和政府互动，共同促进环境保护事业的发展。

（三）环境资源价值分类评估机制的形成和发展

在早期的时候，美国19世纪上半期对土地价值没有进行分类，而是统一进行分配、管理和使用，这样管理处置比较容易、比较迅速。但是后来随着移民到达那些不适宜农业耕作的地区，就会出现一些问题。在这些地区，移民要求获得对矿产等特殊资源的使用权而非农业土地，然而当时的法律未涉及这些商品的供给和合法化问题。这促使人们开始对不同的土地价值进行评估。19世纪中叶，国会开始制定新的政策以区分特殊环境资源的所有权和使用权。首先是将干地和湿地分开，后来将适合采矿的地方，通过采矿法把这些土地进行分类列出，还有荒漠、林地等，逐渐形成一套环境资源价值分类评估机制。主要立法有：

1849年、1850年和1860年《湿地法》（Swamp Land Acts）

1866 年《采矿法》(The Mining Act of 1866)

1872 年《综合采矿法》(General Mining Act of 1872)

1877 年《荒漠土地法》(Desert Land Act)

1878 年《木材和砾石法》(Timber and Stone Act)

1878 年《免税伐木法》(Free Timber Act)

解释如下：

1849 年、1850 年和 1860 年《湿地法》：该法把"不适宜农业"的湿地分送给各州以鼓励其开发，在该法实施期内共拨给 15 个州 649 万英亩湿地。

1866 年《采矿法》、1872 年《综合采矿法》：1848 年加州淘金热之后，采矿业的发展促成了对矿业资源进行界定。1866 年至 1872 年，国会通过了一系列在国有土地上进行采矿的法律法规。1866 年《采矿法》对含矿土地界定过于宽泛，使矿业地区税收蒙受损失。1872 年《综合采矿法》对其进行了完善，把采矿范围限定为"有价值"的含矿土地，并要求开发申请者每年支付 100 美元的保证金，保证矿产资源确实得到开发。

1877 年《荒漠土地法》：19 世纪荒漠土地作为独特的环境资源，其鉴定评估是政府面临的资源界定问题之一，在有关土地法中出现了不同的法定处置方法。19 世纪 70 年代以后，移民开始在西南部的"美国大沙漠"地区定居。为促进当地畜牧业和灌溉农业的发展，1877 年国会通过《荒漠土地法》并规定：允许以每英亩 1.25 美元的价格购买 640 英亩荒漠土地，但需要在三年内对其中部分土地实施灌溉；凡按地价先付现金 25 美元者可先占用荒地，三年后补交余下地价即可拥有该土地所有权。该法导致了西部土地被大面积快速掠夺，尤其是沿河狭长地带，控制了河道事实上就控制了周围更大面积的干旱土地。因此，这种政策的影响就是再一次允许把大量的国有土地转化为个人私有，主要为大的畜牧业公司和土地投机者占有。在此法实施的 14 年间，共有近1100 万英亩土地被私有化。

1878 年《木材和砾石法》：该法规定每人可按每英亩 2.5 美元的地价购买 160 英亩不适于耕种而适于采伐木材和开采石料的土地。该法重申禁止在国有土地上采伐，并规定了相关的免税条件和强制性处罚。

1878 年《免税伐木法》：该法允许西部州的居民为了农业、矿业和"国内其他目的"可以在国有土地上自由伐木。事实上，这些法律妨碍了森林资源的保护，而且由于这些政策，使环境资源的日常使用者有权把其转变成私有财产。

针对以上土地法实施中存在的分类评估问题，1876 年国会颁布条例，要求综合土地办公室注意勘察有商业价值的可耕地、灌溉地、林地以及有煤蕴藏的土地，防止将含有矿石和煤层等有价值资源的土地被作为农业用地甚至荒漠土地以比实际价值低很多的价格出售。而伐木和采石法以及荒漠土地法的制定进一步加强了对资源进行分类的需要。这就要求联邦政府要对西部地区进行系统的地理和地质勘查。

为此，1879 年 3 月 3 日国会通过法案，成立美国地质调查局，主要任务就是对公共土地进行分类，组织考察地质结构、矿藏等。该局成立了一个专门委员会来评估有关公共土地处置法案的实施情况，并提出一个以环境条件和使用潜力为基础的国有土地分类系统。以此为指导，美国地质调查局编制了系统的地形图、地质图，提出考察报告和环境报告，为公共土地的进一步处置提供了基础。

（四）环保成就及局限

从 19 世纪后半期开始，美国政府的自然资源政策在自然资源保护运动的推动下，开始由早期的只关注处置和开发转变为新的保护和"合理利用"。进步时代，特别是在罗斯福总统任内，联邦政府采取了一系列保护自然资源的政策，对水资源、森林资源、土地资源、矿产资源以及国家公园进行保护，确立起了自然资源保护体系，取得了显著的成就。

1.森林保护：联邦政府的森林保护是从 1864 年林肯总统开始的。1864 年林肯总统签署法案，将马里波萨谷巨杉林（Mariposa Grove）授予加利福尼亚州管理，该法要求加利福尼亚州为公共使用、度假、休闲目的的使用该树林，并负责保护这一地区。在加利福尼亚州约塞米蒂国家公园（Yosemite，或译作优胜美地）里面，有一片非常巨大的巨杉林。巨杉是世界上最粗大的树，树龄可达几千年，有"世界爷"之称。这种树平均可长到高 50 米至 85 米，直径约 5 米至 7 米，主要集中在公园南部马里波萨谷这个地方。有的树木非常粗大，早年为了吸引游客，人们还在树干上挖洞让四轮马车从活树中通过。约塞米蒂国家公园建立的最初的目的之一就是为了保护这一大片巨杉林。现在国家公园里还有巨杉 500 多棵，是非常有价值的景观。

在此后较长一段时间内，森林保护都被包含在国会通过的国家公园立法之中。

这一时期，各州开始立法保护自己州内的森林。1872 年，内布拉斯加州首先规定 4 月 12 日是植树日，后来各州都效仿设立了植树日。1874 年，联邦国会通过了《育林法》，规定任何人只要在西部地区种植林木达到 40 英亩，并保持 10 年，就可以获得 160 英亩的土地。但是该法不仅没有得到有效执行，反而还造成了土地投机。1891 年通过了《森林保护法》(Forest Reserve Act)，该法授权总统随时有权确定并保留美国或其领地内由树木或矮树丛覆盖的公共土地作为公共保留地，而不论其是否具有经济价值；同时，总统还有权发布行政命令，设立此类保留地以及限制条件。本杰明·哈里森总统（任期 1889—1893 年）据此通过宣告保留了 13 053 440 英亩土地。罗斯福总统在任期内设立了大量的森林保护区，总面积达到 6080 万公顷，是其前三任总统所设立森林保护区总和的近三倍。1897 年国会通过了《森林管理法》，规定森林应当得到管理，以保持持续的木材产出和其他需要。联邦政府逐渐在森林管理方面起到了主导作用。

罗斯福总统在任的时候，把多用途管理思想纳入森林管理中。他在总统任内，主要推行了五项措施加强森林管理。第一，建立强有力的全国性森林管理机构，即前面讲到的林业局。1905 年国会通过立法，将森林保留地的管辖权移交给农业部林业局（ Bureau of Forestry ），并把林业局升格为林业服务局（ Forest Service ），由平肖任局长（ Forester ）。第二，确立了有偿使用国有森林资源的原则。从 1906 年开始，国有森林中适于放牧或农耕的地段，实行林区放牧按章交费的制度。还规定，凡不看管自己的牛羊而损害了国家森林的畜牧者，必须赔偿损失。第三，在林区建立监管机构，制订国家森林保护计划和保护制度。为防止森林火灾及盗贼，在所有林区内建立看守站，修建通往林区的铁路、公路，健全电话通讯和瞭望塔设施，建立各种防火设施。第四，培养林业专门技术人才，进行人工植树造林试验。在罗斯福的推动下，耶鲁大学专门建立了林学院，大大加快了林业人才的培养，并在迪斯马尔河流域和尼奥布拉拉地区进行了人工植树造林实验。第五，推动国会立法，加强对森林保留地和国家公园的保护，因为很多森林和国家公园是合在一起的。1905 年 2 月 6 日，国会通过了《保护公共森林保留地和国家公园法》，授权森林保留地和国家公园的管理人员逮捕那些违反森林保留地和国家公园法律和条例的人。1906 年 6 月 4 日，国会将那些破坏公共土地上的树木以获得松脂和松节油的行为定为轻罪。根据该法律，国会将森林保护的范围扩大到整个联邦公共土地，不再局限于森林保留地和国家公园。

2. 水资源管理和利用：主要也是通过一些法律实施。联邦政府对水资源的管理开始于 19 世纪下半期。水资源的管理主要涉及两个方面的问题，一是对干旱土地的浇灌，如何利用水资源对干旱土地进行浇灌。这方面有一些法律：1877 年《荒漠土地法》，规定出售土地最高限额为 640 英亩，每英亩价格为 1.25 美元（先付 25 美分，三年内付清余款），只要在三年内浇灌其中的部分土地即可拥有对该地段的所有权。这是联邦政府首次以法律形式对水资源的利用做出规定。但该法令有明显的漏洞，既未规定应当浇灌的面积，又没有严格的检查制度，反而为土地投机者打开了方便之门。为堵塞这一漏洞，1888 年国会通过法案，赋予地质调查局对全国水利资源勘探的权力，并要求对公共土地哪些最适合灌溉，哪些需要引水、蓄水来灌溉做出勘探，同时停止接受私人关于灌溉的申明。但这一规定，遭到了拥有强大政治背景的投机商们的反对，1890 年他们游说国会减少美国地质调查局一半的财政预算，并重新接受个人关于灌溉的土地申明。1894 年，国会通过《凯里法》，为西部每一个州提供 40.5 万公顷的土地用来建设灌溉工程。但是这一法令收效甚微，法令颁布后 15 年，得到浇灌的土地只有 28 万多英亩，不到售出土地总数的 1/10。大多数州都因缺乏资金而无法实现灌溉工程的建设。到了进步时代，特别是罗斯福总统上台以后，联邦州政府开始兴办灌溉工程，加强水利设施建设和水利资源管理。1902 年颁布《垦荒法》（又名纽兹兰法，Newsland Reclamation Act）。同时成立了土地开发署，负责西部灌溉工程的修建和治理。《垦荒法》的颁布标志着联邦政府直接参与水利建设的开始，对于管理灌溉工程和水资源的利用具有重要意义。从 1902 年到 1906 年，联邦政府兴办 28 项水利工程，总干渠长 7000 英里，小的配套设施数以万计，可以灌溉 300 多万英亩的土地，约 3 万个农场受益。

二是关于水电的问题，随着美国经济的飞速发展，国家对电力的需求急剧上升，水力发电与火力发电相比既便宜又环保，所以有很多的私人公司和投机者出资建设各种各样的水电站。但是因为缺乏规划，不能满足整个地区城市用水和灌溉用水。而且这些私人水电站还阻塞航运水道，影响运输业。如何对待这些私人水电站也是当时美国反托拉斯运动关注的一个重点。1907 年罗斯福总统颁布了一个行政命令，要求私人水电站支付公共水资源的使用费，用以调整在航运水道上的私人发电大坝的比例。这个政策为 1920 年《水力法》（Water Power Act）奠定了一个基础，确立了联邦政府调节水力发电的法律政策。

3. 对野生动物的保护：在开始保护森林的同时，美国也开始保护野生动物。由于对野生动物保护的认识问题，这一时期，美国保护野生动物的目的并不是为了保护自然环境，而是为了商业目的。

对鱼类的保护：在美国的海岸和湖区，食用鱼类随着人口和移民的增多而快速减少，影响了贸易和经济利益，1871 年 2 月，国会通过《关于保护并保存美国海岸食用鱼类的共同决议》，授权总统成立鱼类及渔业委员会（后成为农业部下属的渔业局），对美国海岸河湖区域的食用鱼类进行调查并提出解决办法。但国会通过决议后并没有采取相应的措施，因而没有起到保护作用。

对鸟类的保护：此时，鸟类的保护成果更为明显。1878 年 6 月，国会通过《哥伦比亚特区猎物保存及鸟类保护法》。

进入进步时代后，对于野生动物保护范围扩大，开始保护具有商业价值的野生动物，以及处于国家公园或森林保留地内的野生动物，并尝试建立保护区来保护野生动物。主要法律有：

1889 年《关于保护阿拉斯加鲑鱼的法案》，规定任何在阿拉斯加设立的大坝或其他工程，只要其意图或事实上妨碍了鲑鱼或其他逆流产卵的鱼类往返产卵地，就属于非法。

1894 年《国家公园保护法》，规定在黄石等国家公园内禁止猎杀野生动物，也不得在国家公园内滥捕鱼类和狩猎。

1897 年《禁止在北太平洋捕杀海豹法》，禁止在任何时间，以任何方式捕杀、捕获、捕猎海豹。

1900 年《莱西法》（Lacey Act），这是美国联邦层面第一部保护野生动物的法律。19 世纪和 20 世纪之交，以营利为目的的非法捕猎在美国尤其在西南部泛滥，严重威胁了许多野生物种。1900 年春，爱荷华州的共和党人约翰·莱西（John F. Lacey）向国会提交了莱西法案的提案，1900 年 5 月威廉·麦金莱总统签署该法案。该法通过对各种不良行为设立民事或刑事惩罚来保护野生动植物，禁止野生动物、鱼类和植物的非法获取、运输以及贸易。自生效百余年来，经过数次修订，《莱西法》的影响现在依然持续，成为美国联邦保护野生动植物资源的法律体系的基础。

罗斯福总统上台后加大了野生动物保护力度，并把保护主导权由国会转移到政府行政机构。1902 年罗斯福政府第一次拨款保护野牛，并在黄石公园建立第一个，也是当时最大的国家野牛群保护区。1905 年 1 月，国会通过《保护维奇托森林保留地野生动物和鸟类法》，授权总统在保留地内设立鸟类和动物的禁猎区及繁殖地。1906 年 6 月，国会通过《在狩猎中保护幼鸟、蛋以及鸟类保护区法》，规定在法定的鸟类繁殖地猎捕、打扰、杀死鸟或破坏鸟蛋的行为均构成违法。1906 年，在亚利桑那州建立大峡谷野生动物保护地。从 1903 年到 1909 年，美国政府共建立了 51 个国家鸟禽保护地，分布在 17 个州和属地。这些鸟禽保护、野生动物保护区的设立为以后美国野生动物保护区制度的建立奠定基础。

4. 土地和矿产资源的保护和管理：土地的管理主要是因为土地兼并和集中以及无序开发带来的混乱和浪费的现象，受到了人们的批评和非议。罗斯福总统时期采取了一些措施，顺应民意改变传统土地政策。1903 年 10 月任命公共土地委员会对土地资源进行调查，开展了一些具有实际意义的工作。一是对公共土地进行普查和分类。1905 年罗斯福政府对公共土地资源进行了系统的分类，把公共土地分为农业、牧业、水电基地、煤炭、石油和磷酸盐保留地等。1908 年在联邦地质调查局内设立土地分类委员会，继续进行土地资源的调查分类研究，为政府决策提供依据。二是根据土地分类，确定土地使用优先权的顺序，制定详细的土地管理规定。通过公共土地委员会的工作，推进土地主管部门的协调，统一由政府领导土地资源保护工作。

在土壤保护方面，1902 年，罗斯福政府设立土壤改良局，专门领导保护土壤的工作。随后由联邦政府大力发展灌溉事业，西部干旱地区的土壤得到一些改良。

在矿产资源的管理和合理开发方面，1905 年联邦政府宣布对公共土地上重要资源享有所有权，而使用权可以租借给个人。联邦政府命令把一些煤田、石油、磷酸盐等矿产资源收归国有，设

立一些保留区、保留地。到 1909 年 11 月 1 日，联邦政府共收回
7900 多万英亩煤田；到 1916 年共设立了 50 个石油保留地，面
积 550 多万英亩。1920 年国会通过《矿产租借法》（The Mineral
Leasing Act），租借制被推广到所有公共土地的矿产资源，联邦
政府终于掌握了公共土地矿产资源开采的控制权（石油和天然气
除外）。

5. 国家公园的建立和保护：建立国家公园是 19 世纪美国在环
境保护方面取得的一个非常引人注目的成就，直到现在这些国家
公园还很醒目。1872 年设立的黄石国家公园，不仅是美国的第一
个国家公园，也是世界上第一个国家公园。每一个国家公园都有
保护重点，有它的特色。在设立这么多的国家公园之后，1916 年专
门通过《国家公园管理局法》，据此成立国家公园管理局（National
Park Service），隶属于内政部，负责管理国家公园。

美国国家公园：

1872 年，黄石国家公园（Yellowstone）

1885 年，阿迪朗达克国家公园（Adirondack）

1890 年，约塞米蒂国家公园（Yosemite）

1890 年，红杉国家公园（Redwood National Park）

1899 年，雷尼尔山国家公园（Mount Rainier）

1902 年，火山口湖（Crater Lake）

1903 年，风洞（Wind Cave）

1906 年，普拉特 / 硫磺温泉（Platt/Sulfur Springs）

1906 年，台地（Mesa Verde）

1910 年，冰河国家公园（Glacier National Park）

1915 年，落基山脉国家公园（Rocky Mountain）

1917 年，麦金利峰国家公园（Mount Mckinley）

1919 年，科罗拉多大峡谷国家公园（Grand Canyon）

6. 城市环境改革：城市环境改革主要包括两个方面，一个是公共卫生运动，一个是城市美化运动。

人们首先对公共卫生状况展开了调查。1845 年纽约市的约翰·格雷斯考姆博士发表了调查报告《纽约劳工的卫生状况》，1850 年莱缪尔·沙吐克起草《马萨诸塞卫生委员会报告》，这些报告在市民中引起了广泛反响，唤起了城市行政当局的关注，促进了公共卫生运动的开展。

城市公共卫生问题主要是垃圾治理。当时城市垃圾清理问题在各个地方情况不尽相同，城市管理很混乱，有的是承包给私人公司，有的是不定期清理。19 世纪下半期，美国的城市逐渐将其归为市政管理，认为这是市政的职能。1866 年纽约市通过了《城市卫生法》，成为美国其他城市效仿的榜样。1869 年马萨诸塞成立了第一个州卫生局。到 1880 年美国至少 94% 的城市建立了卫生局、卫生委员会或至少设一名卫生官员。

关于垃圾处理办法，19 世纪 80 年代中期美国的公共卫生工程师提出了垃圾焚烧和垃圾分解设想。纽约市卫生工程师赖利在对英国垃圾焚化炉进行研究的基础上，在纽约总督岛建立了美国第一座垃圾焚化炉。1886—1887 年，第一批城市垃圾焚化炉在西弗吉尼亚的惠林、宾夕法尼亚的阿勒根尼和衣阿华的德莫尼斯建立起来。城市垃圾处理的根本性改革仍然始于纽约。领导者是杰出的公共卫生工程师乔治·沃林（George E. Waring），他做出了历史性贡献。主要做法有：对居民生活垃圾进行分类，不同的垃圾进行不同的处理；统一街道清洁工的制服，扩大街道清扫员的队伍，组织青少年街道清扫协会；建立垃圾提取厂，改进传统的掩埋、焚烧、堆肥等垃圾处理方式等。在沃林的努力下，纽约市的卫生状况得到一定的改善。他的一些垃圾处理措施，直到现在仍被广泛采用。

在治理污水这方面，主要是建设供水系统和污水排放系统。在供水系统实行过滤、沙滤、加氯消毒等，通过技术处理，净化水源，保证城市居民饮用水的卫生和安全。马萨诸塞州卫生局在美国第一次建立起了一个州级水质量标准。到 20 世纪初期，美国东北部和中西部工业城市的居民饮用水基本上都是经过净化处理的，几乎每个城市都有污水排放系统。供水系统和污水排放系统建设使城市的传染病和一些疾病的死亡率都下降了，公共卫生状况得到很大改善。

大气污染治理在当时取得的成效不是很明显。19 世纪中期，一些工业城市开始控制烟雾。从 19 世纪 90 年代到 20 世纪前 20 年，很多城市都进行了烟雾控制的立法。例如：匹兹堡通过了一系列法律，限制工业、商业、运输业的排烟。到 1912 年，美国人口超过 20 万的 28 个城市中间，有 23 个城市有烟雾控制条例。但是这一时期烟雾控制条例仅仅是法律条文，它取得的成效是非常有限的。主要是因为：第一，当时人们的认识有局限，从科学上还不能认识烟雾的危害，从医学上不能详细说明烟雾对健康的影响。第二，烟雾控制还是一个能源问题，当时主要以煤作为主要能源，烟雾排放量大，空气污染严重。烟雾治理的主要对象是工厂、企业。要减少烟雾污染首先就要求工厂、企业减少烟雾排放，减少生产投资，改善设备。这与经济发展产生了矛盾，遭到了来自企业的抵制。当时人们认为工厂烟囱在冒烟、机器在轰鸣，这是进步和繁荣的象征，也意味着有工作可做。如果工厂烟囱不冒烟了，工人也都不用上班了，也就失业了。烟雾污染得不到治理，主要也是跟当时人们的认识有关系。科学认识和技术水平都达不到。所以，人们对环境问题的认识是随着经济的发展、科学技术的进步而变化的。

贫民窟环境整治：城市贫民窟是非常突出的一个问题，是 19 世纪美国城市环境改革的一个重要部分。早在 1879 年，纽约市就通过了贫民窟法案，倡导兴建哑铃式住宅，在楼房之间留有一定空间，与原来挤得水泄不通的贫民窟相比，是一种不小的改善。到了进步时代，城市住房、卫生、治安、照明等方面的改革成为市政改革的主要内容。在住宅方面，有 11 个州 40 多个城市都制定了新的住宅法，颁布了住宅的公共健康和安全标准，规定公寓必须有自来水，每层楼必须有卫生间，整栋楼要有足够的采光和通风的条件等。有的城市住房法规还引入了城市分区的概念，禁止把城市的部分地区派作某些用场，比如禁止在居民区设立屠宰场。贫民窟环境整治取得了很好的成效，大多数人居住的环境都有了比较大的改观。

城市美化运动：城市美化运动是城市公共卫生运动的进一步发展，也是城市环境改革的一个重要内容。它的主要内容是修建大型公园和林荫道，改善城市环境。1857 年弗雷德里克·劳·奥姆斯泰德主持修建了纽约中央公园，使城市与自然环境得到巧妙的结合，让人们认识到空气、阳光和植被对城市的重要性。其他城市比如波士顿、芝加哥等以此为典范，建立起自己的城市公园。19 世纪 90 年代城市美化运动达到了鼎盛，它的内容和形式也更为丰富，主要是建设市政礼堂、公共图书馆、博物馆、歌剧院、音乐厅等，提高城市生活品质。城市美化运动的一个典型代表是芝加哥。1893 年世界博览会在芝加哥举行，借此机会，城市环境得到极大改善，它的建筑典雅漂亮，有消防、供水、排水系统，交通、娱乐设施，有绿草如茵的运动场、美丽的河岸、宽阔的街道。芝加哥因其整洁的市容、面貌一新的城市风格被称为"白色城市"。19世纪后半期，城市美化运动使许多城市的景观得到改变，城市生活质量得到很大提高。但是它也存在一些缺点，如美化的造价太高，很多城市财政负担能力有限，大型公园和很多公共设施的修建到20世纪初期就基本停了下来。

结　语

19世纪美国在工业化、城市化进程中，在经济发展和西部开发过程中自然环境遭到了巨大破坏，资源浪费和环境污染严重，环境问题突出，在这样的背景下，促使美国人环境意识的觉醒和环保思想的产生，政府和民间互动，采取了一些环境保护措施，并取得了一定的成效，进步时代达到了环境保护的第一个高潮。这一时期的环保思想、环保措施都对以后产生了深远影响，为以后更大规模的环境改革奠定了基础。但也存在局限，如人们认识上的不足、立法不完善等。西奥多·罗斯福时代因其先进的环保理念和环保举措标志着现代美国的开端。

变动的环境　变动的国家

——美国作为一个环境治理国家的演化

演讲人：侯深（中国人民大学历史学院教授）

时间：2020 年 11 月 7 日

政治问题是一个很重要的问题，国家的问题尤为重要，而这个问题又恰恰能够为环境史和主流的历史学提供对话的机会。环治国家的这篇文章，很有可能成为我唯一一篇同政治史相干的文章，这个话题可能在很大程度上确实能够与其他的美国史的同行来进行对话。思考的一个核心的问题，就今天这个讲座而言，是美国作为一个环境治理国家为什么会发生改变，它背后的推动性力量究竟是什么？

但是可能在这样的一个问题之后，有一个更加宏大的问题在于，究竟什么是国家？我们今天实际上对国家的探讨已经非常多了，我们在探讨着各种各样的早期的帝国，探讨着各种各样的其他的政治形式、政治单元，但是实际上我们在很大程度上没有真正去思考一个问题，当我们言说国家的时候，不论是帝国还是民族国家，我们言说的究竟是什么？我们今天非常熟悉的一本书是《国家的视角》。大家都知道该书的作者詹姆斯·C. 斯科特（James C. Scott）是美国著名的政治学家，他是一个典型的无政府主义者，所以他对所有的国家形式，特别是以威权形式出现的这些国家，都持一种非常严厉的批判态度。所以他的其他一些著作，目的实际上都是在谈国家这样一种形式究竟如何出现，如何来建立自己的权威，如何最终让所有不希望去遭受统治的人群慢慢地进入国家机器当中，这是斯科特在思考的问题。但是他在思考这个问题的时候，特别当他讲到极端现代主义国家的时候，他认为国家的视角实际上是一种单一的视角，是一种一元的视角。但是当我们重新回到美国，不是回到一个历史的片段当中，而是把它放在一个演化的历史过程中间来进行思考的时候，我们可能看到的是一个全然不同的视角，看到的是一个全然不同的国家形象。但是究竟什么是国家，这是一个过于宏大的问题，也不可能是我在今天的讲座中间去真正解决的问题。我只是想跟大家说，在我思考美国环治国家的演化过程中，背后的一个核心问题是：究竟什么是国家？它究竟是仅仅为我们提供一种安全庇护的政治单元，还是具有更多的、更深层意义的东西？

当然，从既往的帝国发展到今天的民族国家，到今天我们历史学者再去探讨历史的时候，又往往希望跳出国家视角去看待历史，而国家实际上也在不断地发生着演化。它并不是一个僵化、固定的概念，就其概念本身它也在不断发生着变化，更枉论它在历史中间本身发生的演化。所以既然这个问题如此宏大，我们先将这个问题暂时搁置，回到美国环治国家的演化过程当中。

我将这场讲座的题目定为"变动的环境、变动的国家"。所以我始终在强调，环境和国家是共同变化的，而变动的国家背后的核心推动力，我认为是变动的环境，这种因为变动的环境而产生出的一系列变动的环境知识，推动了国家的演化。这也就是我这场报告中最核心的论点。

我们先来看一看"环治国家"这个概念，我对这个概念发生兴趣是很多年前，在我读博期间第一次看到这个概念的时候。这个概念并不是我所创造的，environmental-management state 这个概念实际上是 2002 年亚当·罗姆提供的。他是美国非常著名的一位环境史学者，其大作《乡村里的推土机》由高国荣、孙群郎和耿晓明共同翻译，也在国内产生了很大的影响，亚当·罗姆这个时候恰恰担任美国《环境史》杂志的主编。那时候环境史还不像现在这样进行得如此如火如荼，所以在 2002 年亚当·罗姆在为当时出的《美国史论》来写书评的时候，他第一次提出了这个概念。这本书当时是名家云集，汇聚的问题既包括所有美国传统政治史的问题，也包括所有新兴的文化史、社会史、思想史的核心议题，但是这本书中间没有出现环境的议题。在评论这本书的时候，亚当·罗姆说，对于一个环境史学者来说，这是一个非常巨大的缺失，也是非常令环境史学者失望的。当然我相信在 2020 年，如果大家再要去写一本美国史通论这样的著作的时候，环境史不会再是一个缺失的问题，但在 2002 年的时候仍然存在这样的问题。

亚当·罗姆在这篇书评中间非常简略地提出了"环治国家"的概念，他认为 environmental-management state 这个概念应该可以与"国安国家"（national-security state）或"福利国家"（welfare state）一样，成为美国政治史，或者说成为整个政治史的中心议题。可惜的是在亚当·罗姆提出了这样一个议题之后，他并没有真正再重新去思考议题本身，而是将它留给了其他美国环境史学者来进行思考。亚当·罗姆在写完了《地球日》这本书之后，他现在主要的关注点在于绿色资本主义（green capitalism）的问题。而"环治国家"这个概念提出后，不断有历史学者再去回顾，比较著名的是 2014 年保罗·萨特，他跟亚当·罗姆是师兄弟，他们都是唐纳德·沃斯特的学生，当然他们是最辉煌的一代，他们那一代毕业之后到我们这一代沃斯特学生基本上就已经开始没落了。

亚当·罗姆提出了这个概念以后，2014 年，保罗·萨特在为《美国历史杂志》（*Journal of American History*）写一篇回顾美国环境史在过去这 30 年中发展的文章的时候，重新提到了 environmental-management state 这个议题，同时认为这个议题有非常重要的统合意义。他认为在美国的环境史中间实际上出现了两种叙事方式：一方面环境本身是在不断衰败，这是一个典型的衰败论的叙事方式；但是另一方面，美国的环保意识又在不断进步，所以出现了进步论的一种叙事方式。他认为不管是这样的一种就环境而言的衰败论的叙事方式，还是环境保护意识或者环境保护政策方面的进步论的这种叙事方式，都是各执一端，环治国家概念的出现，实际上可以非常好地去统合这两种叙事方式，呈现出来更加复杂的、非线性的一种新的叙事方式。我实际上并不太认同保罗·萨特对于美国环境史的评论，但这是另外一个问题了，我们在这里就不再展开来谈了。但是保罗·萨特确实非常敏锐，environmental-management state 这样一个概念，将它展开后，变成了一个非常开放的领域，很多的问题我们都可以在这里面重新找到一种组合的方式。但是保罗·萨特谈到这个概念之后，也没有真正地对它予以定义，更没有将它放入美国历史本身的演化过程当中去思考环治国家究竟是如何在北美大陆浮现，如何变成今日我们去定义美国的一个非常重要的方式的。

所以我后来在思考中间就想解决这个问题，赋予环治国家一个定义。我认为所谓环治国家，它所指的并不仅仅是美国，它包括的是现在的所有国家，与国安国家和福利国家一样。环治国家指的是现代国家通过强调其控制与管理自然、资源，大家一定要注意，这里面自然和资源并不是等同的，资源是为人类所利用的，但是自然有自身存在的权利，这个是我始终坚持的，我也始终认为自然与资源之间仍然是有差别的，而这种差别是值得尊重的。现代国家通过强调其控制与管理自然、资源以及相关行为——第三重管制对象是相关行为——通过强调管理这些事务的责任，重新调整或者建立新的生态与社会秩序。这个时候国家直接介入一种生态秩序的建立，如果说既往始终存在着一种生态秩序，国家的参与度在其中并不是像我们所想象的那么高。哪怕我们对魏特夫有诸多的批判，但是在魏特夫的东方专制社会中间，我们仍然可以看到在既往国家介入生态秩序建立中时，更多的是一种大范围的、高尺度的、长时段的介入，而在生态秩序建立上仍然存在着一种高度自治。但是当我们进入现代国家之后，我们会发现国家对于生态秩序的介入已经非常深了，已经完全渗透到生态秩序建立的本身当中，在建立生态秩序的同时，它事实上也在建立一种新的社会秩序，这个就是我们后面所要讨论的问题了，它究竟如何通过建立一种生态秩序，从而建立一种新的社会秩序。

当我们谈国安国家的时候，我们实际上将国家看成一个对外的政治单元，它本身是为了捍卫在它的土地上生存的公民或者是子民（在帝国的时代是子民，在现代国家则是公民），保障他们的安全。但是保障其子民的安全，仅仅是国安国家的一个部分。可能更为重要的，特别是在现在全球一体化的时代，对全球资源的分配和占有变成了国家最基本的职能之一，可能更多时候，国家在同其他国家之间相处的事务中间，不仅仅是以军事面目出现，而是如何来攫取或者开发新的资源边疆的问题。现在的领土已经完全划归各个民族国家，以国界线去标志，但是并不意味着一个国家不能去他国开拓新的资源边疆。这种对资源边疆的开拓和对全球资源的重新分配和占有，就变成了环治国家对外的一项非常重要的职责。

与此同时，我们也知道面临着今日全球变暖的特殊时刻，环治国家直接加入了对于全球变暖的全球讨论当中，它也实际上在某种程度上奠定了一个国家在全球领导地位的合法性。这是环治国家的对外形象，这个问题实际上是我们在今天的讲座中没有办法完全包含的，因为虽然它确实是用来定义环治国家的一个非常重要的方面，但是我们今天讲座主要的目的是来看美国作为一个环治国家，它在内部，在北美大陆上的演化，所以我们重点是来看它的对内问题。

我们在讨论国家的角色演化的时候，往往认为在"二战"之前，国家更多的是扮演着一种国安国家的形象。到了"二战"之后，特别是进入到 20 世纪 50 年代，欧洲、美国都以不同的形式进入了一种福利国家的新形态，国家的角色和职责处于一种不断扩大的过程当中。从福利国家角度来讲，比方说无论是育儿还是养老，还是其他各种各样生老病死的问题，在"二战"之前大部分时候，对于大部分的国家而言，它都是由个人、家庭或者社区所承担的。但是"二战"结束之后，越来越多的国家开始强调他们对于社会福利的职责，这个时候国家的角色发生了一种新的定义、新的转型，这恰恰也是环治国家一个非常重要的特征，也就是当环治国家职责不断扩大的时候，原本由个人、家庭、社区承担的管理环境的责任，也逐渐被视为是国家的责任。

举一个最简单的例子，我们在传统的社会中间，一个老农民，如果是一个自耕农，不是一个佃农，他自己完全可以决定这片土地上我要种什么，我能够种什么，他根据自己世代相传的一种地方知识经验来决定自己要耕种的东西，也根据他自己家庭的需要，或者说是他自己家族的需要来决定自己的耕种。但是进入环治国家的阶段时，国家告诉你，你这片地上究竟适于种什么、国家开始分享新的环境知识。比方说美国从 19 世纪 90 年代就开始在各个地区建立起农业站，这些站点实际上都是由国家所派的技术官僚、技术专家，来到了这些地区，然后告诉普通人，你们应该如何管理自己的土地，究竟应该在这片土地上种什么，怎么种。这些问题突然就由一个简单的、个人的或者家庭的，哪怕说社区的行为，变成了一种国家行为。所以我们可以看到，这是环治国家的职责不断扩大过程中出现的一个非常大的转型。

为什么会出现这样的一种转型？事实上就在于，现在这些社会组织生产方式和消费模式的复杂性，实际上造成了文化和自然之间互动关系的复杂性。当这样的复杂性变得过于庞大，过于纠结，没有办法用一种单一来源的知识或者资金来解决的时候，就要求出现更加强大的权力复合体，就是国家的介入。这个权力复合体很有意思的是，它实际上拥有数重面向，一方面它是复杂的专业知识的提供者和解释者，另外一方面也是财力最为雄厚的资本的持有者。我们都知道，虽然美国的企业本身高度私有化，但是国家仍然是最为强大的资本所有者，比方说在整个西部的水利开发当中，最终必须要求国家资本和国家的知识介入，才能够解决西部的干旱问题。同时国家还是立法者和执行者。我们就可以看到环治国家在这里面扮演着数重角色，一方面它需要去提供面对着非常复杂的环境问题而要求的非常复杂的环境知识，另一方面它又被要求要提供大量、最为雄厚的资本，但与此同时它还扮演着管理者的角色，它也是立法者和执行者。

在另外一方面我们必须要注意，今日，虽然国家是面对着国际社会的政治单元，但是落实到国家内部的时候，每一个基本的政治单元实际上是个人，是每一个公民。所以在这样的一种情况下，国家实际上又需要在最广泛的层面上去回应其所管理的不同社会群体的需求，这就让国家的形象变得非常复杂了。所以我在最开始谈到我所思考的问题，显性问题是美国这个环治国家为什么会出现演化的问题，但是一个隐性的问题实际上是试图来思考斯科特《国家的视角》里面所提出的问题。

在《国家的视角》中，他非常明确地说，"简单化与清晰化是现代国家的基本特征"，当国家对环境进行治理的时候，"只表达了官方观察员所感兴趣的片段"，这就很有意思了。我始终认为政治学者可以提出一个高度理论化的概念，但这样的理论化概念往往在我们历史学者用它来重新思考历史的时候，发现它的不适用性，因为当他强调国家官员仅仅对片段感兴趣的时候，实际上政治学者自己所观察的也往往只是历史的一个片段。但如果历史学者在一个更加长时段的、更加复杂的、非线性的国家演化的过程中进行研究时，我们看到国家并非只具有一个单一视角，它具有的是多元的视角。这些视角不仅仅来自政府本身，也是来自民间的。更为重要的是不管是在政府内部各个不同的机构，还是在民间，他们所代表的各个不同利益群体的组织，都有着各种各样不同的视角，而这些视角不管是自愿的还是被迫的，都反映在国家管理环境的视角当中。我们在后面会看到，他们的视角如何在管理自然的过程中间得以体现。与此同时，它也从来都不是一种僵化的、固定不变的视角，实际上，国家视角发生着演化。

从美国来看，它从早期的环治国家雏形发展到今天这样一个高度成熟的环治国家，它的视角在不断发生转移、变化，造成了它的视角是一种非常复杂的视角，我把它称为在国家上空，从复眼的世界中凝视着国家环境转变的视角。所以在这样的前提下，我开始思考，如果说国家的视角是一个多元的、演化的、充满着复杂性的视角，美国的环治国家究竟发生了怎样的演化？它为什么会发生演化？我们历史学者喜欢来进行分段，实际上每一种分段方式或者分期方式都有它的问题，因为历史发展往往是具有高度延续性的，并不以历史学者的分期为转移，但分期确实可以帮助我们更好地以一种相对简单的方式切入到历史中来对它进行考察。所以，我仍然试图对美国的环治国家来进行分期，然后看一看在每一个阶段中，它最重要的特征究竟是什么？我并不是说其他东西就不存在，但是与最重要的特征相比，其他东西相对弱势，相对而言我们可以在考察历史的时候将其暂时忽略。

在我看来，美国整个环治国家演化过程可以分为三个基本阶段。第一个阶段是从美国建国到美国 1877 年重建结束。第二个阶段是从重建结束开始，或者说稍后于此，这个界限是非常模糊的，也就是从美国进步主义时期，大约到"二战"结束，这是第二个阶段。第三个阶段，这是一个非常容易看到的阶段，也就是我们今日正在经历的阶段。当然"新冠"结束之后，我不知道我们将经历什么，我们也不知道当美国大选的硝烟散尽，全部变得明朗化之后，我们是否又要进入一个新的创时代，还是能够回归一个相对稳定的建制派的时代，这个问题我们现在还不太清楚，我个人仍然对拜登当选充满着信心。

在这三个阶段中间，我始终在询问的核心问题是：为什么会发生转化？在这个核心问题之下会产生一系列的小问题。例如当国家对环境问题责任不断加强，驱使人们从根本上重新审视公民和国家的关系。从北美殖民地时期开始，一直到 20 世纪四五十年代，美国公民仍然认为国家介入公民生活的限度应该是非常低的，是非常有限的，所以当国家希望去重塑公民的环境知识和环境责

任的时候，美国一直不停询问的一个问题是：国家究竟应该在何
等层面上介入公民的个人生活？

在我们研究美国历史的时候，实际上看到的很多问题是习惯
了中国式思考的时候不会出现的问题。我经常跟朋友说，我们在
中国的公交车上面，可以看到比方说"绿色出行"这样的标语。
美国也像中国，公交车是由市政机关提供的交通工具，但是，类
似的标语不可能在美国公交车上出现的，因为个人的生活应该由
他们自己决定，不管是市政府、州政府或者是美国的联邦政府都
没有权力来告诉公民应该以一种什么样的形式生活，不管是绿色
生活还是别的，都不行。因此这是一个典型的美国式问题，也就
是国家究竟应该怎么样来介入，在什么样的层面上介入公民的
生活。

我们大家都知道，私有财产的问题也是同样的。美国《独立
宣言》中非常明确地说到私有财产是神圣不可侵犯的，这样的一
条准则在欧洲发端，但是在美国被扩大到极致，在美国环治国家
的发展道路中，我们甚至可以说私有财产始终是一个巨大的障碍。
所以，私有财产如何在新的国家环境政策中维护它的神圣性，也
变成了另外一个问题。

到了第三个问题的时候，我们需要思考的是，在资源不断萎
缩、环境问题不断加深的情况下，国家究竟应该如何来兑现对其
公民福祉的承诺，又应该如何去处理同经济增长之间的关系？如
果说前两个问题还是较为美国化的，或者说是一种高度资本主义
化的问题，那么最后一个问题则是我们现在所有的国家所必然要
面对的问题。我们非常清楚地知道我们现在处于高度集中的环境
问题当中，而这些问题不仅仅是生物多样性消失的问题，也不
仅仅是究竟我们应不应该保留自然之美的问题，事实上它变成了

一个生死攸关的问题。但是在面对这样的一个问题的时候，国家又要去兑现公民的福祉，又要去实现经济的增长，他们究竟应该如何来处理这样的矛盾？由于这些问题的存在，我们在讨论美国环治国家演化的时候，也同时必须要去思考，在环治国家的形成和演化的过程当中，始终没有消失的各种各样的批判的声音。整个讲座最核心的对所有这些问题的回答在于这一点，就是环治国家出现与转变背后的核心驱动力，是变化的环境以及随之变化的环境知识，而不是某一个权力群体或者若干权力群体意志的一厢情愿。

我们来看一看第一个阶段，从美国建国一直到美国南部重建结束。"这片土地属于你和我"，伍迪·格思里（Woody Guthrie）被称为是美国 20 世纪 30 年代的"游吟诗人"，是一个非常著名的民谣歌手，对鲍勃·迪伦来说他是一位教父式人物。伍迪·格思里很有意思，他最后变成了一个社会主义者，但是他在早期仍是浪漫的自由主义者。他写下了这首非常著名的歌谣：*This Land Was Made for You and Me*。这恰恰代表着也是美国环治国家发展第一阶段的最重要特征。在这个阶段中，美国政府作为一个联邦政府，是最大的土地所有人，所以它最重要的环境义务或者责任是通过政府征服、购买和兼并以获取最大量的土地。这个地方稍微多说两句，因为可能一部分受众不是研究美国史的。对于研究美国史的人来说，这是一个非常熟悉的问题，但是对于没有研究美国史的朋友来说，可能不太熟悉这一点，美国是一个联邦政府，它的 50 个州实际上就相当于 50 个小国家，所以当我们来谈环治国家的时候，我们谈的不仅仅是国家，还有各个州。但是美国联邦政府确实是最大的土地所有者。它的征服、购买、兼并的过程是大家非常熟悉的一个过程。我们大家都知道美国在最早出现的时候，只有北美沿着东海岸的这 13 个州，13 个殖民地，后来开始向西扩张，到美国建国初期已经扩张到阿巴拉契亚山，阿巴拉契亚山以东的这一部分基本上全部属于美国所有。但是我们可以看到，到 1803 年，整个美洲大陆的大部分地区仍然并不属于新兴的美利坚合众国，这一片褐色的广阔区域是法国人的地盘，还有很大的一片地盘属于西班牙所有，当然它同墨西哥一起来代管，包括佛罗里达地区也是一样。我们今天称华盛顿州的这片地区在这个时期基本上还是由美洲原住民所占据。

1803 年在拿破仑陷入欧洲战争中时，美国完成了历史上规模最大的一次土地购买，将美利坚合众国的土地不仅仅是翻番，甚至比翻番还要再多出一些，重要的原因在于当时美国第三任总统杰斐逊农业帝国的梦想，他认为只有在土地上耕种的人才是最有道德的人，而只有这样的人才能成为美国民主的脊梁。所以要实现民主，要让美国的民主不断贯彻下去，他们需要很多的土地，从而满足每一个人对于土地的需求。虽说美利坚合众国刚刚建立，但是这些英属殖民地，包括后来的一部分法属殖民地，已经变成土地高度私有化的地区。在北部，这个时候已经开始发展工业资本主义；在南部，种植园经济不断扩张，包括杰斐逊、华盛顿他们自己都是大的种植园所有者，他们占有大量土地。当移民源源不断地从大西洋彼岸来到美国，当这些基督教徒也不断孕育出新生儿的时候，在东部地区已经发生了土地紧缺的问题，如何来满足对新土地的需求？在国会仍然没通过的时候，杰斐逊依然决定并实现了对路易斯安纳的购买，这是美国最大的一场土地兼并，它是以购买的形式实现的。此后我们可以看到这场兼并大潮几乎持续了整个 19 世纪上半叶。在购买路易斯安纳之后，又通过美西战争占领了大量在此之前由西班牙所统治的土地，最终实现了美国由偏安一隅的大西洋沿岸的国家，变成横跨北美大陆的大陆性帝国，最终抵达了太平洋，实现了美国 48 个州的基本版图。此后他们又进行了对阿拉斯加的购买，这是从俄国手里买下来的，当然更便宜了，720 万美元就买了近 60 万平方公里土地，阿拉斯加在 1959 年成为美国第 49 个州。同时他们又吞并了夏威夷，在 1893 年的时候推翻其现行政府，到 1959 年夏威夷成为美国第 50 个州。

　　而在这个过程中间，当美国联邦政府已经成为最大的土地所有人的时候，他们究竟怎么来处理这些土地？此时，他们已经需要扮演某种环治国家的角色，他们变成土地的发现者、环境知识的重要生产者。这确实是一个发现的过程，整个地理大发现也是一个发现的过程。地理大发现被唐纳德·沃斯特称为第二地球的发现，第二地球包含的不仅仅是两个大陆，它同样包含着大西洋和太平洋这两个真正的大洋，此前我们对于这些大洋的认识都是非常少的。

　　我们要意识到，虽然这个时候人们已经知道在整个大西洋彼岸或者是太平洋彼岸，有着一整个可以跟旧大陆相媲美的第二地球的存在，但是对于第二地球上面究竟有什么仍然所知甚少。1803 年在路易斯安纳购买结束之后，美国联邦政府以及普通白人对这一片地方究竟有什么，土地类型是什么样的，它有怎样的山峦，大河的走向是什么样的，哪些地方有河流，哪些地方没有河流，哪些地方适宜于种植，哪些地方有怎样的矿产，上面原住民的生活状况怎样，所有的这些他们都一无所知。谁对这些东西略有所知？一方面当然是原住民，但是我们一定要注意到原住民的本地知识并不是一种完整的土地知识，他们可能非常清楚在他们采集狩猎的地区里究竟有什么样的鹿，哪里的野牛多，哪里的浆果更加丰美，哪个地方的树林适合被焚烧从而进行耕种……但是他们对整个状况，比如说在密西西比河生活的这些人对密西西比河流的流域究竟是一种什么样的状态，它的流向如何，这条河流能够发电的马力究竟是多少等这些问题，并没有一种整体的环境知识。另外一个群体则是当时已经深入美国腹地的毛皮商人，他们对于这个地区也有一定了解，但是他们的了解在很大程度上也止于哪个地方的河狸的毛皮最丰美，哪个地方仍然有大量的鹿没有被猎取。所以这个时候人们已经具有的环境知识是一些非常零散的、带有高度地方性特征的环境知识。但是当一个国家实现了对这个地区的征服之后，不管是以战争的形式，还是以购买、兼并的形式，他们所需要了解的东西就远远超越了单纯的地方知识，他们要求了解更多的是哪些地区适合让它的人民去拓殖的问题了。

1803 年杰斐逊在购买路易斯安纳州之前，他就已经迫不及待地要去了解这片大陆，了解它究竟能够为美国这个新兴的合众国提供什么样的东西。所以购买一结束，他就组织了美国历史上第一场国家组织的环境知识的探险——刘易斯和克拉克探险（Lewis and Clark expedition）。他们的出发之地是匹兹堡，沿着俄亥俄河，坐着他们的平底船一直到密西西比河。在密西西比河开始往北，对于当时的人而言，密西西比河的流域、流量等问题他们已经相对熟悉，他们不熟悉的是另一条巨大的河流——密苏里河，这是整个北美境内最长的一条河流，但是非常有意思的一点是密苏里河没有入海口，它是在圣路易斯这个地方进入密西西比河，然后再向南，最后在墨西哥湾入海。所以探险队来到了密苏里河和密西西比河的交界处，也就是著名的圣路易斯，到现在圣路易斯还有一个大拱门，代表着后来西进运动的开始。刘易斯和克拉克从圣路易斯出发，这个地方有一个巨大的弯道，也就是今日所称的堪萨斯城，从这里北上，最终来到大西洋。即使此时华盛顿州等这些地方仍然不是美利坚合众国的领土，但他们知道这个地方迟早会被他们所兼并，所以他们一直抵达密苏里河的源头，抵达北美大陆的终点，这就是著名的刘易斯和克拉克探险。

在这一场探险结束之后，环境知识生产者就变成美国联邦政府在环治国家雏形阶段所需要扮演的最基本的角色。环境知识的提供者，则是美国联邦政府在这个阶段扮演的第二重角色。而后，是第三重角色。他们已经知道这个地方究竟什么样，哪些地方干旱，哪些地方适宜种植，哪些地方可以让铁路进入，哪些地方有大量的矿产等问题，此时，美利坚政府扮演的最重要角色是一个分配者的角色，所以这个时候我们可以看到美国仍然处于典型的自由放任阶段。

在 1785 年，美国制定了《土地法令》，把美国的东部土地以 6 平方英里为单元进行划分。我们今天看美国投票就是把 6 平方英里作为基本的投票单位，然后再进行分割，每一块一平方英里，是 640 英亩，这成为美国早期购买土地的最基本的单位。1862 年美国内战胶着阶段，林肯总统颁布了《宅地法》以鼓励美国人西进，从而动员当时的北部人民，包括黑人奴隶加入到战争中的决心。实际上在 1855 年《堪萨斯与内布拉斯加法案》颁布之后，就已经箭在弦上，不得不颁布《宅地法》了。那时候大家都渴望着西进，因为我们刚才所看到的路易斯安纳购买的那一片广阔地区，已经由美洲大沙漠的形象变成了美洲大花园的形象，如何让这个花园像玫瑰花一样绽放？人们渴望着绽放的发生，1860 年内战爆发暂时中断了这个过程，但是很快，在 1862 年内战还没结束的时候，《宅地法》颁布。

1865 年美国内战结束之后，大量的人，主要是美国东部的无土地农民开始西进。大家都知道美国的土地继承法承接了英国的土地继承法，也是长子继承制，所以一家如果有 5 个儿子，只有大儿子才能够继承农场，其他的儿子必须要向外去寻求生计。在这样的一种情况下，东部实际上已经集聚了大量的无土地的农民，包括南部的贫穷白人，以及刚刚解放的黑人。这些人再加上爱尔兰土豆大饥荒之后整个欧洲不断涌入的新移民，他们共同涌向了西部。这时，160 英亩土地变成了最基本的购买单位，在这期间大约是有 160 万个土地许可证被发放，总共发放土地 2.14 亿英亩，大约占全国土地的 1/10 左右。

美国环治国家在这个过程中扮演了最为重要的角色，当它攫取了所有的资源、所有的土地之后，由它来扮演分配土地的角色。但是与他们自由放任的国家角色不同的一个重要角色，是对野牛和原住民进行驱逐、屠戮的角色，这是典型的、有组织的国家性的暴力。美国已经将东部的大部分印第安人赶到西部大平原上的保留地，今日我们所称的俄克拉荷马州，当时是原住民的地方，此外还在他处建立了大量的印第安保留地。当 1865 年的西进运动开始之后，国家要做的第二件事情就是将这些印第安人从其保留地中再赶出来，赶到俄克拉荷马、新墨西哥，到更加偏远的、更加不适于种植的地区的保留地当中。而他们这样做的同时，就必须消灭印第安人的基本生存资料，也是美洲大平原上最大的霸主——野牛。当时的美洲大平原上有数百万头，甚至有人估计有上千万头野牛，它们占据了整个大平原的生态位。当时大平原就要作为牧场来进行开发，或者作为麦田来进行开发，所以这些野牛必须要消失。有意思的是，在结束了美国内战之后，当自由放任的政府的联邦军队的武器无处可用的时候，舍尔曼将军带领着他的联邦军队进入大平原，开始了对美洲原住民和野牛的屠戮，所以有组织性的国家扮演着一种环境暴力的角色，这也是环治国家中一个非常重要的角色。

　　我们可以看到在第一个阶段中间，它最重要的内核，实际上就是第二地球所提供的广阔自然和这种自然许诺给所有人的自由。美国的联邦政府在这个时候扮演的也是自由放任的国家角色，自由也变成美国精神中最为重要的内核。当他们所有人来到土地上，去征服这里的自然时，实际上产生了一重生态悖论，也就是他们在追求自然，同时在奴役自由。与此同时另外一重悖论也是一个很有意思的问题。从杰斐逊开始，他们就在土地和道德之间建立了一种非常密切的联系，在杰斐逊和所有的杰斐逊主义者看来，只有在土地上耕作，在土地上生活，才能够建立一种坚固道德（solid morality），而这一坚固道德才能成为美国民主的基础。所以当他们来到了这片土地上的时候，他们建立起来了他们当时所渴求的道德，同美国的民主和自由完全联系起来。但这样的一种道德显然不是我们在此后所言的土地伦理，这种道德只是面对人类自身这个群体，在当时更只是面对着有限的白人群体的，它既不是对于印第安人，更不是对土地本身和土地上面所生存的其他物种的道德。当然黑人等其他因素也不在他们的考量之内，这就构成了美国环治国家在第一个阶段最重要的两个内核。

　　到了美国环治国家的第二个阶段，也就是从美国南部重建结束之后，涵盖整个进步主义以及美国新政，最终到"二战"结束。第二个阶段究竟有什么样的重要特征，是我一直在考虑的问题。在第一个阶段我们可以非常鲜明地看到它的特征，也就是国家除了在有组织地屠戮野牛和印第安人的时候，它更多是扮演着一种自由放任的角色。它获取土地，获取资源，获取环境知识之后，将土地彻底地分配给个人，由个人来决定他们究竟要在土地上面做什么。这种个人可能是一个个体，当然更有可能是私人铁路公司或者大型的牧场主、农场主等，是以不同形式出现的个人。

进入第二个阶段的时候，美国环治国家角色确实发生了转变，但它最重要的特征究竟是什么？我认为它最重要的特征实际上是建立美国公地。相对于第一个阶段，发生的一个重要的不同是在第一个阶段，美国人面对的是一片广袤的第二地球的自然，但是当他们进入第二个阶段，特别是进入 19 世纪晚期，一直到美国新政，他们开始质疑这样的自然是否已经消失，由这样的自然所提供的自由是否已经消失。当时美国的著名诗人阿奇博尔德·麦克利什的长诗《自由的土地》追问，敢问自由是否已经终结，敢问梦想是否已经破灭？但是自由和梦想都建立在哪里？它建立在松林草叶当中，建立在平原的草长莺飞当中。当这样的自然，当这种环境已经在 19 世纪的开发中发生了巨大变化的时候，美国人对于自由追寻的梦想是否已经将要走向幻灭？这就不仅仅是一个诗人的恐慌，也不仅仅是任何一个个体的观察，而变成当时美国政府的焦虑。

这样的焦虑带来的是一个新帝国的出现。美国东部资源已经变得如此短缺，已经出现显而易见的林荒。1864 年，在乔治·马什出版《人与自然》这本书的时候，实际上就已经试图警醒他的美国同胞们，曾经在欧洲大陆上面所出现的所有环境退化问题，现在已经在美洲大陆上出现，已经切切实实地在发生着。在这种情况下，西进运动事实上是在回应美国东部的资源短缺和土地短缺的问题。但是，在西进运动的开拓过程中，他们遭遇的是一片无比干旱的大陆。对于这片干旱大陆，他们究竟如何在其上建立一个新的帝国？这个问题实际上是环境史学者经常讨论的问题。这个时候环治国家首要的角色是带领人们实现其天定命运，也就是西部注定是美国的西部，西部也要注定成为美国富裕新帝国中的一个重要组成部分。在这场天定命运实现过程中，环治国家的面目首先仍然是一种征服的面目，它通过《宅地法》推动着无数人西去。《宅地法》在 1862 年开始实施，到 1890 年，虽然边疆被宣布关闭，但这只意味着西部大片的无主的可耕种土地消失，并不意味《宅地法》彻底结束了。事实上到了 20 世纪初期，仍然有第二次《宅地法》、第三次《宅地法》不断在进行土地的分配。国家在这个时候仍然作为一个征服的机构，作为分配资源这一角色并没有退场。但是与此同时他们也要以国家的形式来对土地进行开发了。当他们面对着东部已经紧缺的环境状态，西部却又恶劣的环境状态的时候，他们发现他们不能仅仅由私人来进行开发了，他们需要更加强大的资金支持、更加强大的技术支持。这个时候我们可以看到，当他们去真正征服干旱的西部的时候，国家已经非常明确地在场了，国家的权力在这个时候几乎是一种带有中央集权性质的权力，也在西部，在它干旱的自然环境中间诞生了。这就成为环治国家演变过程中间在这个阶段非常重要的一重面目，也就是，在东部那些湿润地带，国家可以放任自流，由人们自己去决定他们要将土地进行怎么样的开发，开发到一种什么样的程度。但是当他们进入西部的时候，当狂野的科罗拉多河没有任何一个私人资本和技术力量可以将之征服的时候，他们需要国家的介入。美国的西经 100 度是一条直线，在西部我们可以看到降雨量年均少于 400 毫米，所以它必须进行灌溉农业，不能靠天吃饭。

　　这个时候环治国家所做的事情就非常多了，它一方面要进行灌溉，一方面水力发电等问题也被提上日程。与此同时这个国家又出现了一个新的面目，也就是当无限的资源神话，第一阶段奠定国家作为土地分配者的资源基础消失的时候，国家开始发生转变。从这个新阶段开始，他们认为必须要保留联邦土地，不能够再像他们对待中部的土地那样，无限制、无限量地将其发放出去，土地上面的资源必须要由国家出面加以保护或者加以开发。从国家的视角来看，保护和开发之间并没有矛盾。所以当我们在想象美国的时候，我们总想象是东部或者大平原这个地区，因为当时《宅地法》颁布的大量土地许可证的所有权都是在大平原上面，这是高度的私有化土地。但是当我们来到美国西部的时候，我们会看到大量仍然为联邦所有的土地，到了今天仍然有 1/3 土地是为联邦所有。大家注意一下，联邦所有土地是一部分公有土地，还有一部分的公有土地是由州政府、县政府或者市政府所有，但这个土地的面积同联邦土地的面积相比就要小得多。从联邦土地所有土地的地图中可以看到在东部基本上没有什么联邦土地，西部的联邦土地受到不同机构的管理。由印第安事务管理局管理的土地则全都是印第安保留地，比方说在新墨西哥和亚利桑那州有一大片印第安的保留地，俄克拉荷马州上的昔日印第安部落，到现在仍然生活在大平原。那里一直都有很多印第安人，包括那边的白人一般来说都有 1/8 至 1/16 的印第安混血。由土地管理局控制的土地基本上都是不适宜开发的土地。还有美国的森林储备是大片的美国国家森林，这是森林管理局所管理的土地。与此同时我们还可以看到国家公园，有人把它称为是美国对世界最大的贡献。

此外还有各种各样类型的土地。比方说在缅因州的海岸本身是由国防部所管理的土地，沿着这个海岸有美国东部的第一个国家公园。在美国东部的国家公园非常少见，大烟山国家公园是其中之一。堪萨斯整个州只有一个很小的国家公园。但是到西部我们就可以看到大量的国家公园，最著名的当然就是黄石国家公园，这是美国第一个国家公园。美国的第一个州立公园叫约塞米蒂国家公园，离旧金山大概只有四个小时的车程，它曾是美国第一个州立公园，是 1865 年建立的，由于管理不善，到 1890 年变成国家公园。这个时候美国联邦政府变成了最大土地所有者，但不再是美国最大的土地的发放者，资源保护被提上日程。对西奥多·罗斯福——美国最重要的资源保护总统来说，资源保护是开发的保护，而不是留置不用的保护。

吉福德·平肖是美国第一任森林局局长，也是宾夕法尼亚州的州长。平肖在整个自然保护运动中留下了一句非常著名的话，"在最长的时间中为最大的群体来谋求最高的利益"，这是资源保护运动的核心。为了这个核心，我们就知道经济增长不可能为资源保护运动所罔顾。事实上在整个资源保护运动期间，平肖最根本的目的就是要明智地利用，聪明地管理，去追求效率，而不是追求不变。

在这个时候有人就会问如何来解释国家公园，我们必须要看到，当时国家公园的建立实际上是为了美，而美是人类的自我观照，美是人类对自然的一种观察，是人类视角，所以美也是一种资源，它并不是超越功利性的，而事实上在谈论国家公园建立的时候，一项非常重要的用途是用来开发旅游。国家公园还扮演着另外一个非常重要的角色，也就是在美国内战结束之后，他们开始寻求重新建立对国家的认同感，国家公园变成一个非常重要的可以建立国家认同感的地方。所以这个时候他们是在建立一个新帝国，去开发这里的水，解决这里的干旱问题，然后让整个西部变成一片大牧场、大果园、大农场。与此同时，他们做的也是要在这个地方对它的资源进行保护，让它得到更加有效的利用。所以建立美国公地在这期间就变成了美国联邦政府所扮演的最为重要的角色。建立的公地有一些被用于直接开发，有一些被用于保护性开发，有一些被用于在未来进行纯然的保护。

这里必须要提及约翰·缪尔——美国"国家公园之父"。他与平肖等对自然的认识有根本性不同，与这个时期其他国家公园的呼吁者、建立者意见也大为不同。约翰·缪尔完全超越了他所处的时代。他对待自然的态度实际上已经去除了人类中心论，开启了 20 世纪的环境道德或者环境伦理的声音。但是他的声音要真正落到实处，要让国会去认可他的声音，要让他们去实施他所向往的一切的时候，就必须回归平肖他们的认识当中，让人们发现这样的一种资源对于美国，不管是国家认同，还是经济的重要性。我们要看到，此时并非没有异端的声音，而且异端声音将会在后期得到非常大的回响。但是在环治国家本身的行为当中，异端的声音实际上发生了转化，又变成一种谋求利益的行为。

也在这个时期，为了实现资源保护，也为了实现对西部进行的进一步开发，美国实际上建立起一系列机构，比方说森林管理局就是其中最重要的，又如生物调查处等，表面已经开始注重生物多样性的重要性了。但这个时候讨论生物多样性，不是来谈生态系统完整性，更多的是来谈它作为一个资源的存在，不管是作为猎物的资源，还是作为人们食物的资源的存在。

国家公园管理局建立比较晚，到 1916 年才建立。此外，还有对土地进行开发的，土地管理局、垦务局，主要是负责西部的灌溉问题。所有这些机构全部都是联邦政府在这个时期为了建立公地而设置的，但这里面最有意思的一点，恰恰也代表了环治国家的多样性和复杂性。这些机构本身并非没有矛盾，事实上在建立之初就已经注定存在各种矛盾，它们全部都要在国会中寻求资金和政策支持，而且它们彼此在看待自然态度上也有根本性的不同。

比方说国家公园管理局在这个时期认为"美"是最高利益，林业局认为经济才是最高利益，双方就存在很大的争端。所以在某种程度上我们可以看到，美国联邦政府这时已不再是一个单纯的土地的提供者、环境知识的生产者、土地的发放者，这些机构实际上让美国陷入了一种被称为"机构俘获"（agency capture）的困局。也就是环境治理越来越为这些机构主导，而国家也在这里浮现出来不同的面相，而这些人所回应的又是各种各样不同群体的声音。

所以最终我们可以看到，到了美国新政的时候，前期资源的短缺和匮乏的压力显著增强，到新政期间又出现了巨大的灾难——我们已经非常熟悉的美国南部大平原的尘暴。这场灾难开始推动更多环境机构的建立，也正是在这场灾难中间，美国开始更加坚定不移地建立美国的公地。

当然这期间也开始生产出新的环境知识，开始有了对环境行为的管理，但是这些没法构成整个时期的根本性特征。新政期间又建立和出台一系列新的环境机构和举措，比方说 1933 年平民资源保护队和田纳西流域管理局，1934 年的泰勒放牧法，1935 年水土保持局、重置实施局，1936 年各种控制洪水的法令，1937 年野生动物保护，1940 年鱼类和野生生物管理局，1946 年土地管理局，等等。我们可以看到在这个时期，环治国家的内核不再是追求自由和控制自然之间的矛盾了，而变成了一个无尽资源神话的破灭。联邦政府实际上变成了土地的托管人。

1945 年之后，美国进入一个新阶段，在新的阶段环境问题变得越来越复杂了。此前不管是资源的短缺，还是尘暴的发生，实际上更多是一种物理的或者生态的变化，但这个时期出现了各种各样层出不穷的、看不见的危险，而环境知识已经让人们意识到了这一点。比方说雾霾，空气污染是一个典型的看不见的危险，或者说我们可以看得见，但是并没有真正了解的危险。水污染、土壤污染都是这种危险。黑水是一种非常极端的情况，但大部分时候当我们看见一杯水的时候，它看似非常洁净，我们意识不到它的危险之所在。环境问题的复杂性，在于它是超越了州界或者县界的问题，必须要求一种更强大的力量来对之进行控制，就出现了一只看得见的手。

这只看得见的手就是联邦政府的手，它同时仍然要面对的是地球资源的萎缩问题。这个时候美洲已经不再是第二地球，它已经与原有的地球完全合为一体，变成一个地球，整个地球都面临着一种萎缩。所以这个时候联邦政府又再次扮演着资源争夺者的角色，同他们当年刚刚在北美大陆建立一个新兴的合众国一样。那个时候他们是拓展土地资源，但这个时候他们开始到其他民族国家的疆界之内去摄取、开发新的资源边疆，"增长的极限"已经变成人们的一项基本认知。

我们大家都知道罗马俱乐部在 1972 年出版了《增长的极限》这本书，成为在所有的环境书籍中被翻译、出版最多的一部书。它强调我们现在面对的多重危机。大家在谈增长极限的时候，往往谈的只是一个资源问题，但实际上当我们来看《增长的极限》的时候，书中谈了五个重要问题：人口、工业化、污染、食物生产和资源的紧缺。如果我们不对现有的生产、消费、生活方式做出改变，我们必然要面对增长的极限。这种意识，此时已经深刻地进入美国联邦政府内部，也深刻地进入美国的公众意识。

在这种情况下，美国的公众以环保运动的形式来开始要求他们的政府发生改变，美国政府也必然要承担更重要的环境知识制造的角色。从简单的环境知识的生产者，告诉人们这片土地上究竟有什么，变成究竟要对这些土地或者环境中间的资源和更广阔的生态系统如何进行管理的知识。他们提供的知识发生了非常重要的转型，不再是关于"有什么"的问题，而是"怎样做"的问题。

我们可以看到在第二个阶段的时候，他们进行管理的是土地、环境本身，但是进入第三个阶段的时候，当他们在面对看不见的危险的时候，他们要管理的就不再仅仅是土地，而是人们的环境行为了，所以就由对环境的管理变成了对人的管理。联邦政府的角色这个时候发生了根本的变化，他们要将法律秩序真正带入环境当中，不仅仅是带入土地的管理当中，更重要的是带入环境行为当中。

这个时期出现了一系列的法案。1970 年出台《国家环境政策法》（National Environmental Policy Act），在此基础上建立了联邦的环境政策管理局（Environmental Policy Agency，EPA）。在此之前，不管是干净的水还是洁净的空气，在美国，特别是东部的州或者城市都有相对的管理政策。他们这样的一种管理行为就不只是在管理地方资源究竟应该如何被使用，如何进行高效、明智、有效地利用的问题了，他们管理的是企业。原来认为企业在他们自己的工厂内部，或者在他们的土地之上，完全有放任自流的权利，不管是对土地的使用，还是对污水的排放，或者对废物的排放，都有完全自由。到了进步主义时期，很多州，比方说像马萨诸塞州的市政方面开始对此进行管理。到 1945 年之后，当联邦政府自身的权力不断扩大，特别是当环境知识让他们意识到不管是废水还是废气，还是其他的污染，造成的都不再是一个州的问题，或者是一个市的问题，而是一个联邦共有的问题，甚至可能是一个国际性问题的时候，必须要求联邦政府的介入，所以这个时候联邦政府开始在环境管理方面扮演非常重要的角色。最核心的角色当然就是 EPA 的建立。其中，可以看到美国联邦政府究竟如何去回应民间的呼声。EPA 是在 1970 年建立的，其首任局长说，我们整个 EPA 的建立实际上都是回应蕾切尔·卡森《寂静的春天》的影响，所以他把它称为"寂静的春天的延伸效应"。

此时，发展出一种新的环境伦理。在第一阶段，当人们谈土地和道德问题的时候，道德只是一种简单的人与政府之间的政治民主，人与人之间的一种基本的伦理关系；当他们进入到了新的阶段，当美国政府重新来谈道德的时候，强调其是一种环境道德（environmental ethic），希望 EPA 能够帮助美国走向他们所向往的美好环境前景。但显然 EPA 扮演的不仅仅是这样一个角色，EPA 也经常违背他们建立的初衷，但至少在其建立的时候，目的是非常鲜明的。美国政府在这个时候已经变成一个高度成熟的环治国家，但这并不是说美国政府变成一个单纯的环境保护的政府。任何一个国家都不可能只扮演一种角色，在环境保护的同时它仍然要进行开发，要对自然进行征服，这些角色也仍然是美国政府所继续扮演的角色，但是在某种程度上，这些角色变成对海外资源的开发和掠夺。

当美国作为一个环治国家对环境行为进行管理时，它实际上回应的是科学界的声音，回应的是一种新的环境知识，这是由蕾切尔·卡森所奠定的环境知识。它也回应的是一场更广阔的社会运动，也就是 1962 年《寂静的春天》出版后不断展开的一系列环保运动。到了 1970 年的地球日之后，这场运动开始全面展开。

所以在这种情况下，我们可以看到美国的环治国家始终扮演着多重的角色，它既是自然的征服者、开发者，也是环境知识的提供者、生产者，同时也是环境的保护者、守护者。它的行为也在不断发生着变化，从早期的自由放任的征服态度，变成中期开始以公地的形式对环境进行保护，但同时进行开发；到1945年之后，开始对人们的环境行为进行管理，与此同时仍然对海外的资源进行着更进一步的开发。

在其背后，美国的环境本身发生着巨大的变化，不管是其无限提供的对自由的想象，还是此后对其进行保护，或是到现在，环境治理引起各种各样批判的声音，最强大的声音认为国家不应该以任何一种形式介入私人生活，也不应该以任何一种形式来对私人的财产进行干预。这种呼声直到今天仍然存在。

事实上，特朗普的所有环境政策都是对这样的一种声音的回应，包括对阿拉斯加的石油开发、退出《巴黎协定》、重启弗吉尼亚州的煤炭开发等所有行为，都是对这样的一种声音的回应。而在1980年里根上台之后，他的新经济政策实际上让美国的环保政策整整倒退了10年。但是与此同时更加微妙的、更加有意思的是另外一种批判的声音，这种批判声音来自环保阵营的内部，他们开始呼吁建立一种新的土地道德，而这个声音中间最强大的是奥尔多·利奥波德的批评。

《沙乡年鉴》的作者奥尔多·利奥波德说，美国始终有这样的一个倾向，认为应该将保护环境或者保护土地的责任交给国家，让国家来扮演这样的角色，而私人可以免除这样的义务。但是这究竟是不是一种有效的途径？利奥波德显然并不这么认为。他认为我们必须要建立一种新的土地伦理，一种约束个体的道德，而这将成为制约或者平衡环治国家权力过分庞大的反抗性力量。